探索海洋高质量发展之路
——2022中国海洋经济论坛论文集

李大海　单菁竹　张金浩　主编

中国海洋大学出版社

·青岛·

图书在版编目（CIP）数据

探索海洋高质量发展之路：2022中国海洋经济论坛
论文集／李大海，单菁竹，张金浩主编. — 青岛：中国海
洋大学出版社，2022.11
  ISBN 978-7-5670-3330-6

  Ⅰ. ①探… Ⅱ. ①李… ②单… ③张… Ⅲ. ①海洋
经济－中国－文集 Ⅳ. ①P74－53

  中国版本图书馆 CIP 数据核字（2022）第 213253 号

TANSUO HAIYANG GAOZHILIANG FAZHANZHILU：2022 ZHONGGUO HAIYANG JINGJI LUNTAN LUNWENJI

探索海洋高质量发展之路：2022中国海洋经济论坛论文集

出版发行	中国海洋大学出版社
社　　址	青岛市香港东路 23 号　　邮政编码　　266071
网　　址	http://pub.ouc.edu.cn
出 版 人	刘文菁
责任编辑	王　晓　于德荣
印　　制	青岛中苑金融安全印刷有限公司
版　　次	2022 年 11 月第 1 版
印　　次	2022 年 11 月第 1 次印刷
成品尺寸	170 mm×240 mm
印　　张	19.5
字　　数	337 千
印　　数	1000
定　　价	98.00 元
订购电话	0532-82032573（传真）

发现印装质量问题，请致电 0532－85662115，由印刷厂负责调换。

郑德雁致辞

吴立新致辞

陈连增致辞

何广顺致辞

范波致辞

海洋经济创新发展论坛暨论坛现场

烟台风光

烟台风光

烟台风光

在2022中国海洋经济论坛上的致辞

烟台市委副书记、市长　郑德雁

尊敬的范波副省长,各位领导,各位专家,各位院士,女士们,先生们:

大家上午好!

8月的烟台天蓝海阔,万物并秀,我们非常荣幸地邀请到各位领导、各位专家、各位朋友相聚烟台,共同参加东北亚海洋经济创新发展论坛暨2022中国海洋经济论坛。在此,我代表烟台市委市政府对各位来宾的到来表示热烈欢迎!

烟台濒临黄海、渤海,临海而生、依海而兴,海纳百川、开放包容、创新进取是这座城市生生不息的品格。海洋为这座城市涵养了深厚的文化底蕴。烟台是国家历史文化名城,有着万年史前文化、千年妈祖文化。秦始皇三次东巡烟台,汉武帝八次寻仙蓬莱,"八仙过海,各显神通"的传说家喻户晓。"四大名楼"之一的蓬莱阁淡雅俊秀,见证着仙境海岸的历史变迁,时任登州知府苏东坡在此留下了"东方云海空复空,群仙出没空明中"的千古佳句。海洋为这座城市积蓄了澎湃的发展动能。烟台是古代东方海上丝绸之路的启航地,春秋时期就有"通齐之渔盐于东莱"的记载;唐宋时期的古登州港,"日出千杆旗,日落万盏灯"。1861年开埠后,伴随着实业救国的呼声,张裕、三环等百年老字号应运而生。

改革开放后,烟台先后跻身全国首批沿海开放城市、"一带一路"重要港口城市、山东新旧动能转换综合试验区"三核"城市,我国第一艘自主建造的半潜式钻井平台、全球最大功率的涡轮压裂车等均建于烟台,大国重器"蓝鲸1号"助力可燃冰成功试采。2021年实现地区生产总值8 712亿元,居全国城市第26位。2022年上半年全市地区生产总值增长4.5%,规模以上工业增加值增长11.5%,增速均居山东省首位。

海洋为这座城市带来了优美的风光。烟台地处北纬37度,气候清爽宜人,空气质量保持国家二级标准,黄金岸线绵延千里,大小岛屿星罗棋布,获评"联合国宜居奖城市""中国避暑旅游样板城市"。这里"春有百花秋有果,夏有凉风冬有雪",是亚洲唯一的"国际葡萄·葡萄酒城",烟台苹果、莱阳梨、大樱桃等农特产品,海参、对虾、鲍鱼等海珍品享誉全国。冰心曾在烟台度过了难忘的童年,她深情写道,"烟台的海是一幅画,是一道广阔的背景,是一座壮丽的舞台"。

习近平总书记强调,坚持走依海富国、以海强国、人海和谐、合作共赢的发展道路,通过和平、发展、合作、共赢方式,扎实推进海洋强国建设。此次东北亚海洋经济创新发展论坛暨 2022 中国海洋经济论坛汇聚了海洋经济发展领域的知名专家和业界精英,带来了先进的海洋发展理念和具体解决方案,是推动海洋高质量发展的难得机遇。我们将以此次论坛为契机,加快构建"1+233"工作体系,开启海洋经济新赛道,培育向海图强新动能,建设更具竞争力的新时代现代化国际滨海城市。

我们愿与各方一道打造海洋经济发达的标杆城市。借助毗邻日韩的地理优势和 RCEP 的机遇,构筑向海开放新高地,建设"大港口",发挥"五个海关、十个港口"的优势,疏老港、建新港,推动港口与欧亚班列有效衔接,全力打通陆海联运大通道。培育"大牧场",实施海洋牧场"百箱"计划,大力发展深远海大型智能网箱。发展"大装备",加快新一代半潜式钻井平台、海洋石油装备等产品系列化发展,延伸东方航天港火箭发射及制造产业链,扩大海上"大国重器"的"烟台影响力"。共建"大工程",聚合烟台海洋工程企业优势,全面提升海上风电场、海洋平台等安装施工能力。

我们愿与各方一道打造海洋科技先进的创新城市。加快组建中国海洋科技集团北方总部,密切与国内一流涉海院所战略合作,建设八角湾海洋经济创新区、环磁山科研走廊、蓝色智谷等创新高地,与青岛海洋科学与技术试点国家实验室共建海底深部探测与开发平台,加快"梦想号"大洋观探船研发建设,谋划建设陆海联调试验场等大科学装置,在"透明海洋"、"蓝色海洋"、"蓝碳"、海底资源等领域实施重大科技工程,推动海洋科技创新成果实现供需全面对接。

我们愿与各方一道打造海洋生态环境优美的样板城市。深入推进"蓝色+绿色"海洋能源利用示范,以丁字湾双碳智谷、3060 创新区、长岛国际零碳岛、中国海上风电国际母港为主要载体,开发丰富的"双碳"应用场景,大力发展海上风电、海上光伏、海上制氢等新能源,助力烟台率先建设智能低碳城市。深入推进海洋保护与开发示范,加强海岸带综合保护利用,推动长岛争创海洋类国家公园,打造全国海岛保护与开发的"烟台样板"。深入推进海洋文化旅游示范,积极打造"千里海岸观光廊道",架构起从海上世界、烟台山、朝阳街、所城里到崆峒岛、养马岛等精品文旅岸线,建设闻者向往、居者自豪的魅力港湾。

风从海上来,新时代的烟台正处在积厚成势、跨越发展的黄金时期,特别需要各位领导给予烟台更多的支持,特别需要各位院士和专家为烟台发展出谋划策,特别需要广大企业和各位朋友为烟台进步助一臂之力。我们愿与各方一道乘着海洋强国建设的东风,心向远方,蓄力启航,共谋海洋发展大业,共创蓝色美好未来。

最后,预祝本次活动圆满成功! 祝大家身体健康,工作顺利,万事如意! 谢谢大家!

在 2022 中国海洋经济论坛上的致辞

第十三届全国人大常委会委员、中国科学院院士、

青岛海洋科学与技术试点国家实验室主任、中国海洋大学副校长　吴立新

尊敬的范波副省长,各位嘉宾:

大家上午好!今天东北亚海洋经济创新发展论坛暨 2022 中国海洋经济论坛在美丽的烟台市隆重召开,在此我谨代表青岛海洋科学与技术试点国家实验室、中国海洋大学向论坛的顺利召开表示热烈祝贺!

科技创新是海洋经济高质量发展的根本驱动力,全球新一轮海洋科技革命和产业变革正在进行中,全球海洋发展面临重大机遇和严峻挑战。海洋科技已成为大国竞争的焦点,党和国家高度重视海洋科技发展。2018 年 6 月,习近平总书记视察青岛海洋科学与技术试点国家实验室时强调:"建设海洋强国,我一直有这样一个信念。发展海洋经济、海洋科研是推动我们强国战略很重要的一个方面,一定要抓好。关键的技术要靠我们自主来研发,海洋经济的发展前途无量。"2022 年 4 月,习近平总书记在考察中国海洋大学三亚海洋研究院时强调:"建设海洋强国是实现中华民族伟大复兴的重大战略任务。要推动海洋科技实现高水平自立自强,加强原创性、引领性科技攻关,把装备制造牢牢抓在自己手里。"当前我国的海洋科技创新步伐不断加快,海洋创新各领域所取得的成果与发达国家的距离不断缩小,正在从"跟跑"和"并跑"向"领跑"转换。

山东作为国家重要的海洋科技强省,在全国率先推动筹建海洋国家实验室。2013 年以来,海洋科学与技术试点国家实验室发挥集中力量办大事的优势,以重大战略任务目标为牵引,聚焦国内外高端科技资源,致力于建设突破型、引领型、平台型一体化的大型综合性研究基地,打造体现国家意志、实现国家使命、代表国家水平的战略科技力量。中国海洋大学作为国内外具有重要影响的海洋特色综合型大学,近年来在海洋科学研究、技术研发、平台建设、人才培养等方面取得较大进展,正在向建设特色显著的世界一流大学目标迈进。

山东是我国工业体系最完整的海洋工业强省,烟台是以海洋生物和海洋装备制造为特色优势的海洋经济大市,在海洋强国建设中承担着重要的使命,在东北亚海洋经济合作中扮演了重要的角色。海洋科学与技术试点国家实验室、中国海洋大学愿意发挥自身优势,积极开展科技创新和成果转化,为国家、山东省、烟台

市海洋经济高质量发展提供新动能,为东北亚区域海洋经济创新发展提供有力的支撑。

进入新时代,习近平总书记的殷切嘱托,海洋强国建设持续推进的新形势,对我们提出了新要求,赋予了新使命,提供了新机遇,需要全体海洋工作者共同奋斗,群策群力! 相信与会专家一定能够围绕海洋经济高质量发展、创新驱动发展等重大问题建言献策,提出具有前瞻性、战略性和时效性的建议。让我们共同携手、放眼未来,在海洋强国建设的新征程上立新功!

最后,预祝本次大会圆满成功! 祝各位专家、嘉宾工作顺利、身体健康! 谢谢大家!

在 2022 中国海洋经济论坛上的致辞

中国海洋学会理事长　陈连增

尊敬的范波副省长,各位嘉宾,女士们、先生们:

大家上午好!

今天,东北亚海洋经济创新发展论坛暨 2022 中国海洋经济论坛如期在烟台召开。我谨代表中国海洋学会对论坛的召开表示热烈祝贺! 向参加论坛的各位专家学者、企业家等来宾表示热烈欢迎! 向为论坛顺利召开做出努力和贡献的各主办单位、承办单位表示衷心感谢!

党的十八大以来,以习近平同志为核心的党中央高度重视海洋事业发展,做出了建设海洋强国的重大战略部署。2018 年,习近平总书记指出,"海洋是高质量发展战略要地"。同年,习近平总书记在视察山东时又强调:"发展海洋经济、海洋科研是推动我们强国战略很重要的一个方面,一定要抓好。海洋经济前途无量。"习近平总书记重要讲话精神为深耕蓝色国土、发展海洋经济指明了方向,推动我国海洋强国建设不断取得新的成就。

烟台是我们国家重要的海滨城市,拥有发展海洋经济得天独厚的资源优势和区位优势。今天我们相聚在烟台,特别是在国家 2022 年上半年海洋经济呈现出企稳回升的大背景下,聚焦海洋新能源和高端装备、水产种业及深远海养殖、海洋生态经济、海洋金融服务业等展开交流与讨论,这是我们贯彻落实习近平总书记关于发展海洋经济的重要指示精神,妥善应对当前国际局势和国内外疫情等冲击和影响,积极顺应我国海洋经济高质量发展的新要求、新期待的重要举措。相信经过大家的共同努力,建言献策,群策群力,本届论坛将为烟台加快建设现代化的海滨城市,促进山东海洋经济大省建设提供科技支撑,同时也将为我国保持海洋经济企稳回升好态势,持续推动我国海洋经济高质量发展,加快建设海洋强国做出新的贡献。

各位嘉宾,中国海洋经济论坛是中国海洋学会和中国海洋大学共同打造的一个品牌论坛。论坛自创办以来,已经在青岛、宁波、三亚、舟山、厦门成功举办了 5 届,得到了政府、企业和学界的大力支持和充分肯定。论坛深受欢迎和关注,影响力不断增加。本次论坛是第六次中国海洋经济论坛,明年将在大连举办 2023 年中国海洋经济论坛,我们衷心希望各位与会领导、专家学者、企业家继续关注和支持中国海洋经济论坛，共同把论坛打造成为促进我国海洋经济高质量发展的重要学术论坛，成为服务我国海洋强国建设的强有力的支撑！

最后，预祝本次论坛取得圆满成功。谢谢大家！

在 2022 中国海洋经济论坛上的致辞

自然资源部海洋战略规划与经济司司长　何广顺

尊敬的范波副省长、郑德雁市长,尊敬的各位专家,各位新老朋友,女士们、先生们:

大家上午好!

非常高兴与大家相聚在美丽的烟台,参加东北亚海洋经济创新发展论坛暨2022中国海洋经济论坛,并与在座的各位嘉宾共同围绕"新动能,新空间,新发展"这一主题,畅谈思路,分享理念。我相信,这对于开展务实合作、推动海洋经济创新发展、共享海洋福祉具有重要的意义。借此机会,我谨代表自然资源部海洋战略规划与经济司,对本届论坛的表示热烈的祝贺,向出席本次论坛的各位领导、各位嘉宾致以诚挚的问候。

习近平总书记强调,海洋是高质量发展战略要地,要进一步关心海洋、认识海洋、经略海洋,推动我国海洋强国建设不断取得新成就。海洋经济是国民经济的重要组成部分,海洋经济活动已经融入国家经济社会发展的方方面面。2012年至2020年,我国海洋生产总值由5万亿元增长到8万亿元,在2021年更是突破了9万亿元,在实现国民经济稳增长和保障经济安全等方面发挥了重要作用。

海洋是开放合作的载体、互联互通的纽带,发展海洋经济实现蓝色增长,已经成为沿海国家的普遍共识。中国的海洋经济是在深化改革、扩大开放的进程中发展起来的,是在包容普惠、互利共赢的合作中发展起来的。东北亚是全球最具发展活力和潜力的地区之一,海洋合作领域广阔、前景可观,加上本地区在海洋经济的合作,对于增进海洋福祉、共享蓝色空间具有重要的意义。

围绕本次论坛的主题我谈三点建议:一是坚持创新驱动,不断激发海洋经济新动能。创新是引领海洋经济发展的第一动力,中国依靠科技创新转换发展动力,大力推进海洋领域的供给侧结构性改革,致力于打造创新驱动、绿色智能、协同高效的现代海洋体系。我们希望与东北亚国家深化海洋经济领域的合作,结合各自的比较优势,有效调动和整合资金、人才和技术资源,开展新技术、新产品、新装备的研发与成果转化应用,共同推动海洋传统产业转型升级,促进海洋新产业、新业态和新模式的发展。

二是坚持持续推进海洋经济高质量发展。中国坚定不移地践行可持续发展理念,贯彻节约优先、保护优先、自然恢复为主的方针,走人海和谐发展的道路。我们愿意与东北亚国家一道,共同推动海洋资源的节约利用,加强海洋生态保护修护,保护海洋生物多样性,维护海洋生态系统服务功能,促进海洋生态产品价值实现,共同为落实联合国 2030 年可持续发展议程,实现海洋发展目标,实施协调一致的行动。

三是坚持合作共赢,积极拓展蓝色经济发展空间。中国深度参与联合国海洋科学十年计划,实施中国行动方案,促进海洋和海洋资源的可持续利用,共同推动以科技创新深化对海洋的综合认知,以知识融合支撑海洋可秩序管理和全球海洋治理,以构建蓝色伙伴关系增进海洋福祉的合作行动。

我们愿与地区国家一道,共建开放包容、具体务实、互利共赢的蓝色伙伴关系,共同搭建政府间、企业间、智库间的交流合作机制,谋划一批合作项目,进一步凝聚共识,实现多方共赢。

山东是海洋大省,也是海洋科技创新高地,正在全面推进海洋强省建设,在海洋经济发展新旧动能转化、与海洋产业区域间合作等方面取得了令人瞩目的成绩,为全国海洋经济发展和东北亚地区的合作做出了积极的贡献。烟台是一座宜居、宜业、宜游的滨海城市,作为"十三五"海洋经济创新发展示范城市之一,市委、市政府高度重视海洋经济工作,积极推动海洋装备制造、海洋生物医药等战略性新兴产业的发展,取得了显著成效。我相信在山东省委、省政府的领导下,通过各级政府和社会各界的共同努力,"十四五"期间山东在海洋强省建设、海洋经济高质量发展以及推动东北亚海洋经济合作方面必将取得更大的进步。

女士们、先生们,朋友们,当前中国正立足于发展新阶段,贯彻新发展理念,构建新发展格局,推动海洋经济高质量发展。这将为各方提供更多的机遇,我们将秉持开放合作、互利共赢的理念,分享中国海洋经济发展的新机遇,为东北亚地区的经济发展增添新的动能。

最后,预祝本次论坛取得圆满成功。谢谢大家!

在 2022 中国海洋经济论坛上的致辞

山东省人民政府副省长　范波

尊敬的何广顺司长,尊敬的各位院士,各位专家,各位来宾

大家上午好!

今天我们相聚在具有深厚文化底蕴和广阔发展前景的滨海城市——烟台,隆重举办东北亚海洋经济创新发展论坛暨 2022 中国海洋经济论坛,在此我谨代表山东省政府对论坛的举办表示热烈祝贺! 对嘉宾的到来表示热烈欢迎! 对海内外朋友长期以来对山东改革发展给予的关心、支持,表示衷心感谢!

山东地处中国东部沿海,黄河下游,历史悠久,文化灿烂,是人口大省、经济大省、文化大省。2022 年以来,面对百年变局和世界疫情叠加影响以及超预期因素的冲击,全国上下坚持以习近平新时代中国特色社会主义思想为指导,深入贯彻落实总书记对山东工作的重要指示要求和党中央、国务院决策部署,牢牢把握黄河流域生态保护和高质量发展、新旧动能转换等重大战略机遇,锚定"走在前,开新局",认真落实"疫情要防住,经济要稳住,发展要安全"和"经济大省要勇挑大梁"的要求,高效统筹疫情防控和经济社会发展,经济运行保持稳中向好、进中提质的良好态势。上半年实现地区生产总值 4.17 万亿元,增长 3.6%,高于全国 1.1 个百分点,规模以上工业增加值、固定资产投资、社销零、外贸进出口等增速均高于全国平均水平。一般公共预算收入增长 6.3%,私营经济投资增长 14.9%,市场主体达 1 385.4 万户,为全国稳定经济大盘做出了"山东贡献"。

海洋孕育了生命,连通了世界,促进了发展。山东依海而立,因海而兴,海岸线 3 505 千米,约占全国的六分之一,比邻海域面积近 16 万平方千米,海洋资源丰度指数居全国首位。习近平总书记对山东海洋发展寄予厚望,要求山东在发展海洋经济上走在前列,加快建设世界一流的海洋港口、完善的现代海洋产业体系、绿色可持续发展的海洋生态环境,为海洋强国建设做出贡献。省委、省政府坚决贯彻落实总书记的重要指示要求,把海洋作为高质量发展的战略要地,坚持陆海统筹,向强图强,深入实施海洋强省建设行动,努力做好"经略海洋"这篇文章。2021 年,山东实现海洋生产总值 1.49 万亿元,约占全国的六分之一,占全省 GDP 的比重为 18%,海洋经济的总量稳居全国的前列,青岛、烟台、威海等市发挥了重要的支撑作用。烟台市委、市政府大力推进海洋强市建设,向海洋高质量发展迈

出了坚实的步伐,现代海洋牧场建设、海工装备制造等领域走在全国的前列,是首批国家海洋经济创新发展示范城市。蓬勃发展的海洋经济为山东的高质量发展提供了重要的动力,省第十二次党代会提出了海洋经济全国领先的发展目标,新的时代孕育着新的机遇,站在新的历史起点上,山东开启了海洋经济高质量发展新的征程。

志合者不以山海为远,加强交流合作、实现互惠共赢是我们的共同愿望。东北亚地区地方政府联合会海洋与渔业专门委员会在推动海洋与渔业国际交流合作、构建区域和谐海洋新秩序上发挥了重要作用。我们将借助这一平台,加强与各方在产业、经贸、科技、环境等领域的合作。本次论坛以"新动能、新空间、新发展"为主题,借此机会提三点倡议:一是深入推进海洋经济合作,充分发挥蓝色经济的重要引领作用,优势互补、互通有无,不断增进海上的贸易往来,围绕构建现代海洋产业体系,全面加强海洋渔业、海工装备、海洋生物医药等领域的合作,聚力实施一批引领性、示范性的项目,共同开发利用海洋资源,共享现代海洋产业发展的红利。二是深入推进科技创新合作,加强海洋科技合作与学术交流,支持涉海的高校、院所、企业、学会、协会与国内外机构共建海洋实验室和海洋研究中心,深化协同创新,共建创新平台,共同开展海洋重大科技问题研究,为海洋可持续发展提供强力支撑。三是深入推进海洋生态保护,坚持可持续发展的理念,建设海洋环境保护合作机制,推进海洋生态环境分类保护、海洋环境准入等制度建设。联合开展海洋污染综合治理和生态修复,加强海洋濒危物种保护,共同应对和减缓海洋灾害、海洋生态退化等问题,强化海洋领域应对气候变化合作,共同推动建立长效的合作机制。

女士们,先生们,朋友们,蓝色的海洋孕育着巨大的潜力,孕育着无限的希望,山东愿与各方一道共享蓝色空间,共谋海洋高质量发展,实现全方位、深层次、宽领域的海洋开放合作。

最后,预祝本次论坛取得圆满成功! 祝各位来宾,各位朋友身体健康,万事如意。谢谢大家!

目录

海洋生态文明示范区染"绿"蓝海发展的底色了吗?

魏昕伊[1,2]　胡求光[1,2]

(1. 宁波大学商学院,浙江宁波 315211;

2. 宁波大学东海战略研究院,浙江宁波 315211)

摘要:海洋生态文明示范区探索先行试点,即是要全力以赴加强污染防治、全力以赴推进沿海地区经济高质量发展和生态环境高水平保护。本文将海洋生态文明示范区视为准自然实验,利用 2006—2019 年沿海 47 个城市的平衡面板数据,采用双重差分法来评估试点政策对海域环境的影响机制。研究发现:首先,海洋生态文明示范区显著改善了海域环境,然而这种环境效应受陆海边界区位污染源的影响存在异质性。其次,基于政治手段的强度效力能有效减少沿岸废水、废气排放,却无法增益近岸水质环境的"绿化"效果;然而,利用税收的经济手段有利于发挥市场化、有偿化管理机制的环境效应。最后,对外开放水平、海洋经济实力对近岸水质环境存在"两极化"的影响。

关键词:海洋生态文明示范区;沿岸环境;近岸海域水质;DID

1 引言

海洋生态文明建设是实现"十四五"时期海洋经济发展规划目标,加快推进海洋强国建设的重要内容。推进海洋经济的高质量发展首先要改善环境问题,这一过程既需要中央的顶层设计,也需要地方政府的自主有为。为积极探索海洋经济与生态环境协调的科学发展模式,国家海洋局于 2013 年设立首批国家级海洋生态文明示范区,2015 年设立第二批国家级海洋生态文明示范区。全国首个有关海洋生态文明建设的专项总体方案提出,加强污染防治、提升海域环境质量是当前最主要的任务,预计通过 5 年左右的时间基本完善海洋文明制度体系。自可查数据显示,2013 年至今我国管辖海域未达到第一、二类海水水质标准的海域面积呈稳定的下降趋势,即污染海域面积逐年减少,而海洋生态文明示范区试点建设恰逢其时。但如果扩大时间跨度则发现,2001 年至 2020 年间我国未达到第一、二类海水水质标准的海域面积呈波动变化,这意味着海洋生态文明示范区的环境效应可能存在偶然性。2020 年我国近岸海域优良(一、二类)水质面积占比77.4%,同比上升 0.8%,海洋生态环境总体状况良好。那么,国家级海洋生态文明城市建设表现出对海域环境的"绿色友好"了吗?试点建设会如何影响海域面积的变化趋势呢?其影响趋势是持续 F 性的还是波动性的?本文将对海洋生态文明示范区政策对海域环境的影响机制展开探讨。

2 研究回顾

学界研究政策对生态环境的影响,较多关注空气污染以及陆域环境,并且以非涉海的政策为主,如低碳城市试点政策对空气质量的影响、环保督察制度对空气污染的监管力度、农机购置补贴政策对农地环境的影响等。少数研究涉及公共政策对海域环境、水环境的影响,有学者揭示近岸海域管制及产业结构优化对改善环境的重要作用;也有学者发现海岸线环保政策的局限性,并指出增加对个体环保行为的投资比对政策的投资更能有效减少海岸线沿线垃圾;还有学者证明了制定环保制度后初步的污染治理效果,但未能有效地减少水质环境中的深度污染物。以上研究表明,环境是公共政策评估中要考虑的重要因素,海洋生态文明示范区建设对海洋经济高质量发展中的污染问题提出了更高要求。那么,示范区政策会如何影响海域环境,其作用效力如何发挥?回答这一问题需要进一步验证。

关于生态文明建设政策的研究较多聚焦在理论内涵以及指标体系的评估,并且相关示范区试点政策执行效果的研究多基于省际层面。辛宝贵等测算省际数据发现,试点政策通过提高生态全要素生产率促进了经济与生态文明建设的互利共赢;谢晗进等通过对 31 个省份的实证检验指出,示范区建设能改善空气质量,但对居民健康水平存在地区差异性影响;然而,也有学者指出"水生态文明建设"在改善环境过程中存在持续性动力不足的问题。国家级海洋生态文明建设政策实施以来,沿海城市的海域环境质量是否响应了政策效果,现有关海洋生态文明示范区建设对海域环境影响的探讨还很少,且大多将海域环境指标纳入海洋生态文明建设的评估体系,对政策实施效果的探讨较少;另外,海域环境的变量设计多从陆域污染或水环境等单一视角展开,数据选择多停留在省际层面,缺少更加微观、具体的地级市层面的检验;除此之外,海洋生态文明示范区政策的作用路径和发挥效应的机制探讨相对匮乏。

本文试图对海洋生态文明示范区政策的环境"绿化"效应进行理论分析,基于 2006—2019 年沿海 47 个地级市的平衡面板数据,利用双重差分法(Difference-in-Differences,DID)来识别海洋生态文明示范区建设对海域环境的"绿化"效应,进一步探讨该政策影响海域环境质量的作用机制。本文的边际贡献有以下三点。一是从海域视角拓展了试点政策对环境影响的研究边界。基于沿海城市层面搭建生态文明示范区对海域环境影响的联系通道,既拓展了生态文明示范区地级市之间的理论研究,同时跳出陆域研究的"围墙"并关注了近岸海域环境问题。二是摆脱以往单一化的环境评估方法,从沿岸环境和近岸水质环境两个维度进行综合评估;并且发现了试点政策对海域环境的"绿化"更多地改善了沿岸废水、废气的排放,而对海域水质的"绿化"效果相对较弱。三是基于生态文明建设的理论框架,分析了政策的中介传导机制,政府的治理和税收的经济调节对沿岸和水质环境存在差异化的影响。这丰富了生态文明建设在政策效果以及作用机制方面的实证研究体系,为全面完善政策体系提供参考依据。

3 研究设计

3.1 方法选择及依据

目前,双重差分模型是政策评估领域的主要研究方法之一。因此,为有效比较海域环境在示范区(实验组)与非示范区(控制组)之间的差异,构建如下计量模型:

$$Index_{it} = \alpha + \beta Treat_{it} + \gamma X_{it} + \mu_i + \theta_t + \varepsilon_{it} \tag{1}$$

式中,i 表示沿海城市,t 表示年份;$Treat_{it}$ 是表示沿海城市 i 在年份 t 是否属于国家级海洋生态文明示范城市的虚拟变量;$Index_{it}$ 代表海域环境质量。本文构建了一系列指标,包括海域环境综合指数、近岸海水质量指数以及沿岸环境指数。X_{it} 表示沿海城市—年份层面的一系列控制变量;μ_i 表示城市固定效应,控制所有沿海城市层面不随时间变化而变化的因素;θ_t 表示时间固定效应,控制时间层面不随区域变化而变化的特征;ε_{it} 为随机扰动项。本文重点关注的系数 β 表示剔除其他因素干扰后的国家级海洋生态文明示范区政策的净影响,若 $\hat{\beta} > 0$,则表示与非示范城市相比,试点政策提高了示范城市的海域环境质量。

进一步,本文对政策影响海域环境质量的作用机制进行检验,主要包括以下两种机制:一是示范区试点政策能否通过提高政府治理强度影响海域环境质量,其中政府治理强度用环境建设投资占工业企业增加值的比例测度;二是示范区试点政策能否通过增加工业企业税负压力影响海域环境质量,其中工业企业税负压力用规模以上工业企业主营业务税金及附加占规模以上工业企业利润总额的比例测度。中介效应的模型设定如下:

$$M_{it} = \alpha + \beta_1 Treat_{it} + \gamma X_{it} + \mu_i + \theta_t + \varepsilon_{it} \tag{2}$$

$$Index_{it} = \alpha + \sum k M_{it} + \beta_2 Treat_{it} + \gamma X_{it} + \mu_i + \theta_t + \varepsilon_{it} \tag{3}$$

式中,M_{it} 是中介变量,包括治理强度和税负压力。其他变量含义同上。

3.2 变量选择及描述

3.2.1 被解释变量

单一指标衡量环境污染缺乏足够的说服力,为减少单一指标衡量环境质量的不准确性,本文主要借助熵值法客观构建海域环境综合指数($Sindex$),从沿岸污染和海水污染两个角度测算海域环境综合指数。沿岸污染借鉴石大千等等方法用二氧化硫排放量（SO_2）和工业废水排放量（was）构建沿岸环境指数（$Lindex$）。海水污染是基于水体来衡量海域污染，污染因子（wdl）主要是近岸海域水质中的无机氮和活性磷酸盐，据此构建水质环境指数（$Windex$）。[①]

3.2.2 解释变量

"沿海城市是否为国家级海洋生态文明示范区"是本文的核心解释变量。根据国家海洋局试点清单构造虚拟变量 $Treat_{it}$，$Treat_{it}=1$ 表示沿海城市 i 在年份 t 属于国家级海洋生态文明示范城市，反之，$Treat_{it}=0$ 表示沿海城市 i 在年份 t 不属于示范城市。

3.2.3 控制变量

结合已有文献和数据的可获得性原则，本文控制了一系列影响城市环境污染的时变因素，一定程度上缓解遗漏变量的偏误问题。

3.2.4 中介变量

（1）治理强度（gov）：考虑到环境建设投资额指标仅有省级数据，本文用地方工业增加值占本省工业增加值的比重作为权重，乘以环境建设投资额以表征地级市层面的治理强度。（2）企业税收负担（tax）：本文用其来表征税收负担。参照国家税务总局对纳税评估分析指标及使用方法的说明，用规模以上工业企业主营业务税金及附加占规模以上工业企业利润总额的比重表示企业税负[②]。

4 数据来源及处理

数据主要来自《中国城市统计年鉴》《中国近岸海域生态环境质量公报》《中国海洋生态环境状况公报》《中国海洋统计年鉴》《中国城乡建设统计年鉴》《中国城市统计年鉴》《中国环境统计年鉴》。

本文构建了 2006—2019 年中国沿海地级市层面的平衡面板数据，数据清洗过程如下。第一步，标准化样本层级并确定样本量。将海洋生态文明示范区标准

---

① 注：A. 为消除原始数据的量级与量纲的影响，同时鉴于指标均为负向的属性，本文对指标正向标准化后构建正向指数。B. 根据许和连等（2012）的研究结论，发现水污染与废水、废气、粉尘排放的相关关系分别为 0.4（1%）、0.3（1%）、0.04（10%），括号中的数值表示显著性水平。为本文选用二氧化硫排放量（SO_2）和工业废水排放量（was）构建沿岸环境指数（$Lindex$）提供论据支撑。C. 根据近岸海域水质中无机氮和活性磷酸盐的点位超标率作为权重系数来测算污染因子（wdl），并构建水质环境指数（$Windex$）。

② 具体参见国家税务总局关于印发《纳税评估管理办法（试行）》的通知（国税发〔2005〕43 号），关于企业所得税评估分析的指标中明确写道：所得税税收负担率（即税负率）＝应纳所得税额÷利润总额×100%。

化处理至地级市层面,最后确定沿海 61 个城市中包含了 23 个海洋生态文明示范区。第二步,确定样本的时间截面范围。基于双重差分法的平行趋势检验思想,样本数据中的实验组和控制组在政策实施前后应存在相同发展趋势,另鉴于海洋经济数据统计口径的变化,最终选择时间截面为 2006—2019 年;此外,考虑到第二批示范区政策实施的效果,后续检验中将 2016 年作为第二批示范区正式实施年份。第三步,剔除关键解释变量异常或缺失的样本,剩余 47 个沿海城市,其中 22 个示范区。第四步,利用多重插补法检验缺失数据对回归结果的影响,避免因直接排除缺失值所带来的统计检验低效能的问题。经过数据的筛选与整理,最终得到沿海 47 个城市 2006—2019 年的平衡面板数据,其中 22 个城市为国家级海洋生态文明示范区。变量定义及描述性统计如表 1 所示。

表 1　变量定义与描述性统计

变量	变量定义	样本量	均值	标准差	最小值	最大值
$Sindex$	海域环境综合指数	658	0.128	0.095	0.009 0	0.600
was	工业废水排放量	658	9.884	11.606	0.007	96.501
SO_2	二氧化硫排放量	658	13.126	1.657	3.601	16.027
wdl	无机氮、与活性磷酸盐污染浓度	658	0.218	0.216	0.029	1.555
$Lindex$	沿岸环境指数	658	0.115	0.113	0.000 1	0.751
$Windex$	水质环境指数	658	0.855	0.133	0.000 0	0.982
$treat$	试点政策实施=1,未实施=0	658	0.188	0.391	0.000 0	1.000
$Dgop$	地区海洋经济生产总值的对数	658	5.714	1.203	2.004 0	9.247
$open$	实际使用外资额的对数	658	10.820	1.594	4.304 0	14.941
urb	地区城镇化率	658	0.585	0.160	0.112 0	1.000
$finan$	政府一般预算内财政支出的对数	658	14.705	1.065	11.722 0	18.241
$indus$	规模以上工业企业数的对数	658	7.159	1.245	2.944 0	9.841
$dens$	人口密度(每平方千米人口数的对数)	658	7.728	0.668	5.864 0	9.908
$polinv$	地区环境污染治理投资额的对数	658	9.771	1.209	5.734 0	13.161
$infra$	基础设施水平(海上货运量的对数)	658	7.045	2.015	1.386 0	11.156
gov	地方政府环境治理强度	658	0.013	0.008	0.002 1	0.055
tax	规模以上工业企业税收负担	658	0.258	0.222	0.040 0	1.822

5 实证分析

5.1 基准回归结果

为稳健地显示试点政策对海域环境的影响效果,根据不加入控制变量和加入控制变量这两类模型来观察影响效果中自由度的变化。表 2 显示了示范区试点政策对海域环境综合指数、废水排放量、二氧化硫排放量、无机氮和活性磷酸盐污染浓度的影响。根据估计结果显示,无论是否添加控制变量,海洋生态文明示范区政策对海域环境综合指数均为显著正向影响。生态文明建设的推进能够降低以陆源污染为主的沿岸废水、废气的排放,还能降低海域水质中的污染物浓度,总体上提高了海域环境质量。

表 2 国家级海洋生态文明示范区政策对海域环境的影响

变量	海域环境综合指数		废水排放量		二氧化硫排放量		污染浓度	
$treat$	0.004^*	0.009^{**}	-1.100^{**}	-0.983^{**}	-0.130^*	-0.113^*	-0.006^*	-0.007^{***}
	$(0.001\ 9)$	$(0.002\ 9)$	$(0.431\ 8)$	$(0.375\ 5)$	$(0.066\ 8)$	$(0.063\ 5)$	$(0.002\ 7)$	$(0.002\ 0)$
$Control$	No	Yes	No	Yes	No	Yes	No	Yes
$City$	Yes	Yes	Yes	Yes	Yes	Yes	Yes	Yes
$Year$	Yes	Yes	Yes	Yes	Yes	Yes	Yes	Yes
N	658	658	658	658	658	658	658	658
R^2	0.354	0.391	0.44	0.75	0.761	0.787	0.139	0.144

注:＊＊＊、＊＊和＊分别表示在1％、5％和10％的显著性水平上通过统计显著性检验,括号内为标准误。

5.2 假设检验

5.2.1 平衡性检验

倾向得分匹配法(PSM－DID)。前文虽然分别通过逐步添加控制变量、采用固定效应控制了部分内生性问题,但示范区的设批是基于沿海城市自行、自愿申报的前提而后上报审批,仍可能存在"选择性偏差"造成的估计偏误。因此,为了控制自选择偏误,减少混杂因素影响,利用近邻匹配方式将控制组与实验组的个体按"特征距离"匹配;平衡性检验结果支撑了 DID 基准回归检验结果的稳健性①。

5.2.2 安慰剂检验

随机生成实验法。为验证海域环境受到的影响主要来自试点政策,排除外在因素干扰,利用随机生成实验法从沿海 47 个城市中随机抽取 24 个样本,且不改

---

① 受篇幅限制,具体回归结果不再赘述(下同),可向作者索取。

变政策实施时间展开检验。结果显示,本文通过了安慰剂检验,这意味着实证结果并非由其他不可观测的混杂因素导致,进一步支撑了核心结论。

5.3 海域环境异质性检验

本文将海域环境分为受陆源污染影响的沿岸环境和受海上污染影响的近岸水质环境,受篇幅所限,回归结果不再展示。总体上看,政策的实施均在一定程度上改善了沿岸环境和海域水质环境;并且对比分析估计系数的弹性影响程度,相较于近岸海水水质的政策效果,沿岸环境受到的政策冲击更大。

控制变量的异质性影响方面,地区海洋经济实力有利于改善沿岸环境以及海域总体层面的环境状况,但是对近岸水质产生了负向影响;对外开放水平则显著改善了海域水质,却不利于沿岸环境以及总体的海域环境质量。随着海洋经济向质量效益型转变,经济开发与资源利用的模式显著改善了沿岸环境。对比地区海洋经济影响沿岸与水质的弹性程度发现,海洋经济实力的发展对沿岸环境的作用效果凸显,因此对海洋总体环境质量产生了正向影响;然而不可避免的是,经济发展中海上经济活动给海水水体带来的污染压力。在对外开放的技术交融中,通过引进先进的技术设备、新兴的海水处理技术,提升了海水水质淡化等方面的处理能力。技术推进减少了海水与设备之间的腐蚀影响,提升了海域水质。但在引进先进技术的同时,造成了相关污染产业的引进,并且这种影响集中在陆域产业,污染了沿岸环境;加之沿岸环境受到的弹性影响程度更大,因此在一定程度上说,对外开放不利于海域整体环境的改善。

6 机制分析

为进一步剖析示范区的环境效应是否存在中介影响,本文基于政策"发力"视角,从政策颁发主体(政府治理强度)和效力作用客体(企业税负压力)两个方面分析政策的中介效应。(1)根据表3呈现的政府治理强度的检验结果发现,在满足5%的显著性水平上,示范区通过政府治理强度这一中介变量显著影响海域环境质量。具体来看,海洋生态文明建设中政府的强度治理并未增益水体环境的"绿化"效果,但能够较大程度地改善沿岸环境并提升海域总体环境质量。(2)分析税负压力的检验结果发现,试点政策通过企业税负这一中介变量显著影响了海域环境质量。对比近岸海域水质治理强度不显著的结果,税负压力能明显改善沿岸海域以及水质环境的合理解释是,企业在承担外部税负压力时可能会尽快采取技术突破、提高处理效率等一系列措施以减少海域污染行为,这也包括了可能造成海上污染的企业快速响应政策指示,从而明显提升了沿岸海域和近岸海水的环境水平。

表 3　治理强度和税负压力的间接传导机制检验

变量	治理强度	海域环境综合指数	治理强度	沿岸环境指数	治理强度	水质环境指数	税收负担	海域环境综合指数	税收负担	沿岸环境指数	税收负担	水质环境指数
treat	0.001**	0.004 4**	0.001**	0.012***	0.001**	0.007***	0.023 8*	0.005 7***	0.024*	0.014***	0.027**	0.006*
	(0.000 3)	(0.00 2)	(0.000)	(0.004)	(0.000)	(0.003)	(0.011 3)	(0.001 9)	(0.011)	(0.004)	(0.012)	(0.003)
gov	—	0.186 6**	—	0.327***	—	0.098	—	—	—	—	—	—
		(0.066 3)		(0.081)		(0.127)						
tax	—	—	—	—	—	—	0.008 3**	—	0.015**	—	0.018***	—
							(0.002 9)		(0.005)		(0.004)	
Xcontrol	Yes	Yes	Yes	Yes	Yes	Yes	Yes	Yes	Yes	Yes	Yes	Yes
City	Yes	Yes	Yes	Yes	Yes	Yes	Yes	Yes	Yes	Yes	Yes	Yes
Year	Yes	Yes	Yes	Yes	Yes	Yes	Yes	Yes	Yes	Yes	Yes	Yes
N	658	658	658	658	658	658	658	658	658	658	658	658
R^2	0.25	0.37	0.247	0.425	0.254	0.108	0.484	0.392	0.484	0.445	0.521	0.120

注：＊＊＊、＊＊和＊分别表示在 1％、5％和 10％的显著性水平上通过统计显著性检验，括号内为标准误。

7　主要结论

本文利用示范区试点政策作为准自然实验，基于沿海 47 个城市的 2006 —2019 年的平衡面板数据，通过双重差分法识别了海域环境质量的试点效应，进一步检验了试点政策的作用机制，得出如下主要结论：

7.1　在政策效果方面

首先，海洋生态文明示范区建设显著提升了海域环境质量，并同时改善了沿岸环境以及近岸海域水质环境。第二，示范区试点政策的实施效果主要作用于沿岸环境；很大程度上通过冲击沿岸环境来提高总体的海域环境质量；对改善海水水质环境的影响程度相对较小。第三，提高沿岸环境水平能显著改善海域总体环境质量，这一结论也印证了由于海水污染的 80％来自陆源污染，所以陆域环境治理对海域环境具有重要的影响。第四，对外开放水平、海洋经济实力对近岸海域水质环境分别存在正向与负向的差异化影响。

7.2　在中介影响方面

基于政治手段的中介调节来看，海洋生态文明示范区通过加大政府治理强度抑制了陆源污染排放行为，从而改善了沿岸环境并提升了海域环境总体质量，但这种强度效力无法通过管制海洋型污染行为来增益近岸水质环境的"绿化"效果。基于经济手段的中介调节来看，海洋生态文明示范区通过税收的经济调节能有效管制陆源污染排放行为和海洋型污染行为，施加适度的税负压力能显著改善沿岸和近岸水质环境，提高海域环境的总体质量。

参考文献

[1] 余泳泽,孙鹏博,宣烨. 地方政府环境目标约束是否影响了产业转型升级? [J]. 经济研究,2020 (8):57-72.

[2] 宋弘,孙雅洁,陈登科. 政府空气污染治理效应评估——来自中国"低碳城市"建设的经验研究[J]. 管理世界,2019,35(6):95-108+195.

[3] 陈晓红,蔡思佳,汪阳洁. 我国生态环境监管体系的制度变迁逻辑与启示[J]. 管理世界,2020,36(11):160-172.

[4] 田晓晖,李薇,李戎. 农业机械化的环境效应——来自农机购置补贴政策的证据[J]. 中国农村经济,2021 (9):95-109.

[5] 张广帅,闫吉顺,吴婷婷,等. 辽东湾近岸海域开发利用对海水环境质量的影响[J]. 海洋环境科学,2021,40(6):947-954.

[6] WILLIS K, MAUREAUD C, WILCOX C, et al. How successful are waste abatement campaigns and government policies at reducing plastic waste into the marine environment? [J]. Marine Policy,2018,96(11):243-249.

[7] 沈坤荣,金刚. 中国地方政府环境治理的政策效应——基于"河长制"演进的研究[J]. 中国社会科学,2018 (5):92-115+206.

[8] 张一. 海洋生态文明示范区建设:内涵、问题及优化路径[J]. 中国海洋大学学报(社会科学版),2016 (4):66-71.

[9] 郇庆治,徐越. 三维视野下的生态文明示范区建设:评估与展望[J]. 中国地质大学学报(社会科学版),2017,17(3):54-63.

[10] 孙剑锋,秦伟山,孙海燕,等. 中国沿海城市海洋生态文明建设评价体系与水平测度[J]. 经济地理,2018,38(8):19-28.

[11] LIN Y, YANG Y, LI P L, et al. Spatial-temporal evaluation of marine ecological civilization of zhejiang province, China[J]. Marine Policy,2022(1):135:1-8.

[12] 辛宝贵,高菲菲. 生态文明试点有助于生态全要素生产率提升吗? [J]. 中国人口·资源与环境,2021,31(5):152-162.

[13] 谢晗进,李骏,李成. 生态文明建设对空气质量和居民健康水平的影响——基于生态文明先行示范区设立的准自然实验[J]. 生态经济,2021,37(6):20-26.

[14] 曾维和,陈曦,咸鸣霞. "水生态文明建设"能促进水生态环境持续改善

吗？——基于江苏省 13 市双重差分模型的实证分析[J]. 中国软科学，2021
(5)：90-98.

[15] 蒋金法，周材华. 促进我国生态文明建设的税收政策[J]. 税务研究，
2016 (7)：8-11.

[16] SHADBEGIAN R J，Gray W B. Pollution abatement expenditures
and plant-level productivity：a production function approach[J]. Ecological
Economics，2005，54(2)：196-208.

[17] REN S，LI X，YUAN B，et al. The effects of three types of
environmental regulation on eco－efficiency：a cross－region analysis in China
[J]. Journal of Cleaner Production，2018，173(2)：245-255.

[18] 张冬洋，张羽瑶，金岳. 税收负担、环境分权与企业绿色创新[J]. 财政
研究，2021 (9)：102-112.

[19] 张华，魏晓平. 绿色悖论抑或倒逼减排——环境规制对碳排放影响的
双重效应[J]. 中国人口·资源与环境，2014，24(9)：21-29.

[20] 田秀杰，唐蕊，周春雨. 基于碳排放视角的政府环境治理政策效果研究
[J].调研世界，2020(3)：30-36.

[21] JIANG D，CHEN Z，MCNEIL L，et al. The game mechanism of
stakeholders in comprehensive marine environmental governance[J]. Marine
Policy，2019，112(2)：1-8.

[22] 刘洁，李文. 中国环境污染与地方政府税收竞争——基于空间面板数
据模型的分析[J]. 中国人口·资源与环境，2013，23(4)：81-88.

[23] 李春根，王雯. 生态文明建设视域的新一轮税制改革方略[J]. 改革，
2019 (7)：132-140.

[24] SUNDAR S，MISHRA A K，NARESH R. Effect of environmental
tax on carbon dioxide emission：a mathematical model[J]. International Journal
of Applied Mathematics & Statistics，2016，4(1)：16-23.

[25] 卢洪友，唐飞，许文立. 税收政策能增强企业的环境责任吗——来自我
国上市公司的证据[J]. 财贸研究，2017，28(1)：85-91.

[26] 刘畅，张景华. 环境责任、企业性质与企业税负[J]. 财贸研究，2020，
31(9)：64-75.

[27] 李香菊，贺娜. 税收对环境污染的影响分析——基于财政分权视角
[J]. 中国地质大学学报(社会科学版)，2017，17(6)：54-66.

[28] 范庆泉，张同斌. 中国经济增长路径上的环境规制政策与污染治理机制研究[J]. 世界经济，2018 (8)：171-192.

[29] 田晓晖，李薇，李戎. 农业机械化的环境效应——来自农机购置补贴政策的证据[J]. 中国农村经济，2021 (9)：95-109.

[30] 胡求光，马劲韬. 低碳城市试点政策对绿色技术创新效率的影响研究——基于创新价值链视角的实证检验[J]. 社会科学，2022 (1)：62-72.

[31] 胡求光，周宇飞. 开发区产业集聚的环境效应：加剧污染还是促进治理？[J]. 中国人口·资源与环境，2020，30(10)：64-72.

[32] 韩晶，蓝庆新. 中国工业绿化度测算及影响因素研究[J]. 中国人口·资源与环境，2012，22(5)：101-107.

[33] 石大千，丁海，卫平，等. 智慧城市建设能否降低环境污染[J]. 中国工业经济，2018 (6)：117-135.

[34] 丁焕峰，孙小哲，王露. 创新型城市试点改善了城市环境吗？[J]. 产业经济研究，2021 (2)：101-113.

[35] 许和连，邓玉萍. 外商直接投资导致了中国的环境污染吗？——基于中国省际面板数据的空间计量研究[J]. 管理世界，2012 (2)：30-43.

[36] 范子英，赵仁杰. 法治强化能够促进污染治理吗？——来自环保法庭设立的证据[J]. 经济研究，2019，54(3)：21-37.

[37] 涂正革，谌仁俊. 排污权交易机制在中国能否实现波特效应？[J]. 经济研究，2015，50(7)：160-173.

[38] JACOBSON L S, LALONDE R J, SULLIVAN D G. Earnings losses of displaced workers[J]. The American Economic Review, 1993, 83 (4)：685-709.

[39] FERRARA L E, CHONG A, DURYEA S. Soap operas and fertility：evidence from Brazil[J]. American Economic Journal：Applied Economics，2012, 4(4)：1-31.

[40] HAYET M. Membranes and theoretical modeling of membrane distillation：a review[J]. Advances in Colloid and Interface Science，2011, 164 (2)：56-88.

[41] AMY G, GHAFFOUR N，LI Z, et al. Membrane-based seawater desalination：present and future prospects[J]. Desalination, 2017, 401 (1)：16-21.

集体行动视阈下海岸带蓝碳交易机制设计及博弈分析

徐胜[1,2]　刘书芳[2]　高科[2]

（1. 中国海洋大学经济学院，海洋发展研究院，山东青岛 266100；

2. 中国海洋大学经济学院，山东青岛 266100）

摘要：本文基于微观视角运用集体行动理论的八项设计原则对蓝碳交易机制进行分析。研究发现，目前的蓝碳交易机制中具有浓厚的行政色彩，导致了蓝碳项目开发过程中政府面临较大的财政支出和行政压力，这种"脆弱性"是目前交易机制进行推广实践的难点。为解决目前交易机制中政府单向参与的问题，本文提出政府通过实施相机抉择策略，可以与民众在不对称的"囚徒困境"博弈模型中产生合作行为，形成长期双向互动的良好局面。

关键词：蓝碳交易；集体行动；相机抉择；"囚徒困境"博弈

1　文献综述

海岸带蓝碳具有海洋碳汇与陆地碳汇的双重属性，被定义为海岸带盐沼湿地、红树林和海草床等海岸带植物固定的碳。因为国内蓝碳交易出现时间短而导致交易经验不足，且蓝碳本身具有不同于一般交易标的物的特殊属性，所以国内蓝碳交易机制建设目前还处于起步阶段，仍然面临着许多亟待解决的复杂性问题。

海岸带蓝碳因本身所具有的公地特征，使其属于当前公共事物治理研究的拓展范围之内。诺贝尔经济学奖获得者、美国公共选择学派的创始人埃莉诺·奥斯特罗姆早期提出的集体行动理论八项设计原则在世界范围内的公共事物治理领域得到了广泛的检验和应用。因此，本文以广东"湛江红树林造林项目"为研究起点，将蓝碳交易实践成功案例置于集体行动理论框架之内进行研究，更有助于对现阶段的蓝碳交易机制进行科学设计。

本文可能存在的主要贡献是：基于国内首个蓝碳交易的成功案例，在集体行动理论视角下进行中国蓝碳交易机制设计的应用导向性研究，既为蓝碳交易机制建设寻找到科学的理论支撑，也补充了集体行动理论在蓝碳交易类新兴环境问题上的应用空白。

2 蓝碳交易机制采用集体行动理论的客观原因和理论基础

2.1 选择集体行动理论的客观原因

集体行动理论认为,在特定的制度条件下,用户自主治理的方式可以打破"公共池塘资源"面临的以"公地悲剧"为代表的个体理性与集体理性相背离的集体行动困境。随着社会发展,该理论的应用范围和理论内容也在拓展与补充,这都为蓝碳交易制度研究提供了可靠的理论基础。

2.1.1 符合理论的研究主体

埃莉诺·奥斯特罗姆所研究的公共池塘资源要求具有稀缺性和可再生性,且资源内部使用者能够相互伤害,外部参与者没有破坏作用。目前随着多方共同参与治理蓝碳生态系统的保护和修复,中国蓝碳生态系统急剧退化的局面有所改善;蓝碳资源使用者通常是指依赖该资源获取利益的主体,因蓝碳资源有限,使用者为争夺有限的生态资源存在相互伤害的现象;蓝碳资源的参与者一般是指无竞争性的外部主体。基于上述分析,蓝碳资源符合集体行动理论所说的"公共池塘资源"类型。

2.1.2 符合集体行动理论的实施主体

随着社会的发展,集体行动理论的应用范围已经大大拓展,不再局限于最初的地区或人数限制。小群体容易组织和开展集体行动,但群体规模扩大未必影响集体行动,目前集体行动的参与者泛指能够进行自组织的所有人。

2.2 "公共池塘资源"制度的理论基础

2.2.1 制度设计层次

参与"公共池塘资源"治理的集体行动参与者通常会涉及不同领域,因此需要在多层次的框架性假设下进行分析(图1)。

图1 规则和分析层次之间的关联

在蓝碳资源资产化过程中,操作规则就包括蓝碳资源相关产权如何确定、确定多少、产权拥有时间、所有权与使用权是否分离等,以及谁来监督、如何监督、如何交换和发布何种产权相关信息、实施何种奖励或制裁等具体细节的规定。集体选择规则包括针对操作规则如何进行制定和发布,以及拥有规则修改权的主体和修改方式。宪法选择规则决定拥有对操作规则和集体选择规则修改权的主体和方式。

2.2.2 制度设计原则

埃莉诺·奥斯特罗姆从所研究的成功案例中总结了制度成功所需具备的八项基本设计原则。具体包括:清晰界定边界、占用和供应规则与当地条件保持一致、集体选择的安排、监督、分级制裁、冲突解决机制、对组织权的最低限度认可以及分权制企业。

建立一种强有力的蓝碳交易机制,需要在集体行动理论框架下满足以上八项基本设计原则。下文将对广东"湛江红树林造林项目"的交易制度进行分析。

3 广东"湛江红树林造林项目"的基本原则分析

3.1 界定清晰的蓝碳资源边界

3.1.1 蓝碳资源产权现状

界定蓝碳资源边界以及明确蓝碳资源使用者(开发者)实质上就是产权确认的过程。因为蓝碳具有供给成本高、收益率较低且投资回收期长的特点,所以仅有政府会因为拥有蓝碳资源所依附的土地或海洋产权而出于生态保护目的主导开发。基于权责对应原则,政府需要收回已转让的海域使用权,在此过程中,政府会面临产权收回所产生的赔偿问题,这既增加了政府的财政压力,也对政府的协调组织能力提出了巨大的挑战。

蓝碳碳汇的空间外溢性以及在区域生态环境改善方面的非排他性,使得蓝碳资源及其生态系统产生的碳汇及其他生态服务价值的所有权、使用权、收益权和转让权的归属、分割和流转等产权确定问题极为复杂,这是导致蓝碳资源产权确权存在制度性障碍的主要原因。

3.1.2 蓝碳资源边界界定分析

项目减排的碳具有空间外溢性,且附加产生的收益具有难以排他的公共属性。虽有专业的认证及咨询机构参与交易过程,但所得出的生态产品数量均是不能确定的估计量,生态产权因技术问题仍难以确认。

3.2 制定合理的蓝碳资源占用和供应规则

2017年,湛江麻章区共撤回岭头岛红树林核心区内133.33公顷养殖行政许可,注销原发放的《水域滩涂养殖证》和海域使用权证。短期内该地区原本占有和供应规则的改变并非依赖资源生存的使用者基于生态环境保护目的所做出的选择,而是由于外部权力压力而被迫放弃使用权。这种短时间内所变更的规则没有良好地适应于当地条件,因此政府以支付巨额的财政资金作为强行改变规则的代价。

3.3 合适的集体选择安排

在"湛江红树林造林项目"中,"湛江市麻章区划定并严守生态保护红线工作领导小组"是麻章区负责项目开发的领导组织,其成员包括区长、区部门局长和国企湖光农场场长。根据领导组织的成员结构,可知项目开发所涉及的占用和供给规则均由政府从外部做出,受政策影响最大的养殖户并没有参与到操作规则的制定中。

若受操作规则影响的个人没有参与操作规则的修改,那么就无法保证"占有和供应规则与当地条件一致"的设计原则成立,而外部组织的独断参与,会使得政策产生"水土不服"的现象。

3.4 制定监督激励机制

在信息不充分情况下引入外部监督者是必要的。保护区管理局负有直接的监督责任,但因资源分布广泛,所以仅靠保护区管理局进行监督的行为成本是较大的。为了解决监督主体单一问题,政府运用监督激励机制引导个人参与项目管理的监督机制,符合蓝碳交易制度持续存在的原则条件。

3.5 施行分级制裁机制

在广东"湛江红树林造林项目"案例中,管理办法对毁坏红树林资源的违法行为做出了明确且严格的规定。但现有的分级制裁机制很大程度上依靠相关制裁政策的强制实施,原有的占有者并不具有集体为生态保护目标所努力的自主意识,因此仅有客观上的法律规定,会使得分级制裁制度产生较大的运行成本。

3.6 设立冲突解决机制

在当前社会运行背景以及政府主导开发的制度下,无论是当地村民还是各级政府部门均可以通过司法机构,程序化地解决各种冲突。随着交易机制的逐渐成熟,设立一套地区之间的冲突解决机制是必不可少的。

3.7 增强外部权力对集体行动的权利认可度

在"湛江红树林造林项目"的实际交易过程中,当地村民几乎没有政策制定的话语权,长时间形成的内部规则不受法律保护,一旦与政府的目标相矛盾,则不可避免地会受到外界权威的强制修改甚至取消。因此,以政府作为权力"单一"中心的治理过程中,权利认可度这一设计原则几乎不成立。

3.8 建立多层次分权制企业

多层次分权制企业要求受操作规则影响较大的主体能够通过不同的组织活动,参与多个层次下规则的制定或修改。在"湛江红树林造林项目"中,当地村民大部分还是处于受政策支配的地位,各项管理活动的参与感不强。

4 蓝碳交易机制的脆弱性分析及相机抉择策略

4.1 蓝碳交易机制的脆弱性原因

通过在集体行动理论框架下对广东"湛江红树林造林项目"的八项设计原则进行分析,可以看出目前蓝碳交易制度中政府的行政色彩浓厚,大多数制度是政府通过发布政策公告单向要求当地村民按照规则行动,而对当地环境了解的村民却很少参与制度中八项原则的设计,这在一定程度上增加了蓝碳交易制度的脆弱性。

除了制度本身具有浓厚的行政色彩这个问题之外,本文认为原因还包括以下几个。首先是政府所代表的全局利益在一些情况下会和公众代表的个人利益发生冲突;其次是政府缺乏明确的政策规则,当地村民对政府制定的政策无所适从;最后是政府存在声誉问题,如果政府经常向公众的不配合行为妥协,不能将政策意图贯彻到底,那么公众也不会配合政府的政策。

要想解决政府与当地村民互动性较低的问题,需要设计一种新的解决方案以期产生政府和当地村民合作的局面。

4.2 政府的相机抉择策略

相机抉择策略是指当民众采用配合策略时,政府会在下一期持有积极态度对蓝碳资源进行管理;当民众采用抵抗或中立态度,即不配合态度时,政府相应的也会在下一期持有消极的管理态度。

4.2.1 政府和当地民众的博弈特点

政府和当地民众面临的蓝碳资源开发管理合作问题具有"囚徒困境"的特点。即使政府和民众都清楚地知道长期使双方利益最大化的选择只有合作,但与不稳定的预期收益相比,人们更倾向于受眼前所能获得最大收益的行为的主导,这就使得双方合作困难。

4.2.2 政府与当地民众静态博弈收益表

为打破"囚徒困境"的僵局,就需要研究出一种既能约束政府又能约束当地民众的政策规则。借鉴李拉亚针对央行政策与公众对策互动关系提出的"软硬兼施"策略,本文在其原有的不对称收益"囚徒困境"博弈模型基础上,针对蓝碳资源管理中政府和当地民众的特点提出了不对称收益不对等选择的"囚徒困境"博弈模型,将双方均拥有两种选择的局面变成了政府可以选择积极或消极的管理态度,而当地民众可以采用配合、中立或抵制的选择态度(表 1)。根据上文分析,不对等选择更符合现实中蓝碳资源管理情形。

表1 政府与民众静态博弈收益表

政府	民众		
	抵制	中立	配合
消极	X_1, Y_1	X_2, Y_2	X_3, Y_3
积极	X_4, Y_4	X_5, Y_5	X_6, Y_6

在表1中,当民众采取抵制策略,政府持有消极态度时,政府收益为X_1,民众收益为Y_1;当民众采取中立策略,政府持有消极态度时,政府收益为X_2,民众收益为Y_2;当民众采取配合策略,政府持有消极态度时,政府收益为X_3,民众收益为Y_3;当民众采取抵制策略,政府持有积极态度时,政府收益为X_4,民众收益为Y_4;当民众采取中立策略,政府持有积极态度时,政府收益为X_5,民众收益为Y_5;当民众采取配合策略,政府持有积极态度时,政府收益为X_6,民众收益为Y_6。与"囚徒困境"一般性假设相同,收益均大于零。

4.2.3 不对称收益不对等选择囚徒困境博弈模型的定义

在不对称收益不对等选择的"囚徒困境"模型中,不对等选择是指政府与民众拥有的选择数量不等,不对称收益是指$X_1 \neq Y_1$、$X_2 \neq Y_2$、$X_3 \neq Y_3$、$X_4 \neq Y_4$、$X_5 \neq Y_5$、$X_6 \neq Y_6$。

4.2.4 "囚徒困境"博弈模型的基本假定

在对模型进行基本假定时,我们将民众的抵制和中立态度均视为不配合策略,其余假定与一般性的"囚徒困境"模型保持一致。

从民众与政府合作来看,由政府和民众存在合则两利、斗则两伤的特点,民众和政府互相合作得到的收益X_6和Y_6,要大于民众与政府不合作时的收益$X_1 + X_2$,$Y_1 + Y_2$,即有$X_6 > X_1 + X_2$,$Y_6 > Y_1 + Y_2$。

无论民众采取何种策略,由上文分析可知短期内政府采用消极管理态度均会使得收益大于积极态度的收益,即有$X_1 > X_4$,$X_2 > X_5$,$X_3 > X_6$。无论政府持有何种态度,短期内公众的抵制和中立策略均维护了自己的短期利益,其收益大于牺牲自己的短期利益的配合策略收益,即有$Y_1 > Y_2 > Y_3$,$Y_4 > Y_5 > Y_6$。由这两个假定,短期内不合作一方能取得较好的收益,这是静态博弈时双方不能合作的原因。也正因此,政府才需要采用相机抉择策略,让博弈双方走出短期利益的陷阱,从长远利益着想,达成合作的目的。

无论政府持有积极还是消极的态度,在民众配合时的政府收益要大于民众不配合时政府的收益,即有$X_3 > X_2 > X_1$,$X_6 > X_5 > X_4$。无论民众配合还是不配合政府政策,当政府持有积极态度时,民众收益要大于政府持有消极态度时的收益,即有 $Y_4 > Y_1$, $Y_5 > Y_2$, $Y_6 > Y_3$。由这两个假定,一方主动合作能给对方带来较高收益,因此也有可能换取对方合作的回报。这也是为什么政府采用相机抉择策略时,通常先持有积极的管理态度,试图换取民众的配合。

4.2.5 不完全信息假定

在模型的假定原则方面,本文借鉴李拉亚和 Kreps 等的研究思路,认为下设假定是政府和民众所共同认可的。假设政府分为两种类型,一种是强势政府,另一种是弱势政府。强势政府是指政府在选择了应对政策后,不会向民众妥协,会将自己的政策意图贯彻到底。强势政府奉行相机抉择政策规则,并公布自己在第一期会持有积极态度,以示自己的合作诚意。弱势政府会向民众妥协,政策可能途中变卦,不会将自己的政策意图进行到底。弱势政府可采取任何策略。但弱势政府可以通过假装强势政府,建立一个不向民众妥协的声誉。政府知道自己的类型,即知道自己是强势政府还是弱势政府。民众不知道政府的类型,但民众认为政府为强势政府的概率为 p,为弱势政府的概率为 $(1-p)$。下文基于以上假定,对博弈机制进行证明分析。

4.3 相机抉择策略下的博弈机制

4.3.1 两种反应函数

通过引入下标 t 表示时期,来描述民众第 t 期策略与强势政府第 $t+1$ 期态度的关系。用 C_t 表示第 t 期民众采取配合政府政策的策略,N_t 表示第 t 期民众采取中立策略,M_t 表示第 t 期民众采取抵抗策略;用 W_t 表示第 t 期政府持有积极态度,S_t 表示第 t 期政府持有消极态度。

理性的民众知道了强势政府的相机抉择策略规则,会根据自己本期采取的策略而预期到强势政府下一期的策略。由此,我们可得出以下两种反应函数。

$W_t = E(C_{t-1})$,即公众因自己在第 $t-1$ 期采用配合策略而预期强势政府在第 t 期会持有积极态度。

$S_t = E(N_{t-1}, M_{t-1})$,即公众因自己在第 $t-1$ 期采用抵制或中立策略而预期强势政府在第 t 期会持有消极态度。

4.3.2 两期的民众收益预期形成机制

假设强势政府第一期持有积极态度 W_1。依据强势政府采用的相机抉择政策规则,即 $W_2 = E(C_1)$, $S_2 = E(N_1, M_1)$,公众可以由自己在第一期采用配合策略 C_1 还是采取中立 N_1 或抵制的不配合策略 M_1,预期强势政府第二期持有积极态度 W_2 还是消极态度 S_2。

两期的博弈模型中，对民众而言，第二期博弈是最终博弈，依据博弈的严格占优策略，民众此时会选择不配合策略，即保持中立 N_2 或进行抵制 M_2。故问题的关键是，民众在第一期是选择配合策略 C_1，还是选择不配合策略 N_2 和 M_2。民众怎样选择第一期策略，由民众在这两期博弈的总预期收益决定。民众采用能使总预期收益最大的策略安排。

在第一期，民众选择配合策略 C_1，设其预期收益为 $E(R_{11})$。本文与参考文献同样采用理性预期理论常用的数期望公式计算 $E(R_{11})$，可得算式：

$$E(R_{11}) = p \times Y_6 + (1-p) \times Y_3 \tag{1}$$

在第二期，民众选择不配合策略 N_2 和 M_2，设其预期收益为 $E(R_{12})$。因为民众在第一期选择配合策略 C_1，民众可以预期强势政府在第二期选择的策略为 $W_2 = E(C_1)$，即强势政府持有积极态度。故民众第二期的预期收益为：

$$E(R_{12}) = p \times (Y_4 + Y_5) + (1-p) \times (Y_1 + Y_2) \tag{2}$$

如果民众在第一期选择不配合策略 N_2 和 M_2，设其预期收益为 $E(R_{21})$，可得算式：

$$E(R_{21}) = p \times (Y_4 + Y_5) + (1-p) \times (Y_1 + Y_2) \tag{3}$$

到第二期，民众仍选择不配合策略 N_2 和 M_2，并可预期强势政府第二期策略为 $S_2 = E(N_1, M_1)$，其预期收为 $E(R_{22})$。我们可得算式：

$$E(R_{22}) = p \times (Y_1 + Y_2) + (1-p) \times (Y_1 + Y_2) \tag{4}$$

要使民众在第一期的最优选择是配合策略，就必须使得下列算式成立。

$$E(R_{11}) + E(R_{12}) \geqslant E(R_{21}) + E(R_{22}) \tag{5}$$

由上节假设有 $Y_6 > Y_3$。由此，可推出不等式：

$$p \geqslant \frac{Y_1 + Y_2 - Y_3}{Y_6 - Y_3} \tag{7}$$

上式的右边为 p 的门槛值。这是民众选择配合策略的条件。因有 $Y_6 > Y_1 + Y_2$，所以 $(Y_1 + Y_2 - Y_3) < (Y_6 - Y_3)$。由上节假设，有 $Y_1 > Y_2 > Y_3$，$Y_6 > Y_3$，故 $Y_1 + Y_2 - Y_3 > 0$，$Y_6 - Y_3 > 0$。所以，门槛值是小于 1 而大于 0 的。

在此条件下，民众第一期选择配合策略，能导致自己两期收益最大化。同样，如果 p 小于这一门槛值，民众第一期选择不配合策略，能导致自己两期收益最大化。故当强势政府采用相机抉择策略规则时，民众在第一期采取什么策略，由 p 值决定。表 2 简明反映了政府与民众的互动策略行为及其利益驱动机制。

表2　民众收益预期与强势政府和民众的互动策略行为的关系

第一期民众策略	民众预期第二期强势政府持有的态度	p 值	民众预期两期的最大收益
配合	积极	$p \geqslant$ 门槛值	$E(R_{11}) + E(R_{12})$
抵制或中立	消极	$p <$ 门槛值	$E(R_{21}) + E(R_{22})$

在本博弈模型中,影响民众预期收益形成机制的不是政府公布的政策规则,而是政府在民众印象中是强势还是弱势政府的形象,若政府在民众心中的强势政府印象越深刻,则 p 值越容易跨过门槛值,使得民众在第一期就会采取配合策略。因此政府应维护自己的强势声誉,这也是政府引导民众预期形成的一种新方式。

4.3.3 多期博弈模型

参考多数文献中证明KMRW声誉博弈模型的思路,可证明弱势政府和民众长期均不会偏离合作均衡。在政府与民众 T 期博弈中,在前面的假设条件下,并且有 $Y_6 > (Y_1 + Y_2 + Y_3 + Y_4)/2$ 成立时,如果强势政府采用相机抉择政策规则,在第一期持有积极态度,并且当民众认为政府为强势央行的概率大于门槛值时,则政府与民众能实现这样一种合作均衡:弱势政府从博弈开始直至 T-2 期都持有积极态度,在 T-1 期和 T 期持有消极态度。民众从博弈开始直至 T-1 都选择配合策略,在 T 期选择不配合策略。

多期博弈的均衡局面揭示了政府态度与民众对策互动关系的利益机制,即民众在博弈开始阶段选择不配合策略可能得到较高收益,但因政府会转而持有消极态度,长期看民众得不偿失。

5　结论与展望

蓝碳交易机制设计是一项复杂的工程,为建立更加完善的交易机制,基于上文的分析结论,本文认为首先应继续推行社区共管计划,让其成为当地民众"自下而上"的组织论坛,配合政府的相机抉择策略,真正提高当地民众对红树林湿地资源保护的自主意识。其次建立蓝碳交易信息平台和付费机制,增强蓝碳信息拥有者对外提供数据信息,使得信息在供需双方流动达到信息效用最大化的效果。

【基金项目】国家社科基金重大专项(18VHQ003)

参考文献

[1] NELLEMANN C, CORCORAN E, DUARTE C M. et al. Blue carbon: the role of healthy oceans in binding carbon : a rapid response assessment[M]. Nairobi:

United Nations Environment Programme，2009.

　　[2] 方瑞安,张磊."公地悲剧"理论视角下的全球海洋环境治理[J]. 中国海商法研究,2020, 31(4)：38-44.

　　[3] 白洋,胡锋. 我国海洋蓝碳交易机制及其制度创新研究[J]. 科技管理研究,2021, 41(3)：187-193.

　　[4] 杨越,陈玲,薛澜. 中国蓝碳市场建设的顶层设计与策略选择[J]. 中国人口·资源与环境,2021, 31(9)：92-103.

　　[5] 陈光程,王静,许方宏,等. 滨海蓝碳碳汇项目开发现状及推动我国蓝碳碳汇项目开发的建议[J]. 应用海洋学学报,2022,41(2):177-184.

　　[6] OSTROM E. A polycentric approach for coping with climate change[J]. Annals of Economics and Finance，2009，15(1)：97-134.

　　[7] OSTROM E. Polycentric systems for coping with collective action and global environmental change[J]. Global Environmental Change，2017，20(5)：423-430.

　　[8] 王亚华,舒全峰. 公共事物治理的集体行动研究评述与展望[J]. 中国人口·资源与环境,2021, 31(4)：118-131.

　　[9] 张俊哲,梁晓庆. 多中心理论视阈下农村环境污染的有效治理[J]. 理论探讨,2012(4)：164-167.

　　[10] 王彬彬,李晓燕. 基于多中心治理与分类补偿的政府与市场机制协调——健全农业生态环境补偿制度的新思路[J]. 农村经济,2018(1)：34-39.

　　[11] 刘志远. 基于自主治理理论的环境治理新思考[J]. 北方经贸,2020(4)：113-116.

　　[12] ELINOR O. Polycentric systems for coping with collective action and global environmental change[J]. Global Environmental Change,2010，20(4)：550-557.

　　[13] 周晨昊,毛覃愉,徐晓,等. 中国海岸带蓝碳生态系统碳汇潜力的初步分析[J]. 中国科学:生命科学,2016, 46(4)：475-486.

　　[14] 蔡岚. 粤港澳大湾区大气污染联动治理机制研究——制度性集体行动理论的视域[J]. 学术研究,2019(1)：56-63.

　　[15] 李建勋. 国际海洋资源环境管理困境与破解——基于集体行动理论的视角[J]. 太平洋学报,2012, 20(11)：89-97.

　　[16] 杨光华,贺东航,朱春燕. 群体规模与农民专业合作社发展——基于集体行动理论[J]. 农业经济问题,2014, 35(11)：80-86.

　　[17] 周业安,宋紫峰. 公共品的自愿供给机制:一项实验研究[J]. 经济研究,2008(7)：90-104.

［18］〔加〕波蒂特,〔美〕詹森,〔美〕奥斯特罗姆.共同合作:集体行为、公共资源与实践中的多元方法［M］.路蒙佳,译.北京:中国人民大学出版社,2013:30.

［19］王亚华,舒全峰.公共事物治理的集体行动研究评述与展望［J］.中国人口·资源与环境,2021,31(4):118-131.

［20］OSTROM E. Governing the commons［M］. Cambridge:Cambridge University Press,1990.

［21］OSTROM E. Governing the commons［M］. Cambridge:Cambridge University Press,1990.

［22］DAVID M K,PAUL M,JOHN R,et al. Rational Cooperation in the Finitely Repeated Dilemma［J］. Economic Theory. 1982,27(2):245-252.

［23］DAVID M K,PAUL M,JOHN R,et al. Rational cooperation in the finitely repeated dilemma［J］. Economic Theory. 1982,27(2):245-252.

中国沿海地区海洋公共服务均等化水平区域差异及分布动态

狄乾斌　吴洪宇

(辽宁师范大学海洋可持续发展研究院,辽宁大连 116029)

摘要:海洋公共服务均等化是实现人海和谐共生的有效路径。本文采用可变模糊识别模型对 2006—2019 年中国沿海地区 11 个省区市的海洋公共服务均等化水平进行测度,利用 Dagum 基尼系数和核密度估计模型,研究其区域差异和分布动态。结果表明:2006—2019 年中国沿海地区海洋公共服务均等化水平呈逐年上升趋势;空间分布上,沿海地区海洋公共服务均等化水平呈现出非均衡的分布格局;中国沿海地区海洋公共服务均等化水平总体区域差异有所缩小,区域间差异是造成总体差异的主要原因;中国沿海地区海洋公共服务均等化水平绝对差异呈扩大趋势。

关键词:海洋公共服务;可变模糊识别;Dagum 基尼系数;核密度估计

据自然资源部统计,2021 年中国海洋 GDP 首次突破 9 万亿元,占中国 GDP 的 8%,占沿海地区 GDP 的 15%。面对疫情和世界经济环境复杂的情况下,中国海洋经济仍保持平稳发展。海洋经济发展的关键在于海洋资源的优化配置,而海洋资源的优化配置有赖于海洋公共服务的供给水平。但由于沿海各地区海洋基础设施、海洋产业信息化程度存在差异,导致海洋公共服务供给水平区域间不平衡、不协调,一定程度上制约了海洋经济高质量发展。中央在国民经济和社会发展第十四个五年规划和 2035 年远景目标(以下简称"十四五"规划)中提出,到 2035 年要实现基本公共服务均等化,使全体公民都能公平地获得大致均等的公共服务。在此背景下,海洋公共服务应保障沿海地区全体公民和涉海企业都能享有大致均等的海洋公共服务,海洋公共服务均等化发展有利于实现海洋经济可持续发展和提升沿海地区居民的幸福感,进而促进人海和谐共生,实现海洋经济高质量发展。

关于公共服务均等化的研究,国外起步较早,主要集中在公共服务均等化的内涵界定和实现路径,相关实证研究着重于具体领域的均等化和特殊群体的均等化。如 Anis Saidi 等研究了突尼斯教育系统的不均等现象,并对缓解教育不平衡的政策效力进行评估;John Boyle 等研究了纽约市黑人与白人在公共服务分配上的公平性问题。国内研究起步虽然较晚,但发展速度较快,有关公共服务均等化的实证研究主要集中在以下三个方面:一是区域间的均等化,如李华等基于高质量发展视角对中国 30 个省区市的基本公共服务均等化进行了测度分析,韩增林等对中国 31 个省区市城乡公共服务均等化水平进行了测算并分析其空间分布格局;二是群体间的均等化,如于建嵘提出实现农民工群体公共服务均等化的对策建议,王鸿儒等利用全国流动人口动态监测数据探索卫生基本公共服务均等化对流动人口的影响;三是具体领域的均等化,如江凡等基于教育设施 POI 数据分析中国基础教育均等化的空间分布格局,董丽晶等利用集对分析模型对中国 31 个省区市的公共卫生服务均等化进行测度并分析造成其非均等化的成因。公共服务均等化在海洋领域的研究涉及较少,有关海洋公共服务的研究主要集中在内涵界定、战略定位、供给类型等方面,如张帅基于新公共服务理论对海洋公共服务内涵进行界定;张效莉等以上海为例,从国际、区域、公共服务和产业定位等角度对上海海洋公共服务战略定位提出对策建议。

　　综上可见,随着公共服务均等化的推进,学者们在不断探索中取得优异成绩,但仍存在不足之处,在研究视角上,现有文献主要集中在传统领域层面,海洋领域涉及较少,在研究内容上,现有文献多集中于内涵界定研究,缺乏对海洋公共服务均等化的测度分析及区域差异研究。基于此,本文以中国沿海 11 个省区市为研究对象,通过构建海洋公共服务均等化水平评价指标体系,利用可变模糊识别模型对中国沿海 11 个省区市海洋公共服务均等化水平进行综合测度,探索中国海洋公共服务均等化的构成因子;利用 Dagum 基尼系数对中国海洋公共服务均等化水平的地区差异进行分解分析;并利用核密度估计对中国海洋公共服务均等化水平的绝对差异进行研究,以期实现中国海洋公共服务均等化水平的全面提升,为缩小区域差异提供决策参考。

1　运行机制、指标体系及研究方法

1.1　海洋公共服务均等化的运行机制

　　通过梳理已有文献,本文认为海洋公共服务均等化水平是由海洋公共服务供需两侧共同作用而实现。由于海洋经济平衡发展的产业需求和沿海地区居民海洋公共服务公平性的社会需求日益增加,要求海洋公共服务均等化供给水平与之相匹配,海洋公共服务均等化供给水平由海洋生产服务、海洋社会服务、海洋文化服务、海洋生态服务等子系统构建,各子系统均等化水平的提升又刺激海洋公共服务均等化的需求增加。在海洋公共服务供需两侧共同作用下,不断提升海洋公共服务均等化水平,进而实现人海和谐共生。海洋公共服务均等化的运行机制见图 1。

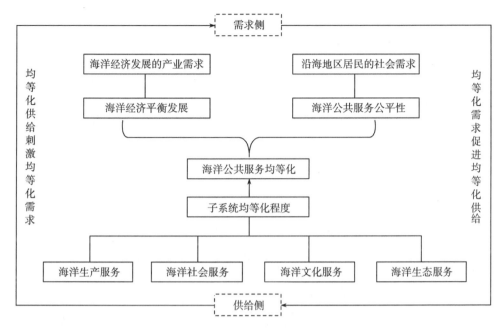

图 1　海洋公共服务均等化的运行机制

1.2 海洋公共服务均等化水平评价指标体系构建

以海洋经济系统理论为依托,结合公共服务均等化内涵,对海洋公共服务均等化的内涵进行界定。本文认为海洋公共服务均等化是指以政府为主导,市场和社会共同参与,满足沿海各地区享有大致相等的海洋发展的机会以及沿海地区居民享有大致均等的海洋发展成果。根据海洋公共服务均等化内涵,借鉴公共服务均等化水平测度相关研究成果,从海洋生产服务、海洋社会服务、海洋文化服务和海洋生态服务等维度构建海洋公共服务均等化水平评价指标体系(表 1),对其进行综合测度。

表 1　海洋公共服务均等化水平指标体系

目标层	系统层	维度层	指标层	权重
海洋公共服务均等化水平	海洋生产服务	基础设施	港口基础设施密度 C1(+)	0.086
			海洋货物运输量 C2(+)	0.030
			每千米海岸线海洋基础设施投资额 C3(+)	0.062
		安全保障	海域使用金征收金额 C4(+)	0.029
			已出台海洋法律法规数量 C5(+)	0.063
			每千米海岸线海滨观测台分布情况 C6(+)	0.056
		公共信息	每万人移动电话交换机容量 C7(+)	0.010
			每万人互联网宽带接入端口数量 C8(+)	0.025

续表

目标层	系统层	维度层	指标层	权重
海洋公共服务均等化水平	海洋社会服务	就业状况	涉海就业人口占比 C9（＋）	0.021
			人均涉海失业保险支出 C10（＋）	0.068
		医疗卫生	人均海洋医疗卫生支出 C11（＋）	0.034
			每万人拥有卫生床位数 C12（＋）	0.012
			每万人拥有卫生工作人员数 C13（＋）	0.008
		社会保障	人均海洋社会保障支出 C14（＋）	0.039
			每万人拥有社区服务机构数 C15（＋）	0.025
	海洋文化服务	教育水平	每万人拥有海洋专业专任教师数 C16（＋）	0.016
			人均海洋教育支出 C17（＋）	0.031
		科技创新	人均海洋科技支出 C18（＋）	0.058
			每万人拥有海洋科技课题数 C19（＋）	0.034
			每万人拥有海洋专利数 C20（＋）	0.077
		文化发展	人均海洋文化事业支出 C21（＋）	0.040
			每万人图书馆藏书量 C22（＋）	0.037
			每万人博物馆、文化馆数 C23（＋）	0.017
	海洋生态服务	环境现状	人均涉海湿地面积 C24（＋）	0.018
			人均工业废水排放量 C25（—）	0.006
			人均工业固体废物产生量 C26（—）	0.005
			海洋自然保护区个数 C27（＋）	0.052
		环境治理	人均海洋环境污染投资 C28（＋）	0.027
			一般工业固体废物利用率 C29（＋）	0.008
			生活垃圾无害化处理率 C30（＋）	0.006

1.3 研究方法

1.3.1 可变模糊识别模型

可变模糊识别模型是基于相对隶属函数，通过变化模型和参数组建新模型，以增加评价识别与决策的可信性和可靠性，因此本文采用可变模糊识别模型对海洋公共服务均等化水平进行测度，具体计算公式见参考文献。

结合我国沿海地区海洋经济及相关研究中可变模糊识别模型级别特征值判断标准，本文将沿海地区海洋公共服务均等化水平划分为 5 个等级，评价标准见表 2。

表 2　海洋公共服务均等化水平评价级别判断标准

等级	评价等级	取值范围
1 级	低水平	[0,2)
2 级	较低水平	[2,2.5)
3 级	中等水平	[2.5,3)
4 级	较高水平	[3,4)
5 级	高水平	[4,5)

1.3.2 Dagum 基尼系数

Dagum 基尼系数是指 Dagum 提出的按子群分解的基尼系数测算方法。Dagum 基尼系数可以解决一个区域内所有省份的水平不都比其他区域内所有省份的水平高时出现的样本间的交叉重叠问题。因此本文采用 Dagum 基尼系数对中国沿海地区海洋公共服务均等化水平的区域差异进行研究分析,具体计算公式见参考文献。

1.3.3 核密度估计

核密度估计是概率论中常用来估计未知的密度函数,本文利用核密度估计对中国沿海地区海洋公共服务均等化水平绝对差异的分布动态进行研究,具体计算公式见参考文献。

1.4 数据来源

由于 2006 年海洋统计年鉴统计口径的变化,本文研究时间范围为 2006—2019 年,研究区域范围包括中国沿海 11 个省区市。根据《全国海洋经济发展规划纲要》,中国将沿海地区划分为三大海洋经济圈,即北部海洋经济圈(包括天津、河北、辽宁、山东沿岸及海域)、东部海洋经济圈(包括江苏、上海、浙江沿岸及海域)、南部海洋经济圈(包括福建、广东、广西、海南沿岸及海域),研究数据来源于《中国统计年鉴(2007—2020)》《中国海洋统计年鉴(2007—2017)》《中国海洋经济统计年鉴(2018—2019)》等。

2　中国沿海地区海洋公共服务均等化水平测度及其区域差异分析

2.1 中国沿海地区海洋公共服务均等化水平测度

表 3 为 2006—2019 年中国沿海 11 个省区市海洋公共服务均等化水平情况。整体来看,2006—2019 年中国沿海地区海洋公共服务均等化水平呈现逐年上升的趋势,海洋公共服务均等化水平由 2006 年的 1.887 上升至 2019 年的 2.719,但海洋公共服务均等化水平仍处于中等水平。

表 3　2006—2019 年中国沿海地区海洋公共服务均等化水平测度结果

年份	天津	河北	辽宁	上海	江苏	浙江	福建	山东	广东	广西	海南	均值
2006	2.373	1.409	1.783	2.766	1.644	1.844	1.822	1.681	2.139	1.334	1.958	1.887
2007	2.421	1.441	1.828	2.954	1.718	1.923	1.933	1.748	2.183	1.369	2.014	1.957
2008	2.451	1.465	1.870	3.337	1.774	2.022	2.028	2.025	2.261	1.386	2.056	2.061
2009	2.632	1.503	2.075	3.373	1.844	2.050	2.151	1.945	2.310	1.490	2.142	2.138
2010	2.742	1.566	2.117	3.385	1.935	2.102	2.206	2.007	2.285	1.525	2.144	2.183
2011	2.778	1.645	2.197	3.398	2.037	2.177	2.264	2.050	2.274	1.567	2.212	2.236
2012	2.878	1.694	2.229	3.495	2.102	2.276	2.357	2.114	2.388	1.609	2.281	2.311
2013	2.977	1.724	2.288	3.603	2.174	2.404	2.461	2.184	2.375	1.679	2.352	2.384
2014	3.132	1.718	2.341	3.689	2.221	2.381	2.525	2.286	2.417	1.696	2.340	2.431
2015	3.138	1.879	2.487	3.824	2.282	2.461	2.757	2.330	2.541	1.798	2.448	2.540
2016	2.949	1.905	2.313	3.660	2.319	2.520	2.822	2.523	2.598	1.850	2.509	2.543
2017	3.073	1.983	2.275	3.824	2.367	2.577	2.864	2.563	2.713	1.912	2.552	2.609
2018	3.046	2.050	2.275	3.901	2.412	2.669	2.796	2.390	2.790	1.949	2.672	2.632
2019	3.332	2.061	2.425	4.014	2.458	2.725	2.854	2.487	2.836	1.996	2.718	2.719

　　从空间布局来看,结合表 2 的级别判断标准和表 3 的评价结果,分析如下。

　　2006 年中国沿海地区海洋公共服务均等化水平以低水平分布为主,天津、上海、广东较其他地区水平偏高,海洋公共服务均等化水平领先沿海地区;到 2012 年沿海地区海洋公共服务均等化水平整体得到提升,低水平地区数量显著减少,海洋公共服务均等化低水平地区除河北、广西外均提升至较低水平,天津、上海海洋公共服务均等化水平领先沿海地区,分别提升至中等水平和较高水平;到 2019 年,中等水平地区数量显著增加,浙江、福建、广东、海南海洋公共服务均等化水平均由较低水平提升至中等水平,天津、上海海洋公共服务均等化水平较其他地区偏高,分别提升至较高水平和高水平,中国沿海地区海洋公共服务均等化水平呈现出东北沿海地区低、东南沿海地区高的非均衡分布格局,这与南部海洋经济圈近几年海洋发展水平较高有关。南部海洋经济圈 2018 年后海洋生产总值占比居三大海洋经济圈首位,海洋发展水平的稳步提高促进南部海洋经济圈海洋公共服务均等化的发展。

2.2 中国沿海地区海洋公共服务均等化的区域差异分析

2.2.1 整体差异与区域内差异

根据图 2,中国沿海地区海洋公共服务均等化水平整体及三大海洋经济圈区域内部的基尼系数均在波动中呈小幅下降趋势。具体来看,东部海洋经济圈与沿海地区整体基尼系数变化趋势大体一致,均表现为"三升两降"的变化趋势,基尼系数最高值均出现在 2008 年,最低值均出现在 2016 年;北部海洋经济圈基尼系数波动较大,2014 年基尼系数达到峰值,2018 年基尼系数为观测期内最低值,此后基尼系数呈发散趋势,北部海洋经济圈区域内海洋公共服务均等化水平差异可能存在扩大趋势;南部海洋经济圈基尼系数在观测期内除 2013—2016 年呈上升趋势,其他时间均呈现出下降趋势,在观测期内末期相比初期,南部海洋经济圈基尼系数下降幅度最大,下降了 0.023 32,降幅为 26.4%,南部海洋经济圈海洋公共服务均等化水平非均衡化程度有较明显改善。综上所述,中国沿海地区海洋公共服务均等化水平整体及三大海洋经济圈均存在非均衡特征,但非均衡化程度均有所改善,北部和东部海洋经济圈内部区域差异虽有所缩小,但区域内部非均衡化程度仍较明显。注重协调东部海洋经济圈内海洋公共服务均等化水平的差异是提高沿海地区整体海洋公共服务均等化水平的关键。

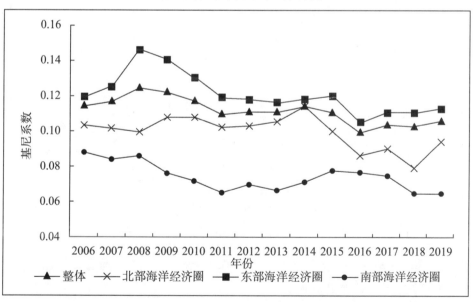

图 2　中国沿海地区整体及区域海洋公共服务均等化水平基尼系数演变趋势

2.2.2 三大海洋经济圈区域间差异

根据图 3,总体来看,中国沿海地区海洋公共服务均等化水平在不同区域间均存在差异,北-南、东-南海洋经济圈区域间差异在波动中呈小幅下降趋势,北-东海洋经济圈区域间差异在观测期内末期与初期基尼系数基本保持不变。具体来看,基尼系数数值方面,2006—2019年三大海洋经济圈区域间基尼系数数值排序始终为:北-东海洋经济圈>东-南海洋经济圈>北-南海洋经济圈。基尼系数变化趋势方面,北-南、东-南海洋经济圈区域间差异曲线波动趋势相同且均呈小幅下降趋势,其中北-南海洋经济圈区域间基尼系数在观测期内降幅为8%,东-南海洋经济圈区域间基尼系数在观测期内降幅为7.6%,且均呈现出"三升两降"的变化趋势,变化的转折点相同。北-东海洋经济圈区域间基尼系数在观测期内末期与初期基本保持不变。综上所述,虽然东-南海洋经济圈区域间差异有所缩小,但长期来看区域间差异仍然存在,且北-东海洋经济圈区域间差异基本保持不变仍处于三大海洋经济圈区域间差异最高位,原因可能在于北部海洋经济圈虽然海洋经济发展水平较高,但海洋生态保护执行力度不足,造成沿海地区居民生态环境的恶化,使得海洋公共服务均等化水平偏低,而东部海洋经济圈重视海洋科技、海洋教育等发展,着力于将海洋科技成果同沿海地区居民共享,使得海洋公共服务均等化水平偏高,造成北部和南部海洋经济圈区域间差距较大。

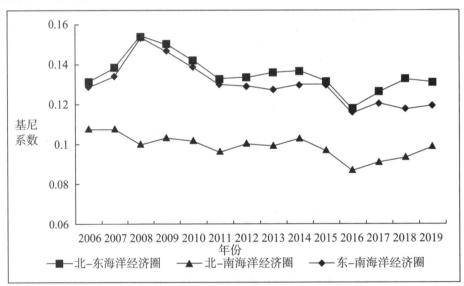

图3 中国沿海地区区域间海洋公共服务均等化水平基尼系数的演变趋势

2.2.3 区域差异来源及其贡献率

根据图4所示,区域间差异是造成我国沿海地区海洋公共服务均等化水平差距的主要来源。整体来看,区域间差异贡献率曲线和超变密度贡献率曲线呈对称分布,在观测期内区域间差异贡献率曲线和超变密度贡献率曲线分别呈波动上升趋势和波动下降趋势,区域内差异贡献率曲线变化较为平缓,呈小幅下降趋势。具体来看,区域间差异的贡献率在 2006 年出现最低值 25%,后经 N 形波动变化,于 2013 年达到 39%,随后经倒"N"形波动变化,于 2018 年达到最高值 42%,之后呈下降趋势。超变密度贡献率变化趋势与区域间差异贡献率变化趋势相反,2006年超变密度贡献率出现最高值 45%,在经过倒 N 形变化后于 2013 年达到 32%,随后经过 N 形变化在 2018 年达到最低值 31%,之后呈上升趋势。区域内差异的贡献率变化较平稳,在观测期内呈小幅下降趋势。以 2006 年为基期,2019 年区域内差异的贡献率和超变密度的贡献率分别下降 1.97% 和 6.94%,而区域间差异的贡献率则上升 8.91%。贡献率来源由超变密度向区域间差异转变,由于海洋经济具有开放性和复杂性的特征,海洋公共服务均等化水平存在沿海地区之间交叉的现象,随着对海域管理的规范和海洋经济的系统性管理,海洋公共服务均等化总体差异来源进一步向区域间差异转化。因此造成海洋公共服务均等化差异的主要原因是区域间差异。注重三大海洋经济圈之间的协调发展有助于提升沿海地区整体海洋公共服务的均等化水平。

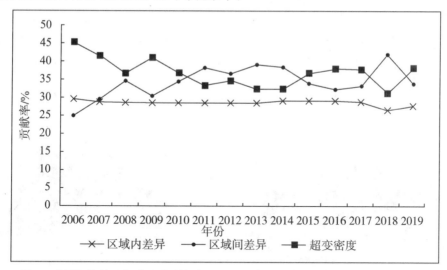

图 4　中国沿海地区海洋公共服务均等化水平区域差异来源及贡献度的演变趋势

3　中国沿海地区海洋公共服务均等化水平的动态演进

　　本文使用 Kernel 密度估计方法,基于绝对差异角度对中国海洋公共服务均等化水平的动态演进及演化规律进行分析,图 5 为核密度估计结果和总体演变特征。

　　(1)从分布位置上看:2006—2019 年中国沿海地区整体及三大海洋经济圈海洋公共服务均等化水平核密度曲线均呈现右移的趋势,说明中国沿海地区整体及三大海洋经济圈海洋公共服务均等化水平均有所提升。

（2）从分布形态上看：2006—2019年中国沿海地区整体及北部海洋经济圈海洋公共服务均等化水平核密度曲线均表现为主峰高度下降和宽度增加趋势；东部海洋经济圈的核密度曲线表现为主峰高度先上升后下降和宽度增加趋势；南部海洋经济圈的核密度曲线表现为主峰高度上升和宽度增加趋势，这表明三大海洋经济圈内海洋公共服务均等化水平绝对差异均呈扩大趋势，显现出"马太效应"。

（3）从分布延展性上看：2006—2019年中国沿海地区整体和三大海洋经济圈海洋公共服务均等化水平分布曲线均存在显著右拖尾现象且分布延展性呈拓宽趋势，表明存在"优者更优"的现象，即沿海地区整体和三大海洋经济圈内海洋公共服务均等化水平较高的省市在继续提升其水平，且与其他省区市间的海洋公共服务均等化水平差距持续拉大。

（4）从极化特征上看：2006—2019年中国沿海地区整体海洋公共服务均等化水平核密度曲线呈现双峰转多峰现象，海洋公共服务均等化水平区域间分布仍存在非均衡态势；北部海洋经济圈的核密度曲线2006—2008年表现为双峰分布，2008—2016年表现为多峰分布，2016年后多极分化现象有所改善，海洋公共服务均等化水平区域差异缩小，区域间分布非均衡化趋势减弱；东部和南部海洋经济圈的核密度曲线均呈现双峰分布的态势，表明东部和南部海洋经济圈内海洋公共服务水平均出现极化现象，仍存在非均衡化分布特征。

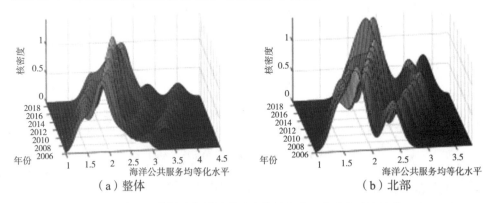

（a）整体　　　　　　　　　　　（b）北部

图5　中国沿海地区海洋公共服务均等化水平的分布动态演进

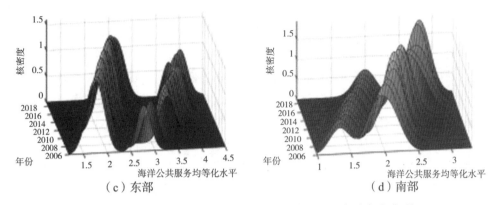

（c）东部   （d）南部

图 5　中国沿海地区海洋公共服务均等化水平的分布动态演进(续)

4　结论与讨论

4.1　结论

根据海洋公共服务均等化的内涵,本文从海洋生产服务、海洋社会服务、海洋文化服务、海洋生态服务等维度构建海洋公共服务均等化水平综合评价指标体系,采用可变模糊识别模型对 2006—2019 年中国沿海 11 个省区市的海洋公共服务均等化水平进行测度,利用 Dagum 基尼系数和核密度估计模型,研究其区域差异和分布动态,得出如下结论。

（1）整体来看,2006—2019 年中国沿海地区海洋公共服务均等化水平呈逐年上升趋势;空间分布上,沿海地区海洋公共服务均等化水平呈现出东北沿海地区低,东南沿海地区高的非均衡分布格局。

（2）根据 Dagum 基尼系数及其分解结果表明,2006—2019 年中国沿海地区海洋公共服务均等化水平总体区域差异在波动中呈小幅下降趋势,区域差异有所缩小;东部海洋经济圈区域内的海洋公共服务均等化水平差异最大;北部海洋经济圈和东部海洋经济圈区域之间的海洋公共服务差异最大;区域间差异是造成中国沿海地区海洋公共服务均等化水平存在差异的主要原因。

（3）根据核密度估计分布曲线表明,2006—2019 年中国沿海地区整体及三大海洋经济圈海洋公共服务均等化水平总体呈上升趋势,绝对差异均呈扩大趋势;中国沿海地区整体及三大海洋经济圈均呈现"马太效应";中国沿海地区整体呈双峰转多峰分布,北部海洋经济圈在 2006—2008 年、2016—2019 年呈现双峰分布,2008—2016 年呈现多峰分布,东部和南部海洋经济圈始终呈双峰分布。

4.2　讨论

海洋公共服务均等化水平的提高是提升沿海地区居民幸福感的直接路径,是实现海洋经济平稳可持续发展的重要因素。根据上文研究得出,对海洋公共服务水平均等化发展的启示如下。(1)注重沿海地区区域间的协同发展。加强海洋基础设施、海洋资源等的联动机制,充分发挥三大海洋圈各自海洋资源的优势,加强区域间的分工与协作;完善区域间海洋协同管理机制,通过制定海上联合执法行动方案、海上应急执法工作预案等,强化通过行政管理手段对区域间海洋协同发展进行管理。(2)加大海洋公共服务均等化水平低的省市财政支出力度。加大转移支付力度,增加转移支付规模,重点帮助三大海洋经济圈内海洋公共服务均等化水平低的省市解决财政问题,促进区域间协调发展;调节财政支出结构,加大辽宁、河北、广西等地的海洋教育、海洋科技、海洋社会保障等支出力度,进而提升整体海洋公共服务均等化水平。(3)在缩小区域间海洋公共服务均等化差异的同时,重视沿海地区各省区市间海洋公共服务均等化发展速度的协调性,即在加大对辽宁、河北、广西等地政府财政支出力度的同时,兼顾对天津、上海、广东等地海洋公共服务均等化水平的扩大效应。

【基金项目】国家自然科学基金(42076222)

参考文献

[1] 自然资源部.2021 年中国海洋经济统计公报[R].北京:自然资源部,2021.

[2] SAIDI A,HAMDAOUI M,MOUSSA W. Assessing policy effectiveness in reducing inequality of opportunity in access to public services and education among Tunisian children[J]. Journal of the Knowledge Economy,2021,12(3):1-26.

[3] BOYLE J,JACOBS M. The intracity distribution of services:a multivariate analysis[J]. American Political Science Review,1982,76(2):371-379.

[4] 李华,董艳玲.中国基本公共服务均等化测度及趋势演进——基于高质量发展维度的研究[J].中国软科学,2020(10):74-84.

[5] 韩增林,李彬,张坤领.中国城乡基本公共服务均等化及其空间格局分析[J].地理研究,2015,34(11):2 035-2 048.

[6] 于建嵘.基本公共服务均等化与农民工问题[J].中国农村观察,2008(2):69-74.

[7] 王鸿儒,成前,倪志良.卫生和计划生育基本公共服务均等化政策能否提

高流动人口医疗服务利用[J].财政研究,2019(4):91-101.

[8] 汪凡,白永平,周亮,纪学朋,徐智邦,乔富伟.中国基础教育公共服务均等化空间格局及其影响因素[J].地理研究,2019,38(2):285-296.

[9] 董丽晶,林家熠,苏飞,杨美洁.基本公共卫生服务均等化水平测度[J].统计与决策,2021,37(9):41-45.

[10] 张帅.我国海洋公共服务种类及供给研究[D].青岛:中国海洋大学,2011.

[11] 张效莉,万元.上海海洋公共服务战略定位及政策建议研究[J].海洋经济,2018,8(4):61-65.

[12] 姜旭朝,刘铁鹰.海洋经济系统:概念、特征与动力机制研究[J].社会科学辑刊,2013(4):72-80.

[13] 安体富,任强.公共服务均等化:理论、问题与对策[J].财贸经济,2007(8):48-53+129.

[14] 盖美,朱莹莹,郑秀霞.中国沿海省区海洋绿色发展测度及影响机理[J].生态学报,2021,41(23):9 266-9 281.

[15] 盖美,朱静敏,孙才志,孙康.中国沿海地区海洋经济效率时空演化及影响因素分析[J].资源科学,2018,40(10):1 966-1 979.

[16] 狄乾斌,刘欣欣,曹可.中国海洋经济发展的时空差异及其动态变化研究[J].地理科学,2013,33(12):1 413-1 420.

[17] 狄乾斌,吴洪宇.中国海洋福利水平时空格局与障碍因子诊断[J].资源开发与市场,2022,38(3):298-304.

[18] 孙晓,刘力钢,陈金.东北三省旅游经济质量的区域差异、动态演进及影响因素[J].地理科学,2021,41(5):832-841.

[19] 陈景华,陈姚,陈敏敏.中国经济高质量发展水平、区域差异及分布动态演进[J].数量经济技术经济研究,2020,37(12):108-126.

[20] 于伟,张鹏,姬志恒.中国城市群生态效率的区域差异、分布动态和收敛性研究[J].数量经济技术经济研究,2021,38(1):23-42.

[21] 杨明海,张红霞,孙亚男.七大城市群创新能力的区域差距及其分布动态演进[J].数量经济.技术经济研究,2017,34(3):21-39.

海洋科技创新与海洋产业结构升级水平的时空耦合协调关系研究

高鹏　白福臣

（广东海洋大学管理学院，广东湛江 524088）

摘要：基于 2009—2018 年我国 11 个沿海省区市的面板数据，在厘清海洋科技创新与海洋产业结构升级耦合协调机理的基础之上，构建海洋科技创新与海洋产业结构升级的评价指标体系，运用耦合协调度模型、空间自相关模型及固定效应模型分析了二者耦合协调度的时空特征、空间相关性演变格局及影响因素。结果表明：（1）海洋科技创新与海洋产业结构升级水平耦合协调类型由轻度失调上升到勉强协调，空间上呈现"南部＞北部＞东部"态势；区域内省际差异在不断缩小，呈现"北部＞南部＞东部"态势；耦合协调度不存在明显的空间相关性，即区域间相互作用较小。（3）政府宏观调控是影响当前海洋科技创新与海洋产业结构升级水平耦合协调发展的主要影响因素，市场主导、人力资本是次要影响因素。

关键词：海洋科技创新；海洋产业结构升级；耦合协调度；空间相关性

1　引言

在陆域资源匮乏、人地关系矛盾突出的背景下，海洋经济已成为国民经济的重要组成部分。2021 年《中国海洋经济统计公报》指出我国海洋生产总值突破 90 000 亿元，在国民经济增长中占比 8.0%，其中，海洋第三产业增加值 55 635 亿元，占海洋生产总值的 61.6%。诚然，我国正着力改变海洋经济粗放发展的现状，推动海洋科技向创新引领型转变，科技创新驱动海洋产业结构转型升级，走高质量发展之路。由此可以认为，分析海洋科技创新与海洋产业结构升级水平的时空耦合协调关系具有重要的政策评价及政策改进的意义。

国内外学者对海洋科技创新与海洋产业结构升级的相关研究成果丰富。第一，在海洋科技创新促进海洋产业结构升级角度，Zeyringer 等研究认为，技术变革对海洋低碳能源转型起着重要的作用；高田义等通过对青岛市的实证研究发现，由于海洋企业的创新性不足，导致学术成果无法产业化应用，进而无法对海洋产业发展带来实际效益。周达军等通过对浙江省海洋科技投入产出分析，指出浙江海洋经济发展带建设必须不断提升海洋科技实力。第二，对海洋产业结构升级对海洋科技创新反向作用的研究较少，Shen 等认为海洋新兴产业的发展推动着海洋高新技术的革新，也促进了海洋经济的发展；纪建悦等认为随着海洋产业结构的升级,海洋科技创新对海洋全要素生产率的促进作用愈发显著。

综上所述,已有研究成果丰富了海洋科技创新与海洋产业结构升级关系的理论体系,为本文奠定了理论基础,但尚存在不足,多数研究集中于海洋科技创新促进海洋产业结构升级角度,海洋科技创新与海洋产业结构升级的双向关系有待进一步揭示,鲜有实证来研究两者协调发展的时空演化、省际差异、空间相关性及影响因素。因此,以 2009—2018 年我国 11 个沿海省区市的面板数据为基础,运用耦合协调度模型、空间自相关模型及固定效应模型对我国海洋科技创新与海洋产业结构升级的耦合协调度的时空特征、空间相关性演变格局及影响因素进行探究,旨在为促进海洋科技创新能力、构建高质量的海洋产业体系、促进海洋科技创新与海洋产业结构升级水平的耦合协调发展提供借鉴参考。

2　海洋科技创新与海洋产业结构升级水平耦合机理

海洋科技创新是海洋产业结构升级的动力。在经济发展过程中,不同行业或产业部门的经济所处的生命周期、增长速度不同,产业发展则存在显著差异。而且,不同产业间的强弱变化构成了产业结构变迁的主要内容,导致这种产业间的强弱变化的动力何在?《国民经济和社会发展第十四个五年规划和 2035 年远景目标纲要》给出了回答:"经济发展和结构调整都要靠体制创新和科技创新来推动。"海洋经济作为国民经济的重要组成部分,海洋科技创新在推动海洋产业结构升级同样发挥着推动作用。周叔莲研究认为,"技术进步主要从供给和需求两个方面影响产业结构升级",从供给方面看,主要通过提高涉海劳动者素质、改善物质技术条件、扩大劳动对象范围、提高管理技术水平等途径;从需求方面看,主要通过借助包括满足消费者不断优化的消费需求、不断升级的生产需求以及改变出口需求等途径。

海洋产业结构升级是海洋科技创新的支撑和保障。一方面,产业结构影响需求,需求拉动技术创新;若某一海洋产业由于需求诱导出现快速增长的趋势,经营主体出于竞争考虑,为了能够保持适当的规模或提高改善产品和服务的质量提高自身竞争优势,会加大海洋科技创新投入,这种过程会对海洋科技创新形成强大的需求,从而推动海洋科技创新。另一方面,如果某个产业处于衰退期,该产业或退出或重生,前一种选择可能会延迟科技创新进程,后一种选择则将促进技术进步,某一落后海洋产业积极应用新技术、新管理方法进行重组和改造,无疑会促进海洋科技创新的发展,这意味着海洋产业结构升级将为海洋科技创新提供更多的机会和更大的空间,同时海洋产业结构升级所带来的更大收益将为海洋科技创新提供更加充裕的资金支持。

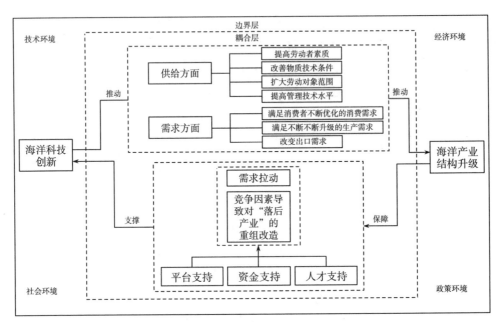

图 1　海洋科技创新与海洋产业结构升级耦合机理

3　数据来源、指标选取和研究方法

3.1　数据来源

本研究以 2009—2018 年我国沿海 11 省区市的面板数据为实证样本(鉴于数据的可得性,未计算港澳台地区)。各指标数据具体来源于《中国海洋统计年鉴》《中国环境统计年鉴》《中国区域经济统计年鉴》及各省、自治区、直辖市统计年鉴,对于缺失数据采用插值法进行插补。

3.2　指标选取

在海洋科技创新系统中,借鉴周达军对浙江省海洋科技进步评价中的"投入-产出"评价方法,从海洋科技创新投入、海洋科技创新产出,以及对投入产出具有支撑促进作用的海洋科技创新环境等 3 个方面构建评价指标(表 1)。

表 1　海洋科技创新综合评价指标体系

系统层	子系统层	指标层	权重
海洋科技 创新	海洋科技创新投入	海洋科研人员数(人)	0.096
		海洋科研人员中具有高级职称人数占比(%)	0.177
		海洋科研机构经费收入(万元)	0.074
		海洋科研机构课题数(个)	0.110

系统层	子系统层	指标层	权重
海洋科技 创新	海洋科技创新产出	海洋科研著作发表数(篇)	0.106
		海洋科技专利授权数(个)	0.126
	海洋科技创新环境	海洋相关毕业生(专科及以上)人数(人)	0.091
		海洋科研机构数(个)	0.092
		海洋科研机构基本建设中政府投资(万元)	0.128

在海洋产业结构高度化中,借鉴狄乾斌等的研究,从海洋产业结构升级高度化和合理化两个层面构建评价指标(表2)。

表2 海洋产业结构升级综合评价指标体系

系统层	子系统层	指标层	权重
海洋产业 结构升级	产业结构升级高度化	海洋产业结构转型升级规模	0.164
		劳动生产率	0.122
	产业结构升级合理化	海洋产业结构优化规模	0.419
		海洋产业结构优化效果指数	0.295

3.3 研究方法

3.3.1 耦合协调度模型

借鉴物理学中的耦合协调度模型来探讨海洋科技创新与海洋产业结构升级两系统之间的耦合协调情况,具体测算步骤如下。

(1)计算综合评价指数(贴近度):

$$r_{ij} = \frac{X_{ij} - \min X_{ij}}{\max X_{ij} - \min X_{ij}} \times 0.99 + 0.01 \tag{1}$$

$$r_{ij} = \frac{\max X_{ij} - X_{ij}}{\max X_{ij} - \min X_{ij}} \times 0.99 + 0.01 \tag{2}$$

$$W_i = \frac{(1 - e_i)}{\sum_{j=1}^{n}(1 - e_i)} \tag{3}$$

$$D_j^+ = \sqrt{\sum_{i=1}^{m}(F_{ij} - F_j^+)^2} \tag{4}$$

$$D_j^- = \sqrt{\sum_{i=1}^{m}(F_{ij} - F_j^-)^2} \tag{5}$$

$$C_j = \frac{D_j^+}{D_j^+ + D_j^-} \tag{6}$$

（2）计算耦合度：若给定 $P \geqslant 2$ 个系统，耦合度一般化公式如下：

$$C\{C_1, C_2, \cdots, C_P\} = \left[\frac{C_1 C_2 \cdots C_p}{C_1 + C_2 + \cdots + C_p}\right] 1/p \tag{7}$$

式中，C_P 为综合评价指数；P 为系统个数。

（3）计算综合协调指数：考虑到海洋科技创新和海洋产业结构升级同等重要，因此两个系统的主观权重 a, b 均为 0.5，具体公式如下：

$$T = aC_1 + bC_2 \tag{8}$$

（4）计算耦合协调度：

$$D = \sqrt{C \times T} \tag{9}$$

式中，$0 \leqslant D \leqslant 1$，$D$ 越大，表示两个系统之间协调关系越好，协调发展水平越高。根据实际数值分布，参考相关文献，将海洋科技创新与海洋产业结构升级的耦合协调度由 $0 \sim 1$ 均分为若干级别。

3.2.2 空间特征分析模型

（1）全局 Moran's I 指数和局部 Getis—Ord G_i^* 指数

采用全局 Moran's I 指数来检验研究区域海洋科技创新与海洋产业结构升级水平耦合协调发展整体上是否存在空间相关性，计算公式如下：

$$I = \frac{\sum_{i=1}^n \sum_{j=1}^n z_{ij}(D_i - \overline{D})(D_j - \overline{D})}{S^2 \sum_{i=1}^n \sum_{j=1}^n Z_{ij}} \tag{10}$$

$$S^2 = \frac{1}{n} \sum_{i=1}^n (D_i - \overline{D})^2 \tag{11}$$

式中，n 表示研究区域内省份个数；Z_{ij} 为空间权重；若第 i 个地区与第 j 个地区相邻，则取 1，反之取 0。

采用局部 Getis—Ord G_i^* 指数来衡量局部是否存在相似或相异的情况，即局部的空间相关性。计算公式如下：

$$G_i^*(d) = \frac{\sum_{i=1}^n w_{ij} D_j}{\sum_{i=1}^n D_j} \tag{12}$$

式中，w_{ij} 为空间权重矩阵；D_j 为 j 地区的耦合协调度。在采用局部 Getis—Ord G_i^* 指数分析时，一般先判定是否通过 Z 值检验，计算公式为：

$$Z(G_i^*) = \frac{(G_i^*) - E(G_i^*)}{\sqrt{var(G_i^*)}} \tag{13}$$

式中,$E(G_i^*)$,$var(G_i^*)$ 分别为期望指数和方差。

3.3.3 耦合关系影响因素分析模型

(1) 变量设定

被解释变量为海洋科技创新与海洋产业结构升级耦合协调度。在解释变量选取方面,根据上述耦合机理分析并参考已有文献成果,总结发现政府宏观调控、人力资本、市场主导等要素对海洋科技创新与海洋产业结构升级具有双重作用,因此构建政府宏观调控、人力资本和市场主导三个关联指标,政府宏观调控指标用政府对区域海洋战略规划、科技创新、发展海洋经济等方面的财政支出衡量;市场主导指标用区域海洋生产总值来衡量;人力资本指标用沿海地区海洋相关专业毕业生人数来衡量。具体指标变量见表4。

表4 变量的定义及说明

变量类型	变量名称	变量符号
被解释变量	耦合协调度	Y_{it}
解释变量	政府宏观调控	X_{1it}
	人力资本	X_{2it}
	市场主导	X_{3it}

(2) 模型设定

为了研究海洋科技创新与海洋产业结构升级耦合关系的影响因素,本文基于 2009—2018 年沿海 11 个省区市的面板数据,构建实证计量模型如下:

$$Y_{it} = \alpha_i + \beta_1 X_{1it} + \beta_2 X_{2it} + \beta_3 X_{3it} + \mu_i + \varepsilon_{it} \tag{14}$$

式中,Y_{it} 为被解释变量,X_{it} 为解释变量,α_i 为常数项,β 为解释变量的系数向量,ε_{it} 为随机误差项。

4 结果与分析

4.1 海洋科技创新与海洋产业结构升级耦合协调测度分析

4.1.1 耦合协调度时空格局分析

从时间层面来看,2009—2018 年海洋科技创新与海洋产业结构升级水平耦合协调度不断提高,由 2009 年的轻度失调上升到 2018 年的勉强协调(图2)。具体分为两个阶段:① 2009—2016 年,耦合协调类型主要以轻度失调、濒临失调为主,且在空间上呈现"东部>北部>南部";② 2016—2018 年,耦合协调类型以勉强协调为主,且在空间上呈现"南部>北部>东部"。这反映出 2009—2018 年海洋科技创新对海洋产业结构升级的推动力不断增强,海洋产业结构升级对海洋科技创新的支撑和保障程度不断提高,导致两者不断耦合协调发展。

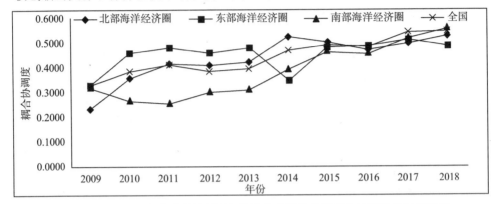

图2　2009—2018年海洋科技创新与海洋产业结构升级耦合协调度的时间特征

整体来看,2009—2018年两系统之间的耦合协调度在空间上呈现"南部>北部>东部"态势。2009年,大部分涉海地区处在失调阶段,其中,山东省和上海市处在极度失调阶段。2012年,大部分涉海地区较2009年有所提升,辽宁省、河北省、天津市、江苏省、浙江省、广西壮族自治区、海南省耦合协调度最高,协调类型为濒临失调。2015年,涉海地区耦合协调度均提高明显,其中辽宁省、天津市、山东省、浙江省、福建省、广西壮族自治区为勉强协调阶段。2018年,涉海地区均发展到协调阶段,天津市和福建省提升为初级协调阶段,其余涉海地区均为勉强协调。由此可见我国涉海地区海洋科技创新与海洋产业结构升级的耦合协调水平不断提升,表明海洋科技创新与海洋产业结构升级相互促进作用不断增强。

4.1.2 耦合关系空间特征分析

在测算全局 Moran's I、局部 Getis－Ord G_i^* 时,要进行显著性检验,若统计值≤0.05,则通过显著性检验,结论是有说服力的,反之则结论不可取;表5中的Moran's I、局部 Getis－Ord G_i^* 及统计检验值显示,当前海洋科技创新与海洋产业结构升级水平耦合协调不存在明显的空间相关性,即区域间相互作用较小。所以,采用普通的面板数据模型进行影响因素的测算分析。

表5　全局 Moran's I、局部 Getis－Ord G_i^* 和统计检验值

年份	2009	2010	2011	2012	2013	2014	2015	2016	2017	2018
Moran's I	−0.480	0.131	0.411	0.044	0.562	0.011	−0.213	−0.168	0.081	−0.160
P 值	0.162	0.411	0.070	0.571	0.020	0.741	0.692	0.822	0.511	0.840
Getis－Ord G_i^*	0.071	0.081	0.080	0.072	0.073	0.071	0.072	0.071	0.071	0.071
Z 值	−0.270	1.860	2.101	0.890	1.120	−0.731	−0.750	1.142	0.980	−0.491

4.2 海洋科技创新与海洋产业结构升级耦合耦合关系影响因素分析

运用面板数据模型分析影响海洋科技创新与海洋产业结构升级之间耦合协调关系的因素时,需要运用 stata16 进行 Hausman 检验,若 p 值小于 0.01,则拒绝选用随机效应的原假设,故采用固定效应面板模型,检验结果见表 6。

表 6　Hausman 检验

检验:原假设:扰动项与解释变量不相关
$chi2(3) = (b-B)'[(V\_b-V\_B)^{(-1)}](b-B)$
$= 82.230$
$Prob>chi2 = 0.000$

从表 7 可以发现,政府宏观调控、市场主导、人力资本变量的系数分别为 0.046、0.001、0.630,均通过了 5% 的显著性检验。政府宏观调控是影响当前海洋科技创新与海洋产业结构升级耦合协调度的主要影响因素且为正向效应,说明政府对海洋科技创新提供政策、资金、平台等支撑,推动了海洋科技创新与海洋产业结构升级的耦合协调。其次是人力资本变量,系数为 0.630,通过了 5% 的显著性检验,这说明人力资源是创新发展的第一资源,而海洋科技创新又是驱动海洋产业结构发展的动力。市场主导变量的系数为 0.001,同样对耦合协调度有正向影响,通过了 1% 的显著性检验,说明市场需求结构优化,有利于促进海洋科技创新,进而推动海洋产业结构升级。

表 7　耦合协调度影响因素个体固定效应面板模型估计结果

参数	全样本
α_i	$-0.812(-3.110)^{***}$
β_1(政府宏观调控)	$0.046(2.740)^{***}$
β_2(市场主导)	$0.001(6.450)^{***}$
β_3(人力资本)	$0.063(2.420)^{**}$
$Prob>F$	0.000
$Root\ MSE$	0.065

注:括号内为 t 值,*** 、** 分别表示 1%、5% 的显著性水平。

文章采用替换变量、改变时间序列进行稳健性检验。为了防止解释变量测量误差对回归结果的影响,运用替换变量法进行稳健性检验时,用海洋科研机构经费收入来代替政府宏观调控中的原有指标,用海洋相关专业本科毕业生人数来替换人力资本中的原有指标,使用模型(18)进行检验。结果显示,其回归系数仍在

10%的水平上显著为正。考虑到海洋科技创新成果转化具有滞后性,因此运用改变时间序列进行稳健性检验,此时我们考察当期政府宏观调控、市场主导和人力资本对未来期间耦合协调度的影响,$TY(t+1)$ 表示下一期耦合协调度水平,结果显示,三个变量的回归系数均在 5% 的水平上显著为正。该结论没有改变本文的主要结论。

表8　稳健性检验

变量名称	替换变量	改变时间序列
β_1(政府宏观调控)	$0.019(0.082)^{**}$	$0.021(0.092)^{**}$
β_2(市场主导)	$0.001(0.002)^{***}$	$0.005(0.000)^{***}$
β_3(人力资本)	$0.452(0.062)^{**}$	$0.565(0.075)^{**}$
$Prob>F$	0.000	0.000
$Root\ MSE$	0.057	0.069

注:括号内为 p 值,* * *、* * 分别表示1%、5%的显著性水平。

5　结论与建议

5.1　主要结论

2009—2018 年海洋科技创新与海洋产业结构升级水平耦合协调类型由 2009 年的轻度失调上升到 2018 年的勉强协调;空间上呈现"南部>北部>东部"态势;区域内省际差异逐渐缩小,呈现"北部>南部>东部"态势;当前海洋科技创新与海洋产业结构升级耦合协调不存在明显的空间相关性,区域间相互作用较小。

政府宏观调控是影响当前海洋科技创新与海洋产业结构升级耦合协调度的主要因素,其次为市场主导、人力资本变量。

5.2　政策建议

第一,政府宏观调控是当前海洋科技创新与海洋产业结构升级水平耦合协调度的主要影响因素,需要提高政府对海洋科技创新的支持力度,建立海洋科技创新投入稳定增长的长效机制和合理的分配机制,优化海洋科技创新结构,不断提升政府对海洋科技创新投入的使用效益,推动海洋产业结构升级。

第二,从空间层面看,耦合协调度呈现"南部>北部>东部"态势。对此,南部地区要继续保持海洋科技创新与海洋产业结构升级融合发展态势,继续优化耦合机制,充分发挥地区引领作用,促进区域耦合协调水平持续提升。北部地区需要不断调整海洋产业结构,加快推进海洋产业转型升级,推动构建高质量海洋科技创新体系,充分释放海洋科技创新所带来的巨大生产力。东部地区则需要加快海洋科技创新投入,优化海洋科技创新环境,加快海洋科技创新成果转化,让政府宏观调控、市场主导、人力资本支撑等要素相互融合,推动科技创新,促进海洋产业结构升级。

【基金项目】广东省教育厅创新强校工程重大项目(2017WZDXM013)

参考文献

[1] ZEYRINGER M, FAIS B, KEPPO I, et al. The potential of marine energy technologies in the UK: evaluation from a systems perspective[J]. Renewable Energy. 2018, 115(1): 1 281-1 293.

[2] 高田义,常飞,高斯琪.青岛海洋经济产业结构转型升级研究—基于科技创新效率的分析与评价[J].管理评论.2018,30(12):42-48.

[3] 周达军,崔旺来,汪立,李有绪,刘国军,朱婧.浙江省海洋科技投入产出分析[J].经济地理.2010,30(9):1 511-1 516.

[4] SHEN X. Research on optimization model of marine industry strategic adjustment under complex maritime conditions based on ant colony algorithm [J]. Polish Maritime Research. 2018, 25(2): 164-169.

[5] 纪建悦,唐若梅,孙筱蔚.海洋科技创新、海洋产业结构升级与海洋全要素生产率[J].科技管理研究.2021(16):73-80.

[6] 周叔莲,王伟光.科技创新与产业结构优化升级[J].管理世界.2001(5):154-156.

[7] 狄乾斌,刘欣欣,王萌.我国海洋产业结构变动对海洋经济增长贡献的时空差异研究[J].经济地理.2014,34(10):98-103.

[8] 蒋天颖,华明浩,徐强,等.区域创新与城市化耦合发展机制及其空间分异——以浙江省为例[J].经济地理.2014,34(6):25-32.

[9] 韩永辉,黄亮雄,王贤彬.产业政策推动地方产业结构升级了吗?——基于发展型地方政府的理论解释与实证检验[J].经济研究.2017,52(8):33-48.

[10] 杨浩昌,李廉水.政府支持与中国高技术产业研发效率[J].科学学研究.2019,37(1):70-76.

[11] 张国强,温军,汤向俊.中国人力资本、人力资本结构与产业结构升级[J].中国人口·资源与环境.2011,21(10):138-146.

陆海统筹的回顾与陆海产业统筹的实践框架

马广鹏　刘天宝　曹盖

(辽宁师范大学海洋经济与可持续发展研究中心,辽宁大连 116029)

摘要:陆地和海洋是不能割裂的经济和社会发展载体,陆海一体化发展是陆海统筹的根本目的和凝练概括,而产业统筹是陆海统筹的有力抓手。对已有文献梳理,现有研究集中于海洋空间规划中海岸带综合开发、海洋强国建设的理论研究、海岸带生态环境保护与修复、海洋与陆域经济系统的内在联系。在综述的基础上提出了陆海产业统筹发展的框架,框架包括:自然要素统筹、生产要素统筹、社会部门统筹、政府机构统筹,四个维度的统筹相互联系、共同作用,具象展示了陆海产业统筹的全部内容。

关键词:陆海产业统筹;人海关系;海洋空间规划;海岸带开发与管理;研究框架

1 引言

陆海统筹是沿海地区顶层部署在社会、经济、制度、生态、文化等板块全面设计的基本理念,是陆域产业向海演进过程中协调发展陆域和海洋两个系统的战略要求,是同一价值链上研发、设计、生产和销售等经济活动在陆地与海洋间顺畅衔接的有效保障,是海洋强国建设和海洋经济高质量发展实践中保证经济增长与环境可持续性相协调的根本依托。20 世纪 80 年代,吴传钧提出,地理研究要面向海洋并建构了人海地域系统,自此,基于陆地与海洋两大子系统和人类社会系统的"人－地－海"关系研究展开了。研究先后经历了海洋-陆地二分法、海陆一体化、海陆互动、海陆统筹和陆海统筹等研究阶段,并在研究对象上由海洋资源利用逐步拓展到海陆之间多要素全方位的统一问题。2010 年以后陆海统筹的研究更加丰富,呈现出研究内容多而繁杂、学科高度交叉的特征。

总体来看,陆海统筹的内涵可以总结为四个方面:国家海岸带治理与规划的制定框架与原则、海陆经济发展的宏观政策研究与战略方针安排、沿海地区自然资源利用与生态修复的基本理念和海洋系统与陆地系统协同发展规律的内在必然联系。四个主题内容界线相对清晰,分别从属于陆海统筹的实践与应用、理论研究、基于科学发展观的实证研究以及计量分析范畴。

首先,学者们对于陆域经济向海演进的根本原因已经达成共识:世界范围内的人口和经济高速增长同资源消耗几近枯竭之间出现矛盾。在早期,人类社会开发利用海洋资源时已经出现了开发时序不恰当、主体间利益分歧明显等问题,为解决这样的现实困难,城市规划领域学者率先介入尝试,寻找突破口。如张谦益对海港城市岸线利用规划的含义、基本内容进行阐述;又如张灵杰为解决我国海岸带开发问题总结了美国海岸带管理经验。西方国家对于"陆海统筹"的研究集中于海洋空间规划中的海岸带开发与管理这一方面。第二,理论研究的主要内容是滨海地区政府关于海洋空间开发的宏观政策研究和地区海洋经济发展的战略方针安排。在人海关系和人海地域系统大框架下形成了中国陆海统筹的理论体系,它包括海洋强市建设理论、海洋强国建设理论、全球海洋中心城市建设理论、蓝色经济区建设理论、地区海洋经济高质量发展理论,这体现出以陆海统筹理论解决海洋问题的特征。服务于地区海洋经济增长的海陆统筹理论研究正随着海洋经济实践不断丰富、走向成熟。第三,在陆海统筹背景下讨论我国沿海地区海岸带自然环境保护与生态整治修复的实证研究。这一部分研究有着文献总量大、研究问题相对聚焦的特征。由于绝大部分海洋资源同时具有非排他性和非竞争性,海岸带区域资源在各利益主体之间争夺,而经济发展中带来的负外部性没有定责的对象,于是部分地区产生了生态环境恶化、环境承载力降低的问题,产生了陆海统筹的战略构想。陆海统筹提出后其理论内涵不断丰富,社会、经济、制度、生态、文化 5 个板块的内容成为陆海统筹的核心组成部分,于是自然资源环境的保护与修复就是陆海统筹的题中之义。第四,海洋经济系统和陆域经济系统两者内在联系的计量研究,总量较少,现有研究主要包括陆海经济的共生状态、陆海产业的关联程度、陆海产业链整合、陆海产业系统协同效应、海陆产业耦合协调度等。

通过对陆海统筹现有研究的回顾总结了几个彼此紧密联系的主题,可以发现陆海统筹的核心是在自然生态环境得到保障的前提下,政府和管理部门通过海洋空间规划实施对海岸带开发的管理,目的在于协调和促进陆域经济与海洋经济发展。但是也必须认识到,陆海统筹对于陆域、海洋两个经济系统发展的作用的出发点和落脚点是陆域产业和海洋产业这两个主体。陆域产业和海洋产业之间同时存在着关联性和互补性,面对生产资料和环境质量承载瓶颈,海洋为陆域产业扩展提供空间和资源;面对价值链和生产网络体系不完整的问题,海洋产业实体又必须立足陆域并依托陆域产业发展。于是,陆域产业与海洋产业的两个主体的统筹是海陆统筹研究的重点,价值链上不同环节在海洋与陆地接续完成的运转和衔接又是陆海统筹的重中之重。

2 陆海产业统筹的框架组成

共同布局在沿海地区的陆海产业是商品生产的最直接和最关键客体,若仅将企业在空间上机械的布局在同一区位而没有沟通和协调,会进一步加大土地、滩涂等空间争夺的矛盾,加大市场对生产要素的竞争,而陆、海产业的协调发展归根结底要由政府和国家机关领导实现。故而,以陆域产业同海洋产业协调和高质量发展、陆海之间产品和要素合理有效流动为价值导向,对陆海统筹背景下的产业统筹战略解构,解析海洋产业与陆域产业的根本性区别与联系,明确陆海产业生产过程在海洋与陆地间的转运和衔接。由此,建构了包含四个维度的陆海产业统筹框架体系,框架包括自然要素参与分配、生产要素相互流动、社会部门颉颃互动以及政府当局调控引导。

2.1 自然要素统筹

自然要素统筹的对象是自然环境中自然空间、自然资源和生态环境等生产资源要素在陆、海产业两个主体之间和陆地与海洋两个实体之间的分配。伴随全球经济增长,人口激增和陆域发展空间受限成为发达国家和发展中国家共同的问题,陆域经济向海发展、拓展海洋空间成为解决这一问题的办法。

首先,海洋空间扩张以及海洋资源的利用为缓解陆域产业和社会经济发展问题提供了新的方向,陆域产业向海延伸后,海洋产业不断壮大,焕发出更加强大的生命力。海洋产业和陆域产业两个主体对自然资源的使用和保护上的分歧需要统筹:每个主体都竞相利用自然资源、经济发展带来的负外部性却没有明确的责任主体。于是,自然要素在统筹中需要合理分配自然空间和自然资源。

其次,自然资源由海洋自然资源和陆域自然资源组成,包括海水、海洋生物、海底矿产、海洋化石能源和淡水资源、土地资源在内的自然资源都具有稀缺性,有限的资源总量和无限的海陆产业主体需求存在矛盾。在资源利用的问题上,"协调"和"可持续"是永恒的原则,国家对海陆产业发展中的资源统筹分配是必然的选择。

再次,海岸带生态环境研究的对象更包括区域内环境承载力与恢复力的保持,大气环境、声环境、淡水环境、土壤条件也是海岸带生态的组成部分。水中氮磷元素的排放可以追溯到入海河流中上游的陆域产业,大气中的二氧化碳富集的根源在陆、海产业两个主体,海岸带开发强度控制、开发主体的调配,以及海岸生态环境的治理修复与承载力的提升是自然要素组成的内在要求。

2.2 生产要素统筹

生产要素统筹的对象是市场上劳动力、资本和技术等生产要素在陆、海产业两个主体之间和陆地与海洋两个实体空间之间的有向流动。在完全竞争市场中,前两类生产要素受到集聚力的吸引流往生产价值更高的方向,劳动力追求福利效用增加、资本追求更高利息率;厂商为缩短个别劳动时间以赢得竞争优势会投入研发和引进技术,新技术往往出现在发展水平更高的部门,技术经编码后向相对落后地区传播,非编码性技术通过空间接触完成知识溢出。

首先,现实中很难找到完全竞争的市场,海洋产业部门和陆域产业部门受海洋自然资源和人口的分布不均等影响,区域之间存在着天然的异质性体现为不完全性,如果不加干预,在两个主体之间的要素流动效率将大打折扣,这说明对资本和劳动力的统筹是必要的。另外,陆海统筹战略实际上具有中国特色,同西方国家的海岸带管理集中关注海洋资源开发相比,中国的陆海统筹战略内涵更加丰富,制度优势在生产要素统筹上表现出更高的可调配性。

其次,技术在研发和传播后社会必要劳动时间也将缩短,知识溢出将促进区域生产竞争力的共同提升,研发的高成本特征使得技术难以在中小企业中率先出现,很多海洋产业部门中,大企业的一定垄断性地位使其创新动力不足,即便新技术得以出现,技术所有者为维持竞争优势难以实现技术的传播和扩散,于是,技术研发和使用也需要统筹。

再次,生产要素流动有方向性,这包括海洋经济系统和陆域经济系统相互流动的方向、不同沿海地区之间的方向,逐利是流动的根本原因。一方面,合理的要素流动需要统筹以去除流动障碍,从而增强流动性;另一方面,不合理的要素流动需要统筹以引导正确方向,生产要素的逐利行为会拉大区域间、产业间发展水平。

2.3 社会部门统筹

社会部门统筹的对象是社会上生产企业、社会团体、科研院所、金融与保险服务机构等社会参与者在产业链和价值链上的灵活互动。企业是海陆产业统筹中最为核心的部门,其最直接利用生产要素和自然要素,具有较高的组织灵活性;社会团体主要是指活跃在企业之间的非政府、非营利性组织、行业协会,主要职能是团结企业形成区域竞争力;此处科研院所是对教育、研究机构和行业智库的概括,它具有勘察、技术服务、信息与咨询等职能;金融与保险服务机构在产业链上提供增值性服务。

首先,价值链上的企业在生产、经营和服务中承担了不同的工作,单个企业的目的在于自身效益最大化,企业在生产网络中相互联系,促进整体的经济增长,在这之中同类企业或者活动紧密的企业的集合就是产业。按照海洋产业和陆域产业的从属关系和对经济增长的贡献形式可以划分为海洋产业、涉海产业、临海产业和陆域产业等,它们之间的关系也并非对立,在这些产业相互调节、反馈与促进的过程中落实陆海统筹战略,更有利于实现改进。

其次,社会参与者是指全产业从原材料获取到商品和服务全过程中参与的社会部门。这些社会部门在生产网络中扮演的角色不同、职能不同,各部门的工作目标总体上都可以归纳为经济目标,但具体地看,它们之间也存在一定差异。在不同社会部门实现自身目标时会产生行为差异,甚至表现为矛盾,各参与者的利益取向需要统一到总体发展上来,以政策引导实现社会部门统筹。

再次,从价值链的视角来看,产品的研发、生产、销售和售后服务全场景的链接依赖于价值链的实现过程在陆地与海洋之间的交叉、协同和联动,而该过程在生产环节链接水平上体现为跨越在陆海两个实体之间的产业活动运转和衔接更加顺畅,完成这些环节的主体正是多样的社会部门。那么,陆海产业统筹的实现就要求处理好各社会部门之间的关系,协调好各方参与产品增值过程。

2.4 政府统筹

政府统筹包括三个方面内容:政府之间的统筹;政府的功能与目标在陆海产业统筹中的协调;政府在统筹过程中的调控和先导作用。从对生产要素统筹、自然要素统筹和社会部门统筹的讨论中可以看出,统筹的对象是多样的复杂的,但是统筹实施的主体是明确的——政府的正确领导是海洋产业和陆域产业统筹实现的关键。

2.4.1 政府之间的统筹

首先,海洋空间规划是陆海产业统筹的一个关键抓手,省级政府在规划中进行陆海产业统筹时有更高站位,宏观把握更具有整体性。海洋主体功能区规划、海岛保护规划、海岸带综合保护和利用规划等具有陆海统筹性质的规划在"多规合一"时,海洋空间规划作为一个重要组成部分整合到了国土空间规划中。其中省级国土空间规划的综合性、协调性和战略性使得其海洋空间规划的篇章中能够实现明确陆海产业统筹原则和陆海空间开发利用管控措施的功能。

其次,我国海岸线曲折绵长,沿海的地级城市数量多,非沿海城市也涉及陆海统筹问题,地市政府承担着复杂且具体的陆海产业统筹工作,地市政府之间也需要统筹。具体来说,地市政府需要从基础设施、平台、环境等方面制定陆域与海域空间中相互协调的政策,相互协调就是要求实现资源的合理分配、生产要素合理流动的引导、产业功能区的差异化定位。

2.4.2 政府的功能与目标在陆海产业统筹中的协调

政府是陆海产业统筹关键组成部门,其关键性体现在政府的功能和目标的协调与陆海产业统筹是相互交叉的。政府的功能包括平台统筹、基础设施统筹、市场统筹、生产资料统筹。其中,平台和实体基础设施多属于公共物品或者俱乐部物品,其应由地方政府提供。虽然不同产业生产的商品和提供的服务面向的市场存在差别,但是同一区域内产业的经济腹地基本上是统一和相对明确的,于是,区域内需要在市场经济充分发展的前提下给予适当的计划以引导,即市场统筹。

政府的宏观经济目标在陆海产业统筹中包括经济增长、充分就业和物价稳定。经济增长的内涵包括海洋经济和陆域经济协同增长和高质量增长;产业发展能够提供就业岗位,而陆海产业统筹发展更有利于减缓外部冲击;陆海产业统筹将增强产业内部联系,提升产业安全性和韧性,保证商品和服务的持续供应,进而实现对外部危机冲击的抵抗、经济本身通胀水平的控制。

2.4.3 政府在统筹过程中的引导和调控作用

市场经济体制具有高效率的特征,海洋产业和陆域产业的发展要依赖市场经济的活跃,但更为重要的是两个主体统筹发展中政府的引导与调控。从广域的空间尺度来看,市场部门中的各个主体目标相对分散,各主体追求自身发展效率会使得广域空间中的经济发展逻辑混乱,而地方政府能从全局发展中把握开发次序、调整资源配置,促进海陆之间、区域之间平衡发展。

2.5 陆海产业统筹框架的内在联系

生产要素统筹、自然要素统筹、社会部门统筹、政府统筹等方面内容是陆海产业统筹在四个维度上的投影,这四个维度的组合既反映了生产商品和提供服务的全产业链的内容,四个维度之和又能够全面完整地认识和研究陆海产业统筹战略(图1)。从产业链实践的视角梳理陆海产业统筹框架:生产要素作为社会生产力要素在陆海产业之间流动的统筹,和自然要素作为物质生产资料参与陆海企业分配的统筹是整个系统的基础和前提;社会部门在产业链的产品生产过程中颉颃互动的统筹是整个系统的核心任务与关键抓手;政府能够把握社会总体发展大局,总体上引领自然要素、生产要素和社会部门统筹,又能监管并治理统筹战略的落实。

图1 陆海产业统筹的框架组成与内在逻辑

3 结论与讨论

在陆、海经济共同繁荣的背景下,资源过度消耗、开发秩序混乱、多利益主体逐底竞争、生态环境承载力日趋下降成了经济增长的代价,陆海统筹战略从构想到实施全方位、多角度解决了中国沿海地区海岸带开发诸多问题。产业是经济发展的根本对象,在陆海统筹的研究中陆海产业统筹相对被忽视了,少有的研究又呈现出碎片化的特征,陆海产业统筹发展的研究框架将研究联系了起来。

陆海产业统筹发展的框架由以下几个部分组成:自然要素统筹、生产要素统筹、社会部门统筹和政府统筹。自然要素是自然空间、自然资源和生态环境在海、陆产业两个主体之间分配的统筹;生产要素统筹是劳动力、资本和技术在海、陆产业两个主体之间流动的统筹;社会部门筹是企业、社会团体、科研院所、金融与保险服务机构在产业链和价值链上灵活互动的统筹;政府统筹包括政府之间的统筹、政府的功能与目标在两个主体统筹中的协调、政府在统筹过程中的调控和引导作用。

关于陆海产业统筹的研究方兴未艾,随着中国经济转型和海洋经济高质量发展提上日程,海、陆产业之间还会出现哪些新的变化,陆海产业统筹会有怎样新的特征,还需要学者们在理论、评价、管理、案例、经验等方面进一步探索,从而对陆海产业统筹产生更加深入的认识。

参考文献

[1] 孙才志,李博,郭建科,彭飞,闫晓露,盖美,刘天宝,刘锴,王泽宇,狄乾斌,赵良仕,刘桂春,钟敬秋,孙康.改革开放以来中国海洋经济地理研究进展与展望[J].经济地理,2021,41(10):117-126.

[2] 韩增林,狄乾斌,周乐萍.陆海统筹的内涵与目标解析[J].海洋经济,2012,2(1):10-15.

[3] 马仁锋,辛欣,姜文达,李加林.陆海统筹管理:核心概念、基本理论与国际实践[J].上海国土资源,2020,41(3):25-31.

[4] 刘天宝,韩增林,彭飞.人海关系地域系统的构成及其研究重点探讨[J].地理科学,2017,37(10):1 527-1 534.

[5] 杨荫凯.陆海统筹发展的理论、实践与对策[J].区域经济评论,2013(5):31-34.

[6] 张耀光.从人地关系地域系统到人海关系地域系统——吴传均院士对中国海洋地理学的贡献[J].地理科学,2008(1):6-9.

[7] 刘天宝,杨芳芳,韩增林,彭飞.人海关系地域系统视角下海洋本体的解

构与研究重点[J].地理科学,2019,39(8):1 321-1 329.

[8] 朱宇,李加林,汪海峰,龚虹波.海岸带综合管理和陆海统筹的概念内涵研究进展[J].海洋开发与管理,2020,37(9):13-21.

[9] 曹可.海陆统筹思想的演进及其内涵探讨[J].国土与自然资源研究,2012(5):50-51.

[10] 叶向东,陈国生.构建"数字海洋"实施海陆统筹[J].太平洋学报,2007(4):77-86.

[11] 刘明.陆海统筹与中国特色海洋强国之路[D].北京:中共中央党校,2014.

[12] 丁晖,曹铭昌,刘立,卢晓强,李佳琦,陈炼.立足生态系统完整性,改革生态环境保护管理体制:十八届三中全会"建立陆海统筹的生态系统保护修复区域联动机制"精神解读[J].生态与农村环境学报,2015,31(5):647-651.

[13] 赵梁.我国沿海省市海陆产业协调度分析[J].合作经济与科技,2018(4):38-39.

[14] 苑清敏,杨蕊.我国海洋产业与陆域产业协同共生分析[J].海洋环境科学,2014,33(2):192-197.

[15] 李加林,马仁锋,龚虹波.海岸带综合管控与湾区经济发展研究:宁波案例[M].北京:海洋出版社,2018:2-7.

[16] 姜旭朝,张继华.中国海洋经济历史研究:近三十年学术史回顾与评价[J].中国海洋大学学报(社会科学版),2012(5):1-8.

[17] 张谦益.海港城市岸线利用规划若干问题探讨[J].城市规划,1998(2):50-52.

[18] 张灵杰.美国海岸带综合管理及其对我国的借鉴意义[J].世界地理研究,2001(2):42-48.

[19] 阿姆斯特朗,赖纳.美国海洋管理[M].林宝法,等,译.北京:海洋出版社,2000:35-37.

[20] KIDD S. Rising to the integration ambitions of Marine Spatial Planning: reflections from the Irish Sea[J]. Marine Policy, 2013, 39(5): 273-282.

[21] BONNEVIE I M, HENNING S H, LISE S. Assessing use—use interactions at sea: a theoretical framework for spatial decision support tools facilitating co—location in maritime spatial planning[J]. Marine Policy, 2019,

DOI：10.1016/j. marpol. 2019. 103533.

[22] 栾维新,梁雅惠,田闯.海洋强国目标下实施陆海统筹的系统思考[J].海洋经济,2021,11(5):38-48.

[23] 刘叶美,殷昭鲁.百年变局下中国陆海统筹战略的理路与思考[J].中国发展,2021,21(1):57-63.

[24] 罗成书.沿海地区产业布局海陆统筹研究——以浙江省为例[J].特区经济,2021(10):12-17.

[25] 宋军继.山东半岛蓝色经济区陆海统筹发展对策研究[J].东岳论丛,2011,32(12):110-113.

[26] 尚嫣然,冯雨,崔音.新时期陆海统筹理论框架与实践探索[J].规划师,2021,37(2):5-12.

[27] 应验.国家生态文明试验区背景下海南蓝碳开发的理论分析与路径建议[J].科技管理研究,2021,41(24):177-183.

[28] 路涛.先定棋盘 后落棋子[N].中国海洋报,2017-12-11(3).

[29] 夏晖,郑轲予."陆海统筹"视角下的渔业港口规划实践——以青岛市为例[C]//面向高质量发展的空间治理——2021 中国城市规划年会论文集(11 城乡治理与政策研究),2021:649-657.

[30] 余东,朱容娟,梁斌,郑楠.基于陆海统筹的渤海山东省近岸海域总氮总量控制研究[J].海洋环境科学,2021,40(6):832-837.

[31] 姚瑞华,张晓丽,严冬,徐敏,马乐宽,赵越.基于陆海统筹的海洋生态环境管理体系研究[J].中国环境管理,2021,13(5):79-84.

[32] 王飞飞,钱灵颖,丁升,曹文志,陈能汪,周克夫.基于陆海统筹的九龙江-厦门湾海岸生态过渡带综合监测体系构建[J].生态学报,2021,41(11):4 271-4 277.

[33] DI Q B, DONG S Y, Symbiotic state of Chinese land-marine economy[J]. Chinese Geographical Science, 2017, 27(2)：176-187.

[34] 杜利楠,栾维新.海洋与陆域产业关联及主要研究领域探讨[J].中国海洋经济,2016(1):205-221.

[35] 赵梁.我国沿海省市海陆产业协调度分析[J].合作经济与科技,2018(4):38-39.

[36] 张晖,孙鹏,余升国.陆海统筹发展的产业链整合路径研究[J].海洋经济,2019,9(6):3-10.

[37] 闫东升,杨槿.长江三角洲人口与经济空间格局演变及影响因素[J].地理科学进展,2017,36(7):820-831.

[38] 杨文进.资本积累是促进共同富裕的最有效手段——论"资本逻辑"的真正涵义[J].中山大学学报(社会科学版),2015,55(5):172-184.

[39] 王缉慈.创新的空间:产业集群与区域发展[M].北京:科学出版社,2019.

[40] 唐晓华,刘相锋.市场结构、企业性质与产业升级动力[J].广东财经大学学报,2016,31(4):42-51.

[41] 方福前.全面深化经济体制改革的三个着力点[J].北京交通大学学报(社会科学版),2015,14(3):1-6.

[42] 孙才志,张坤领,李彬,杨宇顿.协同演化视角下沿海地区陆海复合系统互动发展研究[C]//第八届海洋强国战略论坛论文集,2016:72-81.

[43] 濮励杰,黄贤金.地理学与资源科学研究的交叉与融合[J].自然资源学报,2020,35(8):1 830-1 838.

[44] LIAO Q, ZHEN H, ZHOU D. A study on the industrial symbiosis in maritime cluster considering value chain and life cycle-case of Dalian, China[J]. Maritime Policy & Management, 2022, 49[7]: 1-16.

[45] SHI X, JIANG H, LI H, et al. Maritime cluster research: evolutionary classification and future development[J]. Transportation Research Part A: Policy and Practice, 2020, 133(4): 237-254.

[46] 袁小霞,朱壮.沿海水产业与海陆一体化发展程度分析[J].中国渔业经济,2008,26(5):54-57.

[47] 农昀.国土空间规划视角下的海洋空间规划编制思考[C]//面向高质量发展的空间治理——2020中国城市规划年会论文集(20总体规划),2021:86-92.

[48] 严卫华.南通统筹陆海发展的政策体系及创新研究[J].海洋经济,2015,5(1):39-44.

[49] 杨怡红.准公共物品供给中的政府角色定位——以公私合作制为视角[J].上海市经济管理干部学院学报,2018,16(6):44-51.

[50] 唐红祥,张祥祯,王立新.中国海陆经济一体化时空演化及影响机理研究[J].中国软科学,2020(12):130-144.

融资约束驱动企业创新的机制：
来自沿海地区上市公司的证据

翟小清[1,2]　孙才志[1,2]　吴爱华[3]

(1. 教育部人文社科重点基地海洋经济与可持续发展研究中心,辽宁大连 116029;

2. 辽宁师范大学海洋可持续发展研究院,辽宁大连 116029;

3. 鲁东大学商学院,山东烟台 264025)

摘要:以我国沿海地区 2000 至 2021 年上市企业数据为研究样本,研究了融资约束对企业创新的影响效应。研究发现,融资约束对企业创新投入和创新效率具有线性影响,对企业创新产出有非线性影响,存在着融资约束门槛效应。基于最优融资约束程度计算得出最优企业规模。异质性分析表明:融资约束对高新技术企业、大型企业和成长期企业创新产出的非线性影响效应更为显著,而在不同产权性质的企业之间并不显著。在控制内生性问题和稳健性检验后,结果基本保持不变。影响机制表明,内部控制和社会责任将会调节融资约束对企业创新的影响程度。

关键词:融资约束;企业创新;沿海地区

1 引言

创新是稀缺资源优化配置与充分利用的创造性活动,是推动企业成长和国家经济发展的重要力量。党的十九届五中全会提出,要坚持创新在我国现代化建设全局中的核心地位,提升企业技术创新能力。为了增强企业创新活力,政府采取一系列措施努力解决企业"融资难、融资贵"的问题,努力消除创新融资对企业创新形成的实质性约束。企业作为创新主体承载着新知识培育,促进可持续增长,打破内生经济增长的"稳态",形成"创造性破坏"的重任。在资源约束的视角下,创新活动可以有效引导稀缺资源从非创新企业向创新企业转移,进而通过创新活动使市场机制条件的"优胜劣汰"得以实现,最终促进国家科技创新水平的提高。因此,在倡导科技自立自强,突破"卡脖子"技术的背景下,聚焦我国企业创新问题,回应时代重大关切,具有重要现实意义。

与非创新活动相比,创新活动风险性较高,需要持续稳定的资金投入。因此,融资问题成为企业关注重点。就融资约束在企业创新中的作用而言,不同研究得出不同的结论,包括线性与非线性两种基本作用方式。融资约束通过减少企业现金流等方式显著抑制了企业创新。在融资约束的背景下,管理者会对创新活动进行更加审慎的投资决策,这将会提高企业的资源利用效率。同时,企业管理层会更有危机意识，从而可以促进企业创新。但是，实证研究发现二者也存在倒 U 形的非线性关系。在争论背后，一个直接的问题由此提出，融资约束与企业创新之间到底是何种关系？特别是在非线性关系的背景下，融资约束维持在何种程度，即其门槛值为多少时为最优水平？但是针对这一问题却鲜有研究给出准确答案。在关注到直接影响效应的同时，已有研究也注意到了情境因素与异质性问题。例如，竞争程度、市场结构、人力资本社会网络等情境均对企业创新产生影响。异质性方面，企业规模、年龄、融资方式等因素使得融资约束与创新之间的关系会有所差异。例如，通常认为大型企业融资约束对其创新能力的抑制效果并不明显。但非规模内生增长理论认为，规模小的企业通过提升创新效率也可以成为纳什赢家。因此，异质性的企业创新能力需要得到关注。从前述文献梳理可以发现，不同的学者基于不同的实证方法和数据得出的结论大相径庭，甚至是截然相反。随着宏观经济的发展变化，企业的创新融资理论与现实发展脱钩问题凸显。因此，已有较为陈旧的研究可能不再适用于我国企业新的发展实践，以较新的具有较高准确性的上市企业数据研究创新融资问题是十分必要的。

本文潜在的理论与实践贡献在于：① 针对融资约束与企业创新之间关系争论不休的问题，基于最新数据，对融资约束视角下的企业创新进行再实证，进一步打通了从企业资源到创新能力形成的逻辑链条，是对现有文献的有益补充。② 本文在企业创新的衡量上从企业创新活动的全过程视角出发，研究了融资约束对创新投入、产出和效率的影响，较单纯采用单一维度对企业创新进行衡量的做法，研究视角更加丰富。③ 本文的实践意义在于，基于最适融资约束度测算得出平均最优企业规模，进而为企业达到最适融资约束度与最优规模提供参考。

2 理论分析与研究假设

关于何种因素会影响企业创新，不同研究的回答莫衷一是。本文认为从经济学和管理学的本质属性出发，任何经济活动的生命历程正是稀缺资源优化配置与充分利用的过程。创新资金作为创新资源的重要组成部分是企业创新的保障，也由此使得融资约束成为企业进行创新发展所需面对的第一难题。基于利润最大化与可持续发展目标，企业会首先且必须关注资金问题，因为资金链条的断裂会对创新活动形成实质性约束，引致企业创新特质性风险。众所周知，企业创新能力的培育需要大量的资金投入，这种投入转化为产出存在着一定的时间周期。同时，任何创新资源的投入必然存在机会成本，特别是在融资约束背景下，加之高管认知不足、信息不对称等问题，基于风险考量，企业会将资金转移到风险更低的投资上，这会对企业创新资金产生"挤出效应"。然而，融资约束在打击企业创新活动的信心与积极性的同时,会使得企业高管团队更加审慎决策,更有效利用企业资金和其他各种资源,这有利于促进企业创新水平提升。这支持了融资约束促进创新的观点。

在创新资金较为紧张的情况下,企业会利用多种渠道进行融资。根据张艾连等的研究,我国上市企业进行融资次序顺序应依次为股权融资、债权融资、内源融资。其中留存收益是内源融资的主要来源,但目前我国企业内源融资比例低于15%,无法有效支撑企业创新活动。外部融资主要包括债权融资与股权融资。银行主导的信贷市场对于寄生性创新作用显著,可以直接缓解企业创新活动的融资约束。同时,通过降低其他非创新项目的融资约束水平间接缓解了企业创新项目的融资约束水平。但是,创新活动风险与收益的不对称性促进创新的边际效果会呈现出递减的趋势。股权融资需要企业股票上市发行与交易,这种融资方式为企业提供了一个相对低成本的融资渠道,获取资本的能力使得企业创新的本质属性发生改变,此种情况下企业更有动力进行颠覆性创新。企业上市后,管理层薪酬将与企业绩效直接挂钩,基于管理层自利视角极易加剧管理层短视问题,使其关注点转向对利润具有"立竿见影"效果的短期活动。

如前所述,企业融资约束程度较高,并不意味着企业创新活动完全无法进行,企业所拥有的高创新效率可以使得企业在融资约束背景下,实现创新增值。特别是高科技企业,即使企业面临着很强的财务约束,依旧可以通过人力资本积累实现持续性创新,并依靠可信赖的人力资本提高企业创新效率,克服企业融资环节的约束,实现企业可持续性创新。众所周知,高创新投入并不意味着高创新产出,这是因为从创新投入向创新产出的转化过程效率问题至关重要。提高创新效率是企业在资源约束视角下实现高水平创新的必由之路。

综上所述,本文提出如下的竞争性研究假设:

H1:融资约束与企业创新投入、创新产出和创新效率之间存在线性关系。

H2:融资约束与企业创新投入、创新产出和创新效率之间存在非线性关系。

3 研究设计

3.1 研究样本

本文以我国沿海 11 省(自治区、直辖市)沪、深 A 股上市企业数据为研究样本。数据来源于同花顺财经数据库等企业数据库。参考现有文献,对异常值和缺失 5 年及以上连续数据的样本进行剔除。研究时间段为 2000—2021 年,共得到15 684 个观测值。

3.2 变量定义与模型构建

为了检验融资约束对企业创新的影响，本文构建如下回归模型：

$$Inn_{,t} = \alpha + \beta_0 SA_{i,t-1} + \sum \eta Control_{k,i,t-1} + \lambda Ind + \sigma Yea + \theta Pro + \zeta_{i,t} \quad (1)$$

$$Inn_{i,t} = \alpha + \beta_1 SA_{i,t-1} + \beta_2 SA_{i,t-1}^2 + \sum \eta Control_{k,i,t-1} + \lambda Ind_i +$$
$$\sigma Yea_i + \theta Pro_i + \zeta_{i,t} \quad\quad (2)$$

式中，$Inn_{i,t}$ 为被解释变量，度量第 i 个企业第 t 年的创新能力。从企业创新全过程动态视角出发，本文将企业创新划分为三个基本过程，即创新投入、创新产出与创新效率。企业创新投入以研发投入与营业收入的比值度量。企业创新产出用专利授权数量进行衡量，因为发明专利是企业创新质量与能力的直接代表。参考 Chang 等的研究，本文以企业发明专利授权量加 1 取对数度量创新产出。参考 Griffin 等和 David 等构建创新效率指标。

融资约束。由于 KZ 指数和 WW 指数中的部分变量，如现金流、杠杆等往往会互相作用，进而导致内生问题。因此，为避免内生性问题干扰，本文选择相对稳定且外生性较强的企业成立时间与规模变量构建 SA 指数对融资约束进行度量，SA 指数的绝对值越大，表明融资约束越严重。

$Control$ 为控制变量的集合，下标 k 代表变量个数。参照张新民等的研究，选择如下指标作为控制变量：企业规模、成立时间（Age）、人均固定资产净额、现金持有率、账面市值、营业收入增长率、净资产收益率（ROE）、股票收益率、行业竞争度（HHI）、资产负债率（LEV）。本文将所有控制变量进行滞后一期处理，以期能够更好地反映这种滞后关系。Ind, Pro, Yea 分别表示行业、省份、年度固定效应。同时，对控制变量进行均值方差检验，结果表明大部分控制变量显著，再度证明了控制变量选择的合理性。

表 1　研究变量的描述性统计

变量	均值	标准差	最大值	最小值
发明专利授权量	8.834	83.79	3 589	0
创新投入	0.040	0.036	0.953	0
SA	−3.751	0.262	−2.767	−5.561
资产总额（百万元）	6 937	23 389	849 333	0
Age	16.68	6.006	61	2
人均固定资产净额（万元）	413.9	100.1	4 731.7	0

续表

变量	均值	标准差	最大值	最小值
现金持有率	0.135	0.147	0.357	−0.623
营业收入增长率	0.223	0.667	0.702	−0.748
股票年度收益率	0.317	0.614	4.404	−0.878
账面市值比	1.108	1.679	14.046	−3.444
ROE	0.068	2.314	3.941	−2.882
LEV	0.418	0.365	31.47	0
HHI	0.085	0.072	1	0.018

4　实证分析

本部分为融资约束对企业创新影响的实证分析。首先,对前文提出的两个竞争性的研究假设,进行基准模型(1)和(2)的回归验证。其次,运用多种方式对模型进行稳健性检验。再次,进行模型的内生性和异质性分析。

4.1　基准模型回归

本部分采用最小二乘法,基于基准模型(1)和(2)对假设进行验证,回归结果如表 2 所示。表 2 中①以创新投入为被解释变量进行估计。结果表明 SA 系数为 0.011 且显著,这说明融资约束对企业创新投入具有负向影响。随着融资约束度的提高,创新投入下降,即融资约束程度每上升 1 个单位将会使得企业下一年的创新投入下降 0.011 个单位。这是因为在受到融资约束时,资金链面临断裂的危险,企业不得不收紧创新投资,以保证企业资金流稳定。

表 2 中②以企业创新产出为因变量。结果表明,SA、SA^2 系数均为正且显著,融资约束与创新产出为非线性关系,即两者之间存在着 U 形关系。根据回归结果,SA 在 −5.158 处为转折点,即向右经过此点融资约束对企业创新由促进作用转变为抑制作用。在融资约束水平较低的情况下,企业高管依然以充足的勇气进行着持续性的创新投入维持着创新产出的增长。但当融资约束度愈高,高管对企业未来发展前景的信心不足,对创新这类高风险、长周期的投入难以维持高水平的期望,使得企业创新产出无法在持续性的创新投入基础上得到永续发展,从而在这一区间之内,融资约束会抑制企业创新产出的增长。

同时,本文提供一种基于最优融资约束度的企业最适规模的测算方法。根据表 2 模型②的回归结果,融资约束与创新产出非线性 U 形关系的门槛值为 −5.158。根据 SA 指数的测算公式,按照表 1 企业成立时间平均值为 16 年计算,可求得企业的最优规模均值应当维持在 3.427 亿元左右,这与最优规模均值维持在 3.325 亿元左右的测度结果接近。

表 2 中③以企业创新效率为因变量进行验证。结果显示,融资约束对企业创新效率的影响显著为正,表明融资约束的下降促进创新效率的提升。③中融资约束对企业创新效率影响系数为 0.199,表明融资约束水平每上升 1 个单位,企业创新效率次年将会下降 0.199 单位。这说明,融资约束的上升抑制了企业研发投入向着专利生成的转化速度,即当企业受到融资约束时,企业专利授权数量将会下降,研发投入水平也会随之下降。

表 2　基准模型回归结果

	①	②	③
资产总额	0.000	0.364***	-0.041***
	(0.000)	(0.018)	(0.012)
企业成立时间	0.001	0.373***	0.130
	(0.003)	(0.095)	(0.096)
人均固定资产净额	-0.000	-0.101***	-0.012
	(0.001)	(0.015)	(0.010)
资产负债率	-0.034***	-0.397***	0.133**
	(0.002)	(0.066)	(0.067)
现金持有率	0.012***	-0.054	0.067
	(0.003)	(0.089)	(0.060)
账面市值比	-0.002***	-0.072***	-0.013
	(0.001)	(0.026)	(0.017)
营业收入增长率	0.001***	-0.021	0.070*
	(0.001)	(0.047)	(0.041)
净资产收益率	-0.001***	0.003***	0.059
	(0.000)	(0.002)	(0.147)
股票回报率	0.000	-0.041*	0.001
	(0.001)	(0.022)	(0.014)
行业竞争度	0.035***	1.334**	0.859
	(0.013)	(0.557)	(0.801)

续表

	①	②	③
SA	0.011^{***}	3.054^{***}	0.199^{*}
	(0.004)	(1.051)	(0.119)
SA^2	—	0.296^{**}	—
	—	(0.134)	—
Ind	Y	Y	Y
yea	Y	Y	Y
pro	Y	Y	Y
N	5 849	6 590	2 655
R^2	0.338	0.357	0.129
调整 R^2	0.332	0.350	0.110

注:括号内为稳健标准误,$*$、$**$、$***$分别表示在 10%、5%、1% 的水平上显著,上述变量均为滞后一期变量,下同。

4.2 稳健性检验①

在基准回归结果的基础上,本文进行了如下的稳健性检验:① 分别以专利申请量替换授权量;② 以上市时间为自变量;③ 以总资产的倒数为自变量;④ 为了有效避免突发性重大金融事件对结果产生的不利影响,在样本中剔除 2008 年金融危机以后的样本;⑤ 剔除专利授权量为 0 的样本;⑥ 不同组合固定效应。将年份、地区和行业三个固定效应两两组合,验证忽略其中一个结果是否发生变化。上述回归结果基本稳健,支持了基准回归的结果。

4.3 内生性问题

首先,对设定模型是否存在内生性问题进行了检验,结果表明模型存在内生性问题。因此,本文选择公司所处地级市银行的数量作为工具变量,主要是因为银行等金融机构密集的城市通常有着较为发达经济,企业融资环境和成本相对较低,满足相关性假设。其次,银行数量与企业创新之间并不直接关系,符合外生性假定。进行工具变量识别不足检验、弱工具变量检验,均不存在识别不足与过度的问题。本文还进行了广义矩估计和最大似然估计,结论是一致的。表 3 模型②为 2SLS 第二阶段的检验结果,SA^2 滞后一期变量为负且显著,其与创新产出之

---

① 篇幅所限,稳健性、异质性和机制检验部分的回归结果留存备索。

间为非线性关系的前述结论是可靠的。

表3　面板工具变量和两阶段最小二乘法估计结果

因变量类型	①	②
	$L1.SA^2$	创新产出
银行数量	0.522***	
	(0.005)	
$L1.SA^2$		$-0.091***$
		(0.021)
控制变量	Y	Y
Ind	Y	Y
Pro	Y	Y
Yea	Y	Y
N	10 625	10 625
F	699.56	
	(0.000)	
LM		8 307.715
		(0.000)
Wald F		1 343.76
Stock−Yogo		11.59
Sargan		34.028
		(0.000)

4.4 异质性分析

　　① 根据《办法》的有关标准判断是否属于高新技术企业。如为高新技术企业取1,否则取0。结果表明,交互项系数均为负且显著。这说明,融资约束水平对于高新技术企业的影响更为显著。② 根据产权性质的不同将样本分为国有企业和非国有企业。如为国有企业则取1,否则取0。结果表明,交互项系数显著为正。这说明,融资约束对不同产权性质企业的影响不存在显著差异。③ 以企业是否超过其所处行业的资产总额中位值将其划分为大型企业和中小型企业两类。如为大型企业则取1,否则取0。结果表明,交互项系数显著为正。这说明融资约束水平对于大型企业影响更为显著。④ 由于企业所处的发展阶段不同,企业面对的创新融资问题也会有所差异。根据成立时间是否超过10年划分为成熟期与成长期企业,超过10年则为成熟期企业取值为1,否则为0。结果表明,交互项系数均为负且显著,表明融资约束对成长期企业创新产出作用更大。

5　影响机制检验

　　为了探究中国情境下的影响机制,本文对山东省部分上市公司高管进行了访谈和问卷调查,确定目前而言上市企业比较关注的两个基本问题,重点面向内部控制与社会责任两个关键影响因素,探究融资约束对企业创新的影响机制。

内部控制是企业内部管理水平的直接体现,也与企业创新资源配置紧密相连。通过提升内部控制水平来应对外部环境考验,是企业由内而外促进创新的有效手段之一。有效的内部控制可以有效解决信息不对称问题,有效抵消创新投资引致的特质性风险。依托迪博内部控制与风险管理数据库,根据是否高于行业的中位值形成虚拟变量,若高于中位值取 1,反之则取 0。本文生成融资约束一次、二次项与内部控制的交互项。结果表明,以创新投入、产出、效率为因变量,交互项系数均为负且显著,表明内部控制正向调节了基准回归的关系。

社会责任是指企业积极承担相关社会义务,对社会发展负责的程度。这不同于企业以利润最大化为核心的目标取向。与内部控制的作用方式不同,企业积极承担社会责任可以有效改善市场预期,由外而内赋予企业创新动能。研究表明,企业履行社会责任可以形成正向信号机制,降低外界风险感知和资本成本,形成市场专属性认可与道德资本,进而有效缓解企业融资约束。社会责任感的度量使用和讯网发布的企业社会责任指数。指数值与社会责任感正向相关。研究发现,以创新投入、创新产出、创新效率为因变量,一、二次交互项系数为负且显著,表明社会责任正向调节了基准回归的关系。

6 研究结论与讨论

本文在已有文献的基础上,实证研究了融资约束对企业创新的影响效应。研究发现,融资约束对不同类型创新具有非对称影响。融资约束对高新技术企业、大型企业和成长期企业创新产出的非线性影响效应更为显著。内部控制和社会责任会影响融资约束与企业创新之间的关系。研究启示:政府要继续深入进行资本市场制度改革,创造良好的融资环境。重点关注高新技术企业、大型企业和成长期企业的创新融资,继续"减税降费";继续深化专利体制改革,重点关注以发明专利为代表原创性研发,充分发挥专利制度在保护知识产权中的作用;企业要积极进行创新活动,打造核心竞争优势。

【基金项目】国家自然科学基金(71974089);山东省高等学校"青创科技计划"项目(2019RWG005)

参考文献

[1] SCHUMPTER J A. The theory of economic development[M]. Cambridge:Harvard university press,1934.

[2] 韩剑，严兵. 中国企业为什么缺乏创造性破坏——基于融资约束的解释[J]. 南开管理评论，2013，16(4)：124-132.

[3] KOGAN L，PAPANIKOLAOU D，SERU A，et al. Technological innovation，resource allocation，and growth［J］. Quarterly Journal of Economics，2017，132(2)：665-712.

[4] 张璇，刘贝贝，汪婷，李春涛. 信贷寻租、融资约束与企业创新[J]. 经济研究，2017，52(5)：161-174.

[5] 周开国，卢允之，杨海生. 融资约束、创新能力与企业协同创新[J]. 经济研究，2017，52(7)：94-108.

[6] 马晶梅，赵雨薇，王成东，等. 融资约束、研发操纵与企业创新决策[J]. 科研管理，2020，41(12)：171-183.

[7] 钟丽. 融资约束、研发投入和企业绩效相关性研究[D]. 杭州：浙江工商大学，2012.

[8] 孙博，刘善仕，姜军辉，等. 企业融资约束与创新绩效：人力资本社会网络的视角[J]. 中国管理科学，2019，27(4)：179-189.

[9] 张新民，叶志伟，胡聪慧. 产融结合如何服务实体经济——基于商业信用的证据[J]. 南开管理评论，2021，24(1)：4-16，19-20.

[10] 蔡竞，董艳. 银行业竞争与企业创新——来自中国工业企业的经验证据[J]. 金融研究，2016(11)：96-111.

[11] 余明桂，钟慧洁，范蕊. 民营化、融资约束与企业创新——来自中国工业企业的证据[J]. 金融研究，2019(4)：75-91.

[12] 陈丽姗，傅元海. 融资约束条件下技术创新影响企业高质量发展的动态特征[J]. 中国软科学，2019(12)：108-128.

[13] FARASAT A S，FRANCO M，ANNA R B. Innovation and growth in the UK pharmaceuticals：the case of product and marketing introductions[J]. Small Business Economics，2021，57(1)：603-634.

[14] 逯宇铎，戴美虹，刘海洋. 融资约束降低了中国研发企业的生存概率吗？[J]. 科学研究，2014，32(10)：1 476-1 487.

[15] MERZ M. Innovative efficiency as a lever to overcome financial constraints in R&D contests［J］. Economics of Innovation and New Technology，2021，30(3)：284-294.

[16] 程远，庄芹芹，郭明英，等. 融资约束对企业创新的影响——基于中国

工业企业数据的经验证据[J]. 产业经济评论，2021(3)：114-132.

[17] LI J，HUDDLCSTON P，GOOD L. Financial constraints and financing decision in cross—border mergers & acquisitions：evidence from the U. S. retail sector[J]. The International Review of Retail，Distribution and Consumer research，2021，31(4)：411-431.

[18] JUN D，BACH N. Cognitive financial constraints and firm growth [J]. Small Business Economics，2021，58(4)：2 109-2 137.

[19] 张艾莲，潘梦梦，刘柏. 过度自信与企业融资偏好：基于高管性别的纠偏[J]. 财经理论与实践，2019，40(4)：53-59.

[20] 吕峻，胡洁. 企业创新融资理论和实证研究综述[J]. 北京工业大学学报(社会科学版)，2021，21(3)：80-94.

[21] GUO D，HUANG H Z，Jiang K，et al. Disruptive innovation and R&D ownership structures[J]. Public choice，2020，187(1)：143-163.

[22] 王垒，曲晶，赵忠超，等. 组织绩效期望差距与异质机构投资者行为选择：双重委托代理视角[J]. 管理世界，2020，36(7)：132-153.

[23] CHEMMANUR T J，KONG L，KRISHANAN K，et al. Top management human capital，inventor mobility，and corporate innovation[J]. Journal of Financial and Quantitative Analysis，2019，54(6)：2 383-2 422.

[24] CHANG X，KANG F，ANGIE L，et al. Non—executive employee stock options and corporate innovation[J]. Journal of Financial Economics，2015，115(1)：168-188.

[25] GRIFFIN P A，HONG H A，WOO R J. Corporate innovative efficiency：evidence of effects on credit ratings[J]. Journal of Corporate Finance，2018，51(8)：352-373.

[26] DAVID H，PO-HSUAN H，DONG M L. Innovative efficiency and stock returns[J]. Journal of Financial Economics，2013，107(3)：632-654.

[27] 虞义华，赵奇锋，鞠晓生. 发明家高管与企业创新[J]. 中国工业经济，2018(3)：136-154.

[28] 张蕊，刘小玄. 转型时期不同所有制企业的规模边界——基于钢铁行业的微观实证研究[J]. 财经科学，2013(12)：38-46.

中国远洋渔业全要素生产率测度及其分解效应

卢昆　　刘彤

（中国海洋大学管理学院，山东青岛 266100）

摘要：本文以远洋渔业产量为产出指标，以远洋渔船数量、远洋渔船吨位、远洋渔船功率、远洋渔业从业人员数量为投入指标，采用 Malmquist 指数法对 1992—2020 年中国远洋渔业全要素生产率变动及其分解指标进行了系统考察。研究发现，我国远洋渔业全要素生产率呈现逐步下降的趋势，其中，技术进步不足是导致全要素生产率降低的根本原因，远洋渔业技术效率、规模效率增长则对全要素生产率产生了一定程度的提升效应，我国远洋渔业正处于规模报酬递增阶段。各省市之间远洋渔业全要素生产率存在明显的异质性。展望未来，稳定远洋渔船规模，提高远洋渔业装备研发和技术创新水平；加强远洋渔业高素质人才培育，提高从业人员素养；支持远洋渔业下游相关产业发展，促进全产业链融合将是推动我国远洋渔业全要素生产率稳步提升，实现远洋渔业高质量发展的有效策略。

关键词：远洋渔业；全要素生产率；技术进步；高质量发展；Malmquist 指数

1　引言

作为国家的一项战略性产业，远洋渔业在捍卫国家海洋权益、建设海洋强国、缓解近海捕捞压力、保障国家粮食安全等方面发挥着举足轻重的作用。我国自 1985 年 3 月 10 日首次派出远洋捕捞船队赴西非捕捞作业开始，至今已有 30 多年的远洋渔业发展历史，已经成为世界上主要的远洋渔业国家之一。2021 年《中国渔业统计年鉴》统计数据显示，2020 年我国远洋渔业总产值为 239.19 亿元、总产量为 231.66 万吨，拥有各类远洋渔船 2 705 艘、总功率 287.91 万千瓦。当前，我国远洋渔业已整体进入转型升级，实现高质量发展的新阶段。2022 年 2 月 15 日，农业农村部颁布了《关于促进"十四五"远洋渔业高质量发展的意见》（农渔发〔2022〕4 号），阐明了"十四五"时期我国远洋渔业高质量发展的指导思想与基本原则，并重点针对远洋渔业的区域布局、产业链、支撑体系、治理能力、保障能力 5 个方面做出了系统的规划与指导。在此背景下，若能基于不同视角对中国远洋渔业发展进行研究，对于未来我国远洋渔业相关政策的科学制定具有一定的指导意义。

截至目前，国内已有不少学者围绕我国远洋渔业发展进行了深入的探究，并且取得了丰硕的成果。不同学者分别基于域外发展经验借鉴视角、发展动力分析视角、细分产业发展视角、生产效率及作业效率评价视角、影响因素分析视角、碳排放与经济增长关系视角、海外基地建设视角、远洋渔业装备视角、竞争力评价视角、远洋渔业企业视角、发展思路及建议视角、发展历程分析视角、渔业资源评估与预测视角、可持续发展视角、人才培育视角、渔业管理视角、技术应用及技术溢出视角、发展与转型视角、入渔风险评价视角展开分析。也有部分学者围绕着我国远洋渔业高质量发展进行了深入的探讨,如陈新军(2022)对我国远洋渔业的发展现状及现存问题进行了分析与总结,在此基础上提出了远洋渔业高质量发展的概念及未来产业发展的要求;颜宏亮(2022)基于金融视角,分析了金融业发展在渔业产业链形成,促进远洋渔业高质量发展中的重要作用。然而目前为止,还未有学者针对中国远洋渔业全要素生产率(total factor productivity,TFP)①进行过系统的测算考察。

　　从我国远洋渔业发展的实际来看,远洋渔业技术与装备落后使得我国远洋渔业长期依赖于增加要素投入实现外延式增长的发展方式,我国远洋渔业"大而不强",然而这种发展方式容易受到资源条件的限制性约束,具有不可持续性,我国远洋渔业最终又必将转向以技术进步带动全要素生产率提高,进而实现高质量发展的道路上来。从二者的内在关系来看,通过各种有效且可持续的发展方式满足人民日益增长的需要是实现高质量发展的本质特征,稳步提升全要素生产率又是实现高质量发展最为关键的条件,但是由于中国远洋渔业发展受到技术进步、要素投入、国际政治形势等方方面面的影响,又不可能简单地利用全要素生产率提升概括高质量发展,但可以肯定的是,二者的发展方向具有高度的一致性。基于此,本文尝试采用 Malmquist 指数法,以远洋渔业产量为产出指标,以远洋渔船数量、远洋渔船功率、远洋渔船吨位、远洋渔业从业人员数量为投入指标,对中国远洋渔业全要素生产率变化趋势及其分解指标进行考察,据此提出针对性的对策建议,以期为中国远洋渔业高质量发展提供参考。

2　研究方法与数据说明

2.1　研究方法

　　Malmquist 指数的前身是由瑞典经济学家 Sten Malmquist(1953)基于缩放因子思想提出的消费数量指数。在他的影响下,Caves(1982)进一步采用距离函数的比值构造出了适用于生产分析的新指数形式,并正式将该指数命名为

---

　　① 全要素生产率:《金融学大辞典》(2014)解释为各种要素投入之外的技术进步或技术效率变化对经济增长贡献的因素。反映至本文,中国远洋渔业全要素生产率变动即由远洋渔业技术效率变化、技术进步效率变化、纯技术效率变化、规模效率变化交互产生的综合生产效率变化。

Malmquist 生产率指数,简称 Malmquist 指数。与常用的随机前沿分析法(Stochastic Frontier Analysis,SFA)相区别,Malmquist 指数法并不需要依托具体的生产函数形式就可以对不同量纲数据进行研究,同时通过生产单元前、后两期距离函数之间的比率来计算技术效率的动态变化,可有效弥补 DEA—BCC 模型和 DEA—CCR 模型静态测度的不足。若对指数进行分解,可通过分解指标探究生产单元技术效率变动背后的原因,故而该指数是一种十分有效简便的非参数效率测度方法,受到了学者的广泛推崇和应用。

2.2 数据说明

鉴于《中国渔业统计年鉴》未对 1985—2020 年全国各省份远洋渔业统计数据进行完整的记录,部分省份数据存在缺失情况,经过统计梳理,本文最终选择远洋渔业数据记录较为完整的辽宁省、浙江省、福建省、山东省、广东省和上海市(以下简称"五省一市")进行研究,据此反映全国远洋渔业发展情况,时间跨度为 1992—2020 年。据统计,1992—2020 年,"五省一市"远洋渔业总产量在全国远洋渔业总产量(不含中国水产总公司)中的占比最大值为 98.5%(1992 年),最小值为 94.3%(2018 年),年平均占比为 96.2%,说明"五省一市"远洋渔业发展情况对于全国远洋渔业具有较强的代表性。应值得注意的是,1996 年《中国渔业统计年鉴》更换了新的水产品产量统计标准,为此本文对"五省一市"1992—1995 年远洋渔业数据进行了调整,并采用调整后的数据进行研究。

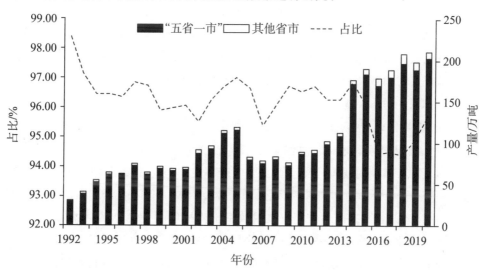

图 1 1992—2020 年"五省一市"远洋渔业产量及其占比情况

目前《中国渔业统计年鉴》完整记录了 1992—2020 年"五省一市"远洋渔船数

量(记为 L)和远洋渔船功率(记为 K)数据,但令人遗憾的是,年鉴中对于远洋渔船吨位(记为 D)、远洋渔业从业人员数量(记为 P)的记录仅存在至 2007 年,2008—2020 年数据缺失,因此需要对缺失年份相关指标数据进行拟合估计。通常来看,远洋渔船功率与远洋渔船吨位、远洋渔业从业人员数量之间存在一定的关联关系。一般远洋渔船越大,远洋渔船吨位就越大,所需要配备的主机功率就越高,在远洋渔船上工作的人员也就越多。基于此,本文依据 1992—2007 年"五省一市"远洋渔船功率对远洋渔船吨位进行线性拟合,所得回归方程为 $D_{it}=0.624+4394.873K_{it}$。通过检验发现,$F$ 统计量为 478.504,对应的 P 值为 0.000,方程整体检验通过;变量 K 对应的 P 值为 0.000,通过显著性检验;可决系数 R^2 为 0.836,拟合程度较好。因此,将 2008—2020 年各省份远洋渔船功率数据代入回归模型中即可估计得到 2008—2020 年各省市远洋渔船吨位。同理,依据 1992—2007 年"五省一市"远洋渔船功率对远洋渔业从业人员数量进行线性拟合,所得回归方程为 $P_{it}=0.045+557.714K_{it}$。检验发现,$F$ 统计量为691.254,对应的 P 值为 0.000,方程整体检验通过;变量 K 对应的 P 值为 0.000,通过显著性检验;可决系数 R^2 为 0.880,拟合程度较好。因此,将 2008—2020 年各省份远洋渔船功率数据代入模型中即可估计得到各省份 2008—2020 年远洋渔业从业人员数量。

3 实证结果

基于"五省一市"远洋渔业数据集,运用 DEAP 2.1 软件,采用 Malmquist 指数法分别从全国整体和省域两个维度对 1992—2020 年远洋渔业全要素生产率变化指数及其分解指标——技术效率变化指数(Effch)、技术进步变化指数(Techch)、规模效率变化指数(Sech)、纯技术效率变化指数(Pech)进行测算考察,所得结果如表 1 和表 2 所示。

3.1 全国整体远洋渔业全要素生产率变动测算结果

测算结果显示,我国远洋渔业全要素生产率变化指数平均值为 0.954 < 1.000,表明考察期内我国远洋渔业全要生产率整体呈现逐步下降的趋势,年均降低 4.6%。从各分解指标来看,我国远洋渔业技术效率变化指数(Effch)平均值为1.012 > 1.000,表明我国远洋渔业技术效率整体呈现上升趋势,年均增长 1.2%,对于远洋渔业全要素生产率具有一定的拉动作用。其中,20 世纪 90 年代是我国远洋渔业技术效率的快速提升期,特别是 1993、1994、1999 三年,我国远洋渔业技术效率分别较前一年增长 39%、69.3% 和 51.3%,然而进入 20 世纪以后,我国远洋渔业技术效率增速开始明显放缓,呈现波动变化的态势。考察期内,我国远洋渔业技术进步变化指数（Techch）平均值为 0.942＜1.000,意味着我国远洋渔业技术进步水平整体呈现下降趋势,年均降低 5.8%,对全要素生产率变化的贡献率达到 126%,是导致我国远洋渔业全要素生产率不断降低的根本原因。

依据 Malmquist 指数的分解法则可知,在规模报酬可变的严格假设条件下,可将远洋渔业技术效率变化指数分解为远洋渔业规模效率变化指数（Sech）与远洋渔业纯技术效率变化指数（Pech）。具体来看,考察期内我国远洋渔业纯技术效率变化指数平均值为 0.997＜1.000,年平均下降幅度为 0.3%,对我国远洋渔业技术效率增长的贡献率为 -25%,表明远洋渔业纯技术效率的变化对于远洋渔业技术效率提升产生了一定程度的负面影响。远洋渔业规模效率变化指数平均值为 1.015＞1.000,年均增长 1.5%,对于我国远洋渔业技术效率增长的贡献率为 125%,因此远洋渔业规模效率增长是推动远洋渔业技术效率提升的主要原因,且目前我国远洋渔业处于规模报酬递增阶段。

总体来看,我国远洋渔业仍然处于以要素投入为导向,通过扩大生产规模拉动技术效率提升,继而实现产业增长的发展模式之中。科技创新不足所导致的技术、装备落后使得我国远洋渔业全要素生产率呈现逐渐下降的态势,与世界其他远洋渔业大国相比缺乏竞争力。因此,推动我国远洋渔业技术革新、创新,以技术进步拉动全要素生产率提升将是未来我国远洋渔业高质量发展的可行之路。

表1　1992—2020 年中国远洋渔业全要素生产率变化指数及其分解指标测算结果

年份	技术效率变化指数（Effch）	变化率/%	技术进步变化指数（Techch）	变化率/%	纯技术效率变化指数（Pech）	变化率/%	规模效率变化指数（Sech）	变化率/%	全要素生产率变化指数（Tfpch）	变化率/%
1993	1.390	39.0	0.480	-52.0	0.949	-5.1	1.465	46.5	0.667	-33.3
1994	1.693	69.3	0.618	-38.2	1.294	29.4	1.308	30.8	1.046	4.6
1995	1.014	1.4	0.906	-9.4	1.067	6.7	0.950	-5.0	0.918	-8.2
1996	0.710	-29.0	1.087	8.7	0.840	-16.0	0.845	-15.5	0.772	-22.8
1997	1.099	9.9	1.119	11.9	0.980	-2.0	1.122	12.2	1.231	23.1
1998	0.845	-15.5	0.815	-18.5	1.026	2.6	0.824	-17.6	0.689	-31.1
1999	1.513	51.3	0.713	-28.7	1.123	12.3	1.348	34.8	1.079	7.9
2000	1.018	1.8	0.847	-15.3	1.041	4.1	0.977	-2.3	0.862	-13.8
2001	0.873	12.7	1.116	11.6	0.964	3.6	0.905	-9.5	0.974	2.6
2002	1.116	11.6	1.102	10.2	1.050	5.0	1.063	6.3	1.230	23.0

续表

年份	技术效率变化指数 (Effch)	变化率/%	技术进步变化指数 (Techch)	变化率/%	纯技术效率变化指数 (Pech)	变化率/%	规模效率变化指数 (Sech)	变化率/%	全要素生产率变化指数 (Tfpch)	变化率/%
2003	1.061	6.1	0.905	−9.5	1.000	0.0	1.061	6.1	0.961	−3.9
2004	1.030	3.0	1.127	12.7	1.000	0.0	1.030	3.0	1.162	16.2
2005	0.945	5.5	1.084	8.4	0.937	−6.3	1.008	0.8	1.024	2.4
2006	0.741	−25.9	1.110	11.0	0.875	−12.5	0.847	−15.3	0.822	−17.8
2007	0.994	−0.6	0.980	−2.0	1.024	2.4	0.971	−2.9	0.974	−2.6
2008	1.096	9.6	0.994	−0.6	0.973	−2.7	1.127	12.7	1.089	8.9
2009	0.897	−10.3	1.068	6.8	0.903	−9.7	0.993	−0.7	0.957	−4.3
2010	1.246	24.6	0.870	−13.0	1.134	13.4	1.099	9.9	1.083	8.3
2011	0.975	−2.5	0.973	−2.7	1.089	8.9	0.896	−10.4	0.949	−5.1
2012	1.081	8.1	0.817	−18.3	1.001	0.1	1.081	8.1	0.884	−11.6
2013	0.917	−8.3	0.792	−20.8	0.901	9.9	1.018	1.8	0.727	−27.3
2014	0.828	−17.2	1.409	40.9	1.027	2.7	0.805	−19.5	1.166	16.6
2015	0.927	−7.3	1.015	1.5	0.948	−5.2	0.978	−2.2	0.941	−5.9
2016	1.089	8.9	0.750	−25.0	1.034	3.4	1.053	5.3	0.816	−18.4
2017	1.033	3.3	1.001	0.1	1.182	18.2	0.874	−22.6	1.035	3.5
2018	0.752	−24.8	1.348	34.8	0.934	−6.6	0.805	−19.5	1.014	1.4
2019	0.879	−12.1	1.107	10.7	0.806	−19.4	1.089	8.9	0.972	−2.8
2020	1.158	15.8	0.850	−15.0	0.966	−3.4	1.199	19.9	0.984	−1.6
均值	1.012	1.2	0.942	−5.8	0.997	−0.3	1.015	1.5	0.954	−4.6

3.2 各主产省市远洋渔业全要素生产率变动测算结果

根据测算结果可知,各省份远洋渔业全要素生产率变化存在明显的差异。在所考察的"五省一市"中,仅有上海市远洋渔业全要素生产率呈现增长的趋势,年均增长 2%。以全要素生产率变化指数高低为划分依据,可将上海市归为全国远洋渔业省市第一梯队。原因可能在于,上海市的远洋渔业产业依托于上海水产等大型企业集团、中国水产科学院东海水产研究所及上海海洋大学等重点科研机构,形成了比较完整的产学研发展体系,在远洋渔业技术研发和资金支持层面相比较于其他省份具有一定的优势。辽宁省(0.971)、浙江省(0.971)远洋渔业全要素生产率变化指数虽然未达到 1.000,但高于同期全国平均值(0.954),因此可将这两省归为第二梯队。广东省(0.923)、山东省(0.921)、福建省(0.920)远洋渔业全要素生产率变化指数均低于全国平均值,可将这三省归为第三梯队,未来需要重点关注。

从各分解指标来看,各主产省份远洋渔业技术进步效率均呈现逐渐下降的趋势,意味着技术进步不足对于各主产省份远洋渔业全要素生产率均产生了负面影响。从远洋渔业技术效率变化指数来看,辽宁省、上海市和浙江省远洋渔业技术效率呈现逐步上升的趋势,对于远洋渔业全要素生产率产生了一定程度的拉动作用;然而,福建省、山东省、广东省远洋渔业技术效率呈现逐步下滑的趋势,对于远洋渔业全要素生产率则产生了一定的负面影响。

表 2 1992—2020 年"五省一市"远洋渔业全要素生产率变化指数及其分解指标测算结果

省份	技术效率变化指数(Effch)	变化率/%	技术进步变化指数(Techch)	变化率/%	纯技术效率变化指数(Pech)	变化率/%	规模效率变化指数(Sech)	变化率/%	全要素生产率变化指数(Tfpch)	变化率/%
辽宁省	1.020	2.0	0.952	−4.8	0.998	0.2	1.022	2.2	0.971	−2.9
上海市	1.064	6.4	0.959	−4.1	1.035	3.5	1.028	2.8	1.020	2.0
浙江省	1.031	3.1	0.941	−5.9	0.993	0.3	1.039	3.9	0.971	−2.9
福建省	0.991	−0.9	0.928	−7.2	1.000	0.0	0.991	−0.9	0.920	−8.0
山东省	0.982	−1.8	0.937	−6.3	0.980	2.0	1.002	0.2	0.921	−7.9
广东省	0.986	−1.4	0.936	−6.4	0.980	2.0	1.007	0.7	0.923	−7.7
均值	1.012	1.2	0.942	−5.8	0.997	0.3	1.015	1.5	0.954	−4.6

4 结论与建议

4.1 研究结论

本文基于投入产出视角,以远洋渔业产量为产出指标,以远洋渔船数量、远洋渔船功率、远洋渔船吨位、远洋渔业从业人员数量为投入指标,采用 Malmquist 指数法对 1992—2020 年中国远洋渔业全要素生产率变动及其分解指标进行了系统考察,最终得出如下结论。

(1) 考察期内,我国远洋渔业全要素生产率呈现逐渐下降的趋势,年均降低 4.6%。我国远洋渔业技术效率整体呈现上升的趋势,年均增长 1.2%,对于远洋渔业全要素生产率产生了一定程度的拉动作用。远洋渔业技术进步效率呈现下降趋势,年均下降 5.8%,对于全要素生产率变化的贡献率为 126%,是导致我国远洋渔业全要素生产率逐渐降低的根本原因。

（2）考察期内，我国远洋渔业纯技术效率年均下降 0.3％，对远洋渔业技术效率产生了一定程度的负面影响。我国远洋渔业规模效率年均增长 1.5％，对于远洋渔业技术效率变化的贡献率达到 125％，是驱动我国远洋渔业技术效率增长的关键因素。目前，我国远洋渔业处于规模报酬递增阶段。

（3）各主产省份远洋渔业全要素生产率变化存在明显的异质性。其中，仅有上海市远洋渔业全要素生产率呈现上升趋势，年均增长 2％。按照全要素生产率变化指数的大小，可进一步将上海市归为全国远洋渔业省市第一梯队。辽宁省、浙江省远洋渔业全要素生产率变化指数虽然未达到 1.000，但高于全国平均值，因此可将这两省归为第二梯队。广东省、山东省、福建省远洋渔业全要素生产率变化指数均低于全国平均值，可将这三省归为第三梯队，未来需要重点关注。从各分解指标来看，技术进步不足对于各主产省市远洋渔业全要素生产率变化均产生了不同程度的负面影响。技术效率变化对辽宁省、上海市和浙江省远洋渔业全要素生产率产生了一定程度的拉动作用，然而对福建省、山东省、广东省远洋渔业全要素生产率则产生了一定的负面影响。

4.2 对策建议

基于我国远洋渔业全要素生产率整体下滑的现实，着眼于我国远洋渔业高质量发展，"十四五"时期我国远洋渔业需要做好如下几件事。

4.2.1 稳定远洋渔船规模，提高远洋渔业装备研发和技术创新水平

调整财政支持结构，将资金向远洋渔业科技创新、远洋渔业装备研发等方面倾斜，依托涉海高校、科研院所等相关机构做好基础研发，提高自主创新能力。要依托政府力量，整合各方资源，集中力量突破远洋渔业高端技术难题，提高国际竞争力。要充分发挥现代信息技术在我国远洋渔业发展中的重要作用。要充分发挥国家工业优势，提高远洋渔业科技成果转化与推广能力。要积极支持大型远洋渔业企业发展，扩大市场对高端渔业装备的需求。要有序开展渔业资源评估调查，促进远洋渔业资源合理开发和可持续发展。

4.2.2 加强远洋渔业高素质人才培育，提高从业人员素养

实现我国远洋渔业高质量发展，远洋渔业从业人员数量足、质量高是重要的保障。当前我国远洋渔业从业群体整体呈现老龄化趋势，年轻群体参与意愿不强，导致我国远洋渔业劳动力供给出现断层。与此同时，我国远洋渔业面临的国际政治形势日趋复杂，又对远洋渔业从业人员素质提出了更高的要求。现阶段，各省份可采取订单培育的形式，依托涉海高校、科研院所和培训机构进行远洋渔

业从业人员培训。要设定严格的管理制度,确保远洋渔业从业人员持证上岗。要尝试提高远洋渔业待遇保障,吸引更多的高素质年轻群体加入远洋事业。

4.2.3 支持远洋渔业下游相关产业发展,推动全产业链融合

稳定远洋渔业产业规模,大力发展后端产业,通过产业分工协同,实现全产业链融合发展是当前提高我国远洋渔业发展效益,实现高质量发展的重要抓手。现阶段要鼓励、支持远洋渔业加工企业发展,向市场提供更多优质水产加工产品,满足消费者多样化的需求。要加强水产品品牌建设,做响、做强产品品牌。要加强水产品冷链物流、仓储设施建设,利用现代信息技术,大力发展水产品电子商务。要鼓励远洋渔业产业集聚发展,实现全产业链融合,提高产业质量效益。

参考文献

[1] 乐家华,俞益坚.世界远洋渔业发展现状、特点与趋势[J].上海海洋大学学报,2021,30(6):1 123-1 131.

[2] 范其伟,王福林,郭香莲.日本远洋渔业支持政策及其对我国的启示[J].中国渔业经济,2009,27(5):140-144.

[3] 刘勤,向清华,杜冰.基于 PDM 模型的上海远洋渔业产业发展动力因素探析[J].中国农学通报,2011,27(23):51-57.

[4] 岳冬冬,王鲁民,郑汉丰,唐峰华,张寒野.中国远洋鱿钓渔业发展现状与技术展望[J].资源科学,2014,36(8):1 686-1 694.

[5] 陈新军.世界头足类资源开发现状及我国远洋鱿钓渔业发展对策[J].上海海洋大学学报,2019,28(3):321-330.

[6] 卢昆,郝平.基于 SFA 的中国远洋渔业生产效率分析[J].农业技术经济,2016,35(9):84-91.

[7] 董恩和,李长稳,刘俊果,张禹,陈云云,蒋科技.基于 DEA 模型的我国西非远洋渔业作业效率的评价研究[J].中国渔业经济,2021,39(3):110-118.

[8] 秦宏,孟繁宇.我国远洋渔业产业发展的影响因素研究——基于修正的钻石模型[J].经济问题,2015,37(9):57-62.

[9] 陈琦,韩立民.基于 ISM 模型的中国大洋性渔业发展影响因素分析[J].资源科学,2016,38(6):1 088-1 098.

[10] 李晨,迟萍,邵桂兰.我国远洋渔业碳排放与行业经济增长的响应关系研究——基于脱钩理论与 LMDI 分解的实证分析[J].科技管理研究,2016,36(6):233-237+244.

[11] 刘芳,于会娟.关于我国远洋渔业海外基地建设的思考[J].中国渔业经

济,2017,35(2):18-23.

[12] 胡庆松,王曼,陈雷雷,李俊.我国远洋渔船现状及发展策略[J].渔业现代化,2016,43(4):76-80.

[13] 张静.国内外远洋渔业捕捞装备与工程技术研究进展综述[J].科技创新导报,2018,15(10):22+24.

[14] 高小玲,龚玲,张效莉.全球价值链视角下我国远洋渔业国际竞争力影响因素研究[J].海洋经济,2018,8(6):26-39.

[15] 薛春霞.远洋渔业企业战略成本动因分析[J].当代会计,2019,6(10):112-114.

[16] 张衡,张瑛瑛,叶锦玉.中国远洋渔业发展的新思路及建议[J].渔业信息与战略,2019,34(1):30-35.

[17] 张妙毅,王芬,谷芝杰.基于 SWOT 分析的舟山市远洋渔业发展路径[J].海洋开发与管理,2019,36(8):63-66.

[18] 陈晔,戴昊悦.中国远洋渔业发展历程及其特征[J].海洋开发与管理,2019,36(3):88-93.

[19] 常亮,陈芳霖,陈新军,余为,冯贵平,李阳东,曾为.基于 BP 神经网络的西北太平洋柔鱼资源丰度预测[J].上海海洋大学学报,2022,31(2):524-533.

[20] 董恩和,黄宝善,石胜旗,黄洪亮,陈新军.新时代背景下我国远洋鱿钓渔业可持续发展的有关建议[J].水产科技情报,2020,47(5):261-265.

[21] 陈新军,张忠,邹晓荣,李纲,张敏.面向远洋渔业强国建设的重大需求创新多层次远洋渔业专业人才培养模式[J].高教学刊,2020,6(19):44-47.

[22] 徐博,张衡,张瑛瑛,冯春雷.《南印度洋渔业协定》管理措施的新进展及我国的应对策略[J].中国农业科技导报,2020,22(4):10-23.

[23] 王颖,高升.我国远洋渔业技术进步空间溢出效应分析——基于动态空间杜宾模型[J].上海管理科学,2021,43(4):89-94.

[24] 孙永文,张胜茂,蒋科技,樊伟,隋江华,朱文斌.远洋渔船电子监控技术应用研究进展及展望[J].海洋渔业,2022,44(1):103-111.

[25] 唐建业,CHEN J Y,HUANG Y X.中国远洋渔业的发展与转型——兼评《中国远洋渔业履约白皮书》[J].中华海洋法学评论,2021,17(1):1-35.

[26] 陈晨,赵丽玲,陈新军.西非过洋性渔业入渔风险评价实证分析[J].海洋湖沼通报,2022,44(1):142-151.

[27] 陈新军.我国远洋渔业高质量发展的思考[J].上海海洋大学学报,

2022,31(3):605-611.

[28] 颜宏亮.金融视角下远洋渔业高质量发展路径探析——以舟山远洋渔业为例[J].商业经济,2022,41(1):35-37.

[29] 李扬.金融学大辞典[M].北京:中国金融出版社,2014.

[30] 张广胜,孟茂源.内部控制、媒体关注与制造业企业高质量发展[J].现代经济探讨,2020,39(5):81-87.

[31] 金碚.关于"高质量发展"的经济学研究[J].中国工业经济,2018,36(4):5-18.

[32] 刘志彪,凌永辉.结构转换、全要素生产率与高质量发展[J].管理世界,2020,36(7):15-29.

[33] 章祥荪,贵斌威.中国全要素生产率分析:Malmquist 指数法评述与应用[J].数量经济技术经济研究,2008,25(6):111-122.

[34] 高帆.我国区域农业全要素生产率的演变趋势与影响因素——基于省际面板数据的实证分析[J].数量经济技术经济研究,2015,32(5):3-19+53.

[35] 刘秉镰,李清彬.中国城市全要素生产率的动态实证分析:1990—2006——基于 DEA 模型的 Malmquist 指数方法[J].南开经济研究,2009,25(3):139-152.

[36] 丁涛,武祯妮.基于 Malmquist 指数法的农地利用效率测算[J].统计与决策,2019,35(22):82-84.

海洋经济合作政策促进了区域海洋经济高质量增长吗?
——来自粤港澳大湾区的准自然实验

苏玉同　　宁凌

(广东海洋大学管理学院/广东沿海经济带发展研究院,广东湛江 524088)

摘要:海洋经济何以实现高质量增长一直是经略海洋的首要议题。以 2011 年广东省首次提出打造"粤港澳海洋经济合作圈"作为准自然实验,选取广东省沿海城市群 2009—2019 年面板数据,运用双重差分法考察了大湾区海洋经济合作对于区域海洋经济高质量发展的影响及作用机制。实证结果表明:第一,大湾区海洋经济合作显著提升了区域海洋经济全要素生产率的正向波动率,其数值为 15.1%~20.6%,并且这一结论具有较高的稳健性;第二,海洋经济合作带来的驱动效应主要通过加大创新投入力度等方式来实现;第三,大湾区海洋经济合作并未表现出促进区域海洋产业结构调整的预期效应,这意味着推进大湾区海洋经济合作的过程中要重视城市间海洋产业结构不合理的问题。此项研究正面验证了国家倡导海洋经济合作的经济意义与政策意义。

关键词:海洋经济合作;粤港澳大湾区;高质量增长;准自然实验

1　引言

海洋是粤港澳大湾区高质量发展的战略要地,它的整体性、流动性、开放性在某种程度上可跨越行政与市场分割,促进大湾区经济一体化和生产要素国际流动。"拥湾抱海"的区位条件、丰富多样的海洋资源决定着粤港澳大湾区向海发展成为必然。

为了抓住关键的历史节点,广东省早在 2011 年发布了《广东海洋经济综合试验区发展规划》,正式建立了海洋经济综合试验区,除了对全省海洋经济战略进行布局外,还首次提出要在珠三角海洋经济区基础上,勾画大湾区的合作愿景,重点打造"粤港澳海洋经济合作圈",目的是积极寻求海洋经济合作,利用海洋经济外向型明显、资本密集度高、科技含量高、生态环保要求高的特征,推动粤港澳大湾区海洋经济高质量发展,也是谋求广东省以高标准构建开放型经济新体系、迈向高质量发展"领头羊"的关键所在。基于此,大湾区海洋经济合作是否如愿促进了珠三角地区海洋经济高质量增长? 同时,如果政策红利释放确实对海洋经济高质量发展存在显著的促进效应,作用机制又是如何? 由此,探究上述两个关键性问题能够从学理角度厘清大湾区海洋经济合作为区域海洋经济高质量发展带来的积极效应和消极因素,为实现从海洋经济大国向海洋经济强国跨越提供重要的

"湾区"经验。

2 文献回顾

从区域海洋经济高质量发展角度来看,传统产业经济理论较早针对区域海洋经济实现高质量发展的路径问题进行了阐述。赵炳新等从产业网络视角出发,较早地采用实证分析发现,海洋经济高质量发展的关键在于壮大产业集群、提升公共服务能力。此后,大量研究关注了海洋产业结构如何实现高级化、集群化的问题。王华等认为除了传统产业经济理论包含的影响因素之外,金融聚集程度、区域经济合作效率、异质性资本投入力度等也是影响海洋经济高质量发展的重要因素。王勤在前述研究的基础上,针对东盟各国海洋经济发展的状况提出了不同地域应加强海洋经济合作的建议。因此,新近的研究开始更加关注区域海洋经济大融合、各生产要素聚合发展对于海洋经济高质量发展的促进作用。其中,粤港澳大湾区作为我国优先发展的地区之一,在创新活动、要素供给等方面均有明显优势,具备推进区域海洋经济高质量发展的要素基础,国内学者也因此对大湾区海洋经济发展进行了深入研究,试图为国家海洋经济高质量发展寻找重要的"湾区"经验。

从探究大湾区海洋经济发展模式来看,杨黎静等学者从大湾区海洋经济合作的整体设计出发,认为粤港澳大湾区有良好的海洋经济合作基础,海洋经济产业合作互补性较强。在新发展格局下,要依靠现代海洋产业体系、海洋科技创新生态网、陆海统筹的方式共建大湾区海洋命运共同体。此外,向晓梅等认为大湾区海洋经济合作模式应具体落实在协同创新、金融支撑等方面,推动大湾区海洋经济高质量发展。从思考未来湾区海洋经济发展重点来看,裴广一等认为,可以同时释放海南自贸港与粤港澳大湾区的政策红利,发挥大湾区海洋经济增长极效应,拓展大湾区内海洋经济合作空间,进一步助力湾区海洋经济高质量发展。

总结以往文献,发现现有研究主要从政策导向、理性思考的角度挖掘大湾区海洋经济合作对于促进区域海洋经济高质量发展的内在逻辑,并且拥有一定的研究成果,但还存在两点内容值得进一步探讨:第一,选取经济指标衡量经济增长时普遍缺乏对"高质量"的解释效应;第二,广州、深圳、珠海分别作为省会、经济特区,在区域海洋经济研究视角下容易造成区域整体海洋经济发展水平显著提高,导致仅能体现出海洋经济发展水平的"平均数"而非"中位数"。

本文以大湾区海洋经济合作作为广东省部分沿海城市独享的准自然实验,基于 2009—2019 年广东省沿海城市中珠三角沿海城市和广东沿海经济带东、西翼共 14 个城市的面板数据,运用全要素生产率波动指标(Tfpch)双重差分(DID)模型检验了大湾区海洋经济合作对区域海洋经济高质量增长的驱动效应,并做出以下边际贡献:第一,采用全要素生产率指标验证海洋经济合作的运行效率,这使得合作策略对地区海洋经济增长的净影响更加明确;第二,利用 DID 模型实证检验降低了控制组范围变化的影响,有效检验了大湾区海洋经济合作对区域海洋经济高质量增长的驱动效应,为日后大湾区海洋经济合作方向提供了可借鉴的政策建议。

3 模型构建与变量定义

3.1 模型构建

由于大湾区"9+2"城市群与珠三角"9+6"城市群高度重合,基于数据获取的可能性,选择了二者共同包含的沿海七市作为处理组,并将广东省沿海城市群中沿海经济带东、西翼七市作为对照组,根据珠三角沿海七市海洋经济效益在合作前后的表现来评估大湾区海洋经济合作对珠三角地区海洋经济增长的响应程度。具体双重差分模型如下:

$$Tfpch_{it} = \beta did_{it} + \alpha x_{it} + \gamma_i + \varphi_t + \varepsilon_{it} \tag{1}$$

$$\beta did_{it} = treat_i \times post_t \tag{2}$$

3.2 变量描述

(1)本文将 $Tfpch_{it}$ 设定为被解释解变量,参照郎丽华等的做法,用海洋经济全要素生产率来代替,反应第 i 个城市第 t 年的海洋经济高质量发展水平。本文运用 DEA—Malmquist 指数方法来测算珠三角七市海洋经济全要素生产率波动指标,其中参考了张剑等的指标选取研究,具体处理方法如下。

① 资本投入指标:以 2008 年为基期,运用永续盘存法计算出待考察城市资产存量,再通过海洋资产存量=待考察城市资产存量×(待考察城市海洋生产总值/待考察城市生产总值)的计算方法得出最终海洋资本存量结果。② 劳动投入指标:借鉴李彬等关于年均涉海就业人数的计算方法,得出最终年均涉海就业人数结果。③ 能源投入指标:参照丁黎黎等的做法,得出各城市海洋经济能源消费量。④ 产出指标:为了和海洋资本存量保持一致,将海洋经济生产总值以 2008 年为基期进行平减处理。

(2)将 $treat_i$ 设定为处理组虚拟变量,表示是否为共同包含的珠三角沿海七市,如果是将该变量设定为 1,否则为 0。$post_t$ 为响应时期虚拟变量,将 2012 年及之后年份的 $post_t$ 设定为 1,之前的年份设定为 0。did_{it} 为 2012 年及之后实施大湾区海洋经济合作后时期对照组虚拟变量与处理组虚拟变量的交互项,为本文关注的核心解释变量。

（3）将 x_{it} 设定为一组随时间变化的控制变量,其中包含：① 海洋产业结构调整水平:采用地区涉海第三产业产值与海洋经济生产总值的比值来衡量;② 科技创新投入力度:采用地区涉海专利授权量与专利授权总量比值来衡量;③ 转化应用能力:采用对数化处理后的实现涉海产品或工艺创新企业数量来衡量;④ 对外开放程度:采用进出口总额与地区生产总值的比值来衡量。

（4）设定 γ_i 为个体固定效应, φ_t 为时间固定效应, ε_{it} 为随机误差项。本文将关注核心解释变量的系数 β ,其基本含义可解释为大湾区海洋经济合作对于区域海洋经济高质量发展的影响方向。

3.3 数据来源

本文数据主要来源于广东省以及待考察城市各类统计年鉴,其中部分数据缺失值用插值法和回归填补法补齐。此外,本文的选取的样本范围是 2009—2019 年,主要出于以下两方面考虑:一是以 2008 年为基期进行经济数据平减和全要素生产率的计算,能够更有效地反映出经济增长状况,且双重差分法需要满足事前窗口所具有的平行趋势;二是限于数据统计进程,2020 年多数相关数据乏获取渠道。从理论、实践、计量角度,海洋经济合作对区域海洋经济高质量发展的影响成效已经能被检验,因此本文的样本区间定为 2009—2019 年。

4 实证分析

4.1 平行趋势检验

为考察大湾区海洋经济合作发生前处理组和对照组的变化趋势,本文方程设定如下:

$$Tfpch_{it} = \beta_p \sum_{p \geq -3}^{+7} treat_i \times post_{2012+p} + \alpha x_{it} + \gamma_i + \varphi_t + \varepsilon_{it} \qquad (3)$$

式中, $post_{2012+p}$ 为年度虚拟变量,当年观测值取 1,其他年份观测值为 0,其他变量与基准模型一致。由于打造"粤港澳海洋经济合作圈"是 2011 年 7 月首次正式提出,故本文选择 2012 年作为政策实施元年,即 2012 年样本城市之前 3 年到后 7 年的趋势变化。从结果来看,2012 年以前处理组和对照组有相似的发展趋势且差距不大,而 2012 年及以后,相较于对照组,处理组城市的海洋经济全要素生产率指数出现了显著的上升趋势,说明处理组城市在海洋经济全要素生产率的表现明显优于对照组。

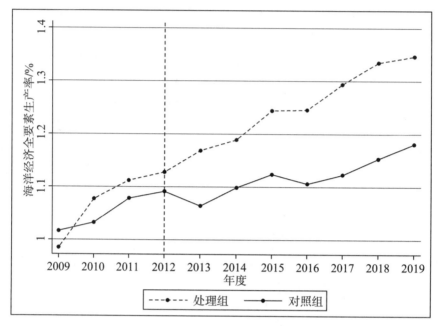

图 1　平行趋势检验结果

4.2 实证结果分析

本文采用双向固定效应模型考察了大湾区海洋经济合作对区域海洋经济高质量增长的实际效应,结果如表 1 所示。

可以发现,大湾区海洋经济合作显著促进了区域海洋经济高质量发展。从模型(1)可看出,大湾区海洋经济合作的系数显著为正。从模型(2)至模型(5)可以看出,在逐步加入控制变量之后,大湾区海洋经济合作的系数略有下降,但依旧显著为正。这表明大湾区海洋经济合作的推进显著提高了地区海洋经济全要素生产率,对地区海洋经济高质量发展具有积极效应。

表 1　基准回归结果

变量	模型(1)	模型(2)	模型(3)	模型(4)	模型(5)
did	0.206**		0.185**	0.182*	0.166***
	(0.492)	(0.482)	(0.475)	(0.469)	(0.455)
$industry$	—	−1.099	−1.105	−1.109	−1.094
		(2.39)	(2.48)	(2.53)	(2.13)
$innovation$	—	—	0.695*	0.584*	0.419*
			(1.61)	(1.53)	(1.30)
$lntrans$	—	—	—	0.916*	0.898
				(0.52)	(0.39)

续表

变量	模型(1)	模型(2)	模型(3)	模型(4)	模型(5)
$lnfdi$	—	—	—	—	0.732***
					(0.96)
地区效应	Y	Y	Y	Y	Y
时间效应	Y	Y	Y	Y	Y
_cons	1.479***	0.595***	0.577***	0.571***	0.479***
	(29.63)	(4.67)	(4.21)	(3.68)	(2.96)
N	154	154	154	154	154
adj. R^2	0.024	0.021	0.016	0.014	0.011

注:***、**、* 分别表示1%、5%、10%的显著性水平,括号内为 t 检验值,下文同。

4.3 安慰剂检验

本文从广东沿海城市群14个样本城市中随机抽选7个对本文的主要结果进行安慰剂检验,并设定为享受大湾区海洋经济合作战略的"伪"处理组,构建出虚拟变量 did_i^{false} 和安慰剂检验交叉项 $did_i^{false} \times post_t$,着重考察 β^{false}(估计系数)是否会显著偏离于零。

为保证避免出现小概率事件干扰估计结果,图2汇报了500次随机生成"伪"处理组的估计系数核密度以及对应 p 值的分布。可以看出,且绝大部分 p 值在10%的水平下不显著,图中实际估计系数在安慰剂检验的估计系数中明显属于异常值,基于此,本文结论不受其他非观测变量的干扰。

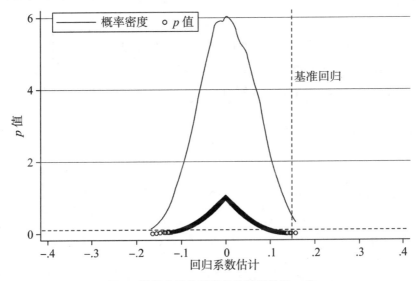

图2 随机分配处理组的估计系数和 p 值

5 进一步分析

5.1 异质性分析

5.1.1 基于城市之间海洋经济建设机遇获取能力的异质性分析

为排除相似机遇的影响,本文加入了省会和经济特区的控制变量,探究在控制了其他相似机遇冲击后,大湾区海洋经济合作对区域海洋经济高质量增长的影响,回归结果如表 2 所示。

表 2 异质性检验结果

变量	(1)	(2)
did	0.151**	0.135*
	(0.455)	(0.479)
省会、经济特区	N	Y
控制变量	Y	Y
个体效应	Y	Y
时间效应	Y	Y
_cons	0.479***	0.551***
	(2.96)	(3.58)
N	154	154
adj. R^2	0.016	0.015

由表 2 可知,在控制了其他相似机遇冲击后,大湾区海洋经济合作的系数虽然与基准回归相比略有下降,但依然显著为正,这进一步验证了基准回归估计结果的稳健性。

5.1.2 基于宏微观海洋经济合作效益的异质性分析

上文回归结果无法排除在大湾区海洋经济合作之前就已存在的自发性微观合作效应会影响到基准回归结果,基于此,本文额外添加了前两年微观合作的处理效应作为控制变量,结果如表 3 所列。

表 3 异质性检验结果

变量	(1)	(2)
did	0.151**	0.149*
	(0.455)	(0.414)
微观效应	N	Y
控制变量	Y	Y
个体效应	Y	Y
时间效应	Y	Y
_cons	0.479***	0.571***
	(2.96)	(3.11)

续表

变量	(1)	(2)
N	154	154
adj. R^2	0.014	0.014

可以发现,在控制了珠三角地区前期可能存在的微观合作效应之后,大湾区海洋经济合作系数仍显著为正,因此进一步印证了基准回归估计结果的稳健性。

5.2 机制分析

为进一步检验大湾区海洋经济合作促进区域海洋经济高质量发展可能存在的机制效应,本文借鉴刘瑞明等的做法,将控制变量作为被解释变量,将反映大湾区海洋经济合作的虚拟变量 did 作为解释变量,机制检验结果如表 4 所列。

表 4　机制检验结果

变量	(1)$industry$	(2)$innovation$	(3)$lntrans$	(4)$lnfdi$
did	-0.442	0.469^{***}	0.111^{*}	0.005^{*}
	(-4.51)	(3.08)	(1.15)	(0.68)
个体效应	Y	Y	Y	Y
时间效应	Y	Y	Y	Y
_cons	25.723^{***}	0.614^{***}	2.144^{***}	1.956^{***}
	(55.981)	(5.770)	(3.318)	(2.055)
N	154	154	154	154
adj. R^2	0.023	0.019	0.015	0.012

5.2.1 基于 $industry$ 的机制分析

从结果可以看出,大湾区海洋经济合作抑制了海洋产业结构调整,但并不显著。这可能是因为湾区海洋经济产业具有很强的互补性,且珠三角 7 市内部所处工业化阶段不同,城市之间在海洋产业升级过程中存在发展不均衡、同质化竞争严重、梯度差异固化等现象,造成了短期内珠三角 7 市内部对于海洋产业发展的竞争效应大于合作效应,进一步导致了各城市海洋产业结构难以得到有效调整、实现产业高级化的问题。

5.2.2 基于 $innovation$ 的机制分析

从结果可以看出,大湾区海洋经济合作显著提升了科技创新投入水平。可以发现,在大湾区开启海洋经济合作后,涉海科研经费大幅增长。以支持海洋人才梯队建设为例,广东省计划联合百家国内外高校和百家重点企业集团推进建设了大湾区人才自由港平台。同时,珠三角地区已建成国家级、省部级涉海科研院所 17 所,海洋科技从业人员超过了 5 万人,大湾区对科技创新的不断投入为大湾区海洋经济发展提供了重要动力。

5.2.3 基于 $lntrans$ 的机制分析

从结果可以看出,大湾区海洋经济合作显著提高了地区技术转化应用能力。这可能是因为海洋经济合作有助于涉海新兴产业科技成果转化基地的建设。随着海洋经济合作不断深化,客观上加快了珠三角地区培育海洋高新科技企业孵化器,为区域内学研机构的涉海先进技术的培育、成熟、应用提供全空间服务。

5.2.4 基于 $lnfdi$ 的机制分析

从结果可以看出,大湾区海洋经济合作显著提高了地区市场对外开放程度。在海洋经济合作的政策支持下,大湾区作为内陆地区与港澳、东南亚以及"一带一路"沿线国家在海洋航运、港口商贸等领域开展更加便利的合作,极大地提升了珠三角地区的对外开放水平,帮助珠三角地区在国家层面参与海洋经济、政治、文化等领域的国际合作,成为推动区域海洋经济高质量发展的重要因素。

6 结论与启示

6.1 研究结论

本文利用 2009—2019 年广东省沿海 14 个城市的面板数据,基于双重差分模型探究了大湾区海洋经济合作对区域海洋经济高质量发展的驱动效应。研究发现,大湾区海洋经济合作布局显著促进了珠三角地区海洋经济高质量增长,具体表现为珠三角地区在政策普及后的海洋经济全要素生产率较广东省其他沿海地区城市提高了 15.1%~20.6%,即样本组城市的海洋经济全要素生产率显著超过对照组城市,实证结果通过了双重差分有效性检。从影响机制来看,大湾区海洋经济合作为珠三角地区带来了包括创新资本投入等条件支持。然而,研究结果也表明,大湾区海洋经济合作并未表现出显著推动区域海洋产业结构调整的预期效应,这可能是由于珠三角城市之间产业发展方向差异性小,仍存在严重的产业竞争关系,进而抑制了对海洋产业结构转型升级的合作效应。所以,决策部门今后不仅要继续关注大湾区海洋经济合作过程中针对海洋传统产业转型升级的问题,还要尽力避免出现严重的同质化竞争局面,努力构建区域海洋新兴产业协同发展机制。

6.2 研究启示

首先,继续探索以海洋经济合作为主要支撑的发展模式。鉴于大湾区海洋经济合作有助于推动区域海洋经济高质量发展,应加快探索现行制度框架下产业协调发展、科技协同创新等多层次海洋经济合作体系。同时,建立大湾区海洋经济信息数据库,整合各类信息,以专项机构为依托,吸引智库、高校等多元化主体参与区域内发展,帮助大湾区更好地制定海洋经济合作策略和确定海洋产业发展方向。其次,充分发挥"广—深—港—澳"四座核心城市的辐射作用,带动沿海经济带东、西两翼协同发展,最大限度追求海洋产业梯度转移。例如,以粤、港、澳各自的海洋优势产业为基础,重点推进海水综合利用等新兴行业的发展,形成以大湾区为龙头,沿海经济带东、西两翼为支线的高端海洋产业链和海洋经济规划区。此外,在明确各城市发展定位的基础上,制定和执行合理的海洋合作机制与产业规划,形成错位竞争,建设成梯度发展、分工合理的现代海洋产业协作体系。最后,大湾区可以充分发挥海洋经济合作与"一带一路"倡议等的叠加效应,加快海洋经济"走出去"的步伐。例如,粤港澳涉海企业可以通过加快与沿线国家和地区开展产能合作、高新产业技术研发等海洋经济合作项目,实现湾区海洋经济要素外向发展。

参考文献

[1] 赵炳新,肖雯雯,佟仁城,张江华,王莉莉.产业网络视角的蓝色经济内涵及其关联结构效应研究——以山东省为例[J].中国软科学,2015(8):135-147.

[2] 王华,姚星垣.海洋经济发展中的技术支撑与金融支持——基于沿海地区面板数据的实证研究[J].上海金融,2016(9):20-26+37.

[3] 王勤.东盟区域海洋经济发展与合作的新格局[J].亚太经济,2016(2):18-23.

[4] 杨黎静,李宁,王方方.粤港澳大湾区海洋经济合作特征、趋势与政策建议[J].经济纵横,2021(2):97-104.

[5] 向晓梅,张超.粤港澳大湾区海洋经济高质量协同发展路径研究[J].亚太经济,2020(2):142-148+152.

[6] 裴广一,黄光于.海南自贸港对接粤港澳大湾区:理论基础、战略构想与合作方向[J].学术研究,2020(12):98-104.

[7] 郎丽华,冯雪.自贸试验区促进了地区经济的平稳增长吗?——基于数据包络分析和双重差分方法的验证[J].经济问题探索,2020,453(4):131-141.

[8] 张剑,隋艳晖,于海,刘福江.我国海洋高新技术产业示范区规划探究——基于供给侧结构性改革视角[J].经济问题,2018,4(6):59-63.

[9] 李彬,高艳.我国区域海洋经济技术效率实证研究[J].中国渔业经济,2010,28(6):99-103.

[10] 丁黎黎,朱琳,何广顺.中国海洋经济绿色全要素生产率测度及影响因素[J].中国科技论坛,2015(2):72-78.

[11] 刘瑞明,赵仁杰.西部大开发:增长驱动还是政策陷阱——基于PSM—DID方法的研究[J].中国工业经济,2015(6):32-43.

海洋人才引进、培养与储备的现实问题、原因分析及实践路径——以青岛市海洋人才现状分析为例

崔振华

（中共青岛市委组织部，山东青岛 266071）

摘要：海洋强国战略提出以来，涉海专业领域的发展与人才培养工作成为重要任务，海洋科学教育与社会发展战略结合趋势更为紧密。2022 年 4 月 29 日，中共中央政治局召开会议，审议《国家"十四五"期间人才发展规划》，提出"要全面加强党对人才工作的领导，牢固确立人才引领发展的战略地位，全方位培养引进用好人才"。据此，文章以青岛市海洋人才现状为切入点，分析当下海洋人才引进、培养与储备的现实问题及成因，并探寻出适宜的改进实践道路。

关键词：海洋领域；人才引进；人才培养；问题及成因；改进路径

1 引言

习近平总书记在党的十九大报告中提出了"坚持陆海统筹，加快建设海洋强国"的明确要求，为我国海洋强国战略的落实指明了方向。我国管辖海域有着面积大、辐射广的特征，经略海洋需要以专业且庞大的人才体系为支撑，人力资源在海洋产业中的要素功能被一再强化。目前，引进、培养海洋人才既是打造海洋强省、推动区域海洋经济发展的现实需要，也是优化产业结构、适配行业发展的必经之途，需坚持重点布局、梯次推进，着力落实全新人才攻坚举措，保障海洋产业健康、有序的可持续发展。2022 年 5 月《关于实施新时代"人才强青"计划的意见》中明确介绍了海洋人才发展计划、海外人才引进计划、产才融合促进计划等 10 项计划，海洋是青岛发展最大的底气，海洋人才是打造引领型现代海洋城市的"主力军"，积极推动海洋人才、海外人才、产业人才的培养，将有助于打造引领型现代海洋城市、国际化创新型城市、现代产业先行城市。

在"两个一百年"奋斗目标的历史交汇期，紧密围绕《青岛市"十四五"人才发展规划》的相关要求，建设现代海洋人才集聚工程，打造重点海洋领域创新研究院等各类高端创新科研平台，促进涉海领域海洋科研协同创新、海洋科技成果转化，这对于着力培养海洋领域优秀人才具有重要意义，也是推进青岛市海洋产业进步与升级的必然保证。

2 海洋人才引进、培养与储备中存在的现实问题

2.1 相比南方沿海城市，北方城市对人才吸引力偏弱

不同地区的经济发展能力、区域环境各有差异，许多高精尖人才在选择就业

方向时,会以此为重要考量因素。研究结果表明,区域经济发展状况与人才聚集水平基本成正比,经济水平越优,在发展机会、福利待遇、职业前景等方面对人才的吸引力也就越高。《2021 年中国海洋经济统计公报》显示,经初步核算,2021 年全国海洋生产总值 90 385 亿元,比 2020 年增长 8.3%,国民经济增长贡献率为 8%,占沿海地区生产总值比重为 15%。区域海洋经济发展方面,南部海洋经济圈海洋生产总值 35 518 亿元,比 2020 年名义增长 13.2%,占全国海洋生产总值比重为 39.3%。与南方沿海城市相比,青岛市在经济发展水平方面并不具备明显优势,加上近年来近海资源衰竭,海洋捕捞成本增高,海洋产业相关从业人员的薪酬涨幅相对有限。从地区分布结构来看,我国海洋储备人才的分布相对集中,涉海高校主要在毗邻海洋或海湾地区分布,如山东、广东、浙江、辽宁、天津、上海和福建等海洋强省。但同时,由于青岛市海洋产业的发展存在一定的同质化问题,相关配套产品的开发存在短板,产业链与产业规模得不到及时扩大,技术服务、法律服务、物流服务、融资服务等社会化服务体系的建设面临诸多障碍,直接影响着对于人才聚集的吸引力。

2.2 引才惜才用才方面氛围营造不够,导致人才流失

海洋产业具有高科技属性,对于人才的需求有着专业性强、可替代性低的特征。因此,海洋人才一般创新热情强、职业规划清晰、自我实现愿望强烈,且对于工作环境氛围有着较高要求。当所在工作领域缺乏足够的引才、惜才、用才意识,无法为人才提供到位的环境氛围时,便容易导致人才流失加剧。调查结果显示,97% 以上的海洋人才认为在工作中"尊重人才的氛围"十分重要,同时内部应建立起与知识经济时代相适应的人才成长激励机制,用于扶植人才体系可持续发展。但从目前情况来看,海洋产业中对人才培植与激励的氛围明显不足,譬如,在保障因素方面,缺乏稳定、完善的薪酬福利体系,且对于人才激励的认知基本停留在物质层面,短期性特征明显,难以从精神层面激活人才的岗位认同感;同时,对人才队伍建设的重视度不足,海洋人才在从业过程中的培训学习与交流机会较少,"重使用轻培养"氛围明显,不利于人才长期可持续发展,部分自我追求较高的人才难以从中获得足够成就感,进而选择外流。

2.3 驻青海洋院校学科设置上不均衡,基础学科研究和应用实践研究比重不够合理

海洋产业系统具有多样性、开放性与复杂性,人才的培养涉及多个学科与领域。尤其在"海洋强国"战略下,复合型海洋人才既需要具备专业海洋知识,也需要在法律、外语、经济、政治等方面有一定涉猎,强调文理交叉,基础学科与应用实

践研究并重。但我国海洋教育主要强调"专才"而非"通才",在学科分类与设置上时常表现出"各自为政"状态,导致具备理论知识的人才难以同时具备实践应用能力。目前,我国驻青海洋院校学科主要围绕海洋、渔业两大传统行业,人文社科专业人才严重匮乏,如海洋经济学、海洋管理学、海洋法学等专业人才均较为稀缺,致使海洋人文社科地位无法得到有效提升,不利于海洋强国战略的落实。

2.4 产业性人才较科研性人才相对缺乏,不能满足企业的相关技术需求

海洋企业的技术水平决定着该产业的总体发展水平,因此,产业性人才在其中的占比有着决定性影响。科研性人才在海洋开发利用中发挥支柱作用,产业性人才则关系着研发成果能够有效作用于产业实际,以及各项高新技术能否在海洋企业中实现普及覆盖。海洋企业要切实开展海洋工作,需要在产业性人才与科研性人才的共同支撑下,保障海洋高新技术的开发及利用。而就目前情况来看,海洋企业中,产业性人才比例严重不足,难以满足企业相关技术要求。一方面,由于我国在海洋领域的调查、开发、勘探等阶段均存在明显人才缺口,如高附加值船舶的设计、高端海洋监测技术的应用等,有明显的"人才荒"现象;另一方面,由于国外技术封锁,难以从中借力。

2.5 当下人才政策缺乏系统性、长远性、战略性规划

人才政策是引导海洋人才体系长久、稳定发展的重要前提,能够在很大程度上补充市场失灵造成的缺陷。由于海洋产业大多属于战略性新兴产业,政策因素对高精尖人才的集聚起主导作用,而人才集聚具有动态性特征,在缺乏系统性、长远性、战略性规划的前提下,即便短时间内发生集聚,也有可能在下一阶段出现大量流失。目前,针对海洋产业领域的人才政策在规划上有着明显短板,譬如,缺乏"人才是第一资源"的时代认知,"重物轻人"观念普遍存在,对于海洋人才扶持基地的建设也缺乏创新意识,致使催生出的人才培养策略也大多存在短视、重利特征。同时,人才治理机制尚未搭建完善,关于海洋人才工作协调管理、人才调度等环节缺乏统一的治理依据作为依托,各部门职能得不到有效发挥,资源分散、效率低下的问题时有发生,不利于从根源上优化人才资源配置,满足市场需求。

3 海洋人才引进过程中的影响因素分析

3.1 城市总体环境因素对人才的影响

人才引进是快速解决现有人才短板问题的重要渠道,青岛市目前针对海洋人才实际缺口,出台了一系列人才引进政策,但在落实过程中还需进一步考虑到城市总体环境因素带来的影响。青岛市作为沿海新一线城市,近年来在经济建设方面不断取得突破与进展,为吸引人才、稳定人才奠定了较为良好的前提。与北上

广等超一线城市相比,青岛市在城市服务能力水平方面较为薄弱,经济实力与国际化水平尚未达到比肩状态,部分高精尖海洋人才从追求高品质生活氛围的角度出发,可能会更倾向于选择超一线城市定居;但从宜居程度分析,青岛市因绿树成荫、风景宜人而得名,被列为幸福宜居城市,有着"东方瑞士"之称,加上交通便捷、临近海域、配套设施完善,在人才引进过程中同样有着其特定优势。

3.2 个人主观情感因素对人才的影响

海洋产业具有高度专业性,从事这一专业的人才往往将其作为终身事业,因此对于工作地点、工作环境、感官氛围等方面的要求也便相对较高。青岛市政府近年来对于海洋人才的引进问题予以了高度关注,在薪酬待遇方面也给出了一些利好条件,在一定程度上提升了海洋人才在个人主观层面的情感认同度。除去物质层面的因素之外,用人单位对于人才的重视、尊重与关爱程度也直接影响着人才引进效应。对于企业而言,对于人才的吸纳、保护与激励都至关重要,目前青岛市对海洋人才主观情感的激励尚未达到理想状态,即重视与关爱大多停留于表层,对人才本质的理想追求、环境需要、团队氛围认知不足,因此难以最大程度激发人才的内心认同,在后期可作为人才引进的重点突破因素。

3.3 城市提供的配套待遇因素对人才的影响

海洋人才作为全国性稀缺人才,就业地区选择面较广,大部分海洋人才在选择就业地区时,会更多地考虑所在城市能够提供的配套待遇,选择综合条件较优的地区。青岛地区较之南方沿海城市,在薪资待遇、政治待遇、住房医疗待遇、子女配偶待遇等方面均有着较大差异,构成了"软环境"竞争力较弱的问题,在区域海洋人才竞争中容易处于下风。譬如,各临港工业产业园区在医院、学校等配套设施方面尚未完善,海洋人才如选择入驻,将面临"子女如何入学""就医距离过远"等问题,权衡之下选择落地青岛的概率大大降低。

3.4 个人事业发展空间因素对人才的影响

海洋产业人才作为高精尖人才,对于个人事业发展的追求一向领先于人,包括职业晋升、科研成果、项目经历等。换言之,地区海洋产业只有在能够提供充足发展空间的前提下,才能够从根本上提高对人才的吸引力,避免人才流失。青岛地区目前在海洋科研平台、创业平台、管理服务平台、大企业项目平台等环节方面虽加大了投资力度,但较之发达地区,能够达成深度标准的领域仍十分有限,有限的科技力量难以在短时间内快速整合,也难以转化产生推动力量,制约着人才引进效应。

4 未来海洋人才引进、培养与储备的实践路径

4.1 大力发展海洋经济,完善产才融合发展格局

海洋产业的发展属于系统性、战略性问题,在人才的引进、培养与储备工作方面,也应主动从顶层设计视角出发,以夯实海洋经济根基为前提,打造"产才融合"发展格局,找准地区地位,把握时代特征。要重视海洋产业在青岛地区的发展意义,在产业调整中尽可能地优化海洋经济结构,打破"一亩三分地"的思维局限,立足于协同发展战略,在政策创新与机制创新环节做到同步落实,重新统筹城市整体优势与地方优势,在扩展产业链的同时避免同质化严重的问题,使人才引进与培养的方向更为专业化。同时,着重发展海洋教育事业,做大海洋产业人才资源存量,实现"引""育""用"体系的一体化建设。譬如,从增加教育投资、重建教育结构、丰富教育内容等方面深化高等教育人才对于海洋产业的认知,为后续进入海洋相关岗位奠定基础。另外,坚持以引进人才作为快速集聚海洋人才的主要方式,依托重点产业,以需求为导向,与省内高校、人才中介机构建立互通关系,实施专项引才,并将人才引入重点项目实施过程中,实现产才融合。

4.2 深化人才制度流程再造,优化人才发展生态

在人才引进基础上,需通过科学、合理的制度与流程进行利用与管理,才能实现人才发展生态的进一步优化。首先,紧扣青岛市海洋产业人才需求,针对高层次海洋人才引进问题开辟"一站式"服务工作道路,积极引导涉海企事业单位与民营类海洋企业自主招才,同步搭建"柔性"引才机制,明确划分出合作经营、技术入股、短期聘用、技术承包等诸多形式的引才形式,便于不同发展需求的海洋人才参与其中。通过精准靶向引进产业高端人才,探索建设全球现代海洋、工业互联网和现代金融等头部企业人才库和专业人才市场,实现对海洋产业发展人才的精准供给。同时,创新海洋人才交流、培养、评价机制,打破原有的海洋人才流动藩篱,重新建立公平的人才竞争制度,将人才引向急需领域与重点地区,并为在岗人才提供专门的培训深造课程,完善继续教育框架,确保人才能够获得长期且持续的个人发展、晋升机会,于此基础上形成人才投资回报循环,再通过以工作业绩、职业道德、知识水平、操作技能共同构成的人才评价指标体系,及时了解人才发展生态,根据实际短板进行针对性补充。另外,以设置专项工作经费、发放住房津贴等途径,加大海洋人才帮扶力度,健全创新创业扶持政策体系,增加海洋人才的情感认同,比如海洋领域高层次人才,按照用人单位实际按个人劳动报酬的 30% 给予补贴;海洋领域急需紧缺专业的博士、硕士,分别按照每人每月 1 500 元、1 200 元标准给予住房补贴,分别高于其他领域博士、硕士 25% 和 50%。

4.3 强化海洋学科建设,实现人才产学研深度协同

基于海洋教育结构对于海洋人才培养的重要支撑作用,青岛市有必要在教育学科建设方面做出进一步完善,构建"产学研一体化"的人才协同培育模式。在学科方面,应当跳出以往仅围绕优势产业发展的局限性思维,开设海洋人文学科,如涉海相关的法律、外语、经济等,通过文理交叉的形式,完善人才知识结构,并及时结合最新研究的成果,革新学科专业教材,引入现实案例作为课程分析项目。同时,搭建跨区域人才合作链条,如涉海院校可通过专题讲座、学术兼职、网络授课等形式扩大观点传输阵地,与其他院校、单位的海洋人才进行思想碰撞或技术交流,实现人才资源的最大化利用。另外,在海洋人才教育项目中加大招商投资力度,将社会力量合理引入其中,如设置专项基金、落实收税减免、与资本市场对接等,减轻项目实践压力,并将教育项目与实地操作项目进行有机衔接,确保人才培养环节中理论与实践的比例处于均等状态。

4.4 注重科技成果转化,推动人才功能全链条释放

海洋产业领域中高新科技研发力度强大,催生了许多先进的科技应用成果,但要将其向现实转化,仍需借助行业应用驱动力量,重视科技管理与相关人才管理,加大对科技成果的利用力度。可结合青岛市海洋科技战略与海洋经济发展诉求,制定符合当地情况的海洋科技政策与法规,实行海洋科技创新策略,并合理分配海洋科技经费,加快成果转化步伐。同时,采用由政府、企业、高校、科研机构连同协作的方式,形成以政府为主导、其他主体共同配合的科技人才培育局面。政府负责提供海洋人才场所、经费等外部条件;企业负责提供海洋科技人才实践操作环境,以及各类行业相关讯息;高校负责搭建完整的科技知识输送链条,并提供教学场地、师资配备、专业教材等;科研机构负责研发关于海洋产业的先进技术、设备,以及研究如何作用于实际中。在行业各大相关主体的共同驱动作用下,有限的科技资源能够最大限度地转化为现实成果,对于海洋人才的深度培养有着长期支持意义。

4.5 强化人才载体建设,优化人才创新创业平台

人才载体的建设关系着海洋人才的知识、技术能否具备完善的施展平台,只有稳抓人才载体平台的建设,提供功能完备的创新创业平台,才能全力支撑海洋产业人才干事创业。整合青岛市现有工业园区资源,提升园区配套品质,打造"海洋产业人才管理改革试验区",吸引国内外优秀海洋人才进入园区发挥才干、创新创业。结合《青岛市"十四五"人才发展规划》的相关要求,积极加快中科院海洋大科学研究中心建设,打造辐射全国乃至全球的海洋科技创新平台和人才高地,借

此推进青岛海洋产业发展进步,从根本上提升整个城市的创新竞争力。同时,按照"孵化期＋转化基地"建设模式,依托商会、行业协会等平台,搭建产业孵化、转化基地,为海洋人才创业提供创业咨询、知识产权申报、专利申请等相关服务,并建立产业协同发展平台,制定围绕青岛地区发展情况的海洋产业技术创新战略,使各个主体能够在平台内自主发挥力量,形成集成优势。另外,建立"高校技术支持新干线",与当地高校建立技术合作框架协议,定期开展"高校人才走进生产园地"等活动,加强产学研衔接。

5 结语

综上所述,海洋人才的引进、培养与储备工作涉及诸多方面因素,其成效也对地区往后的海洋产业发展有着关键影响。基于当前青岛市海洋人才结构方面的缺口问题,应主要从发展海洋经济、重构人才制度流程、加强海洋学科建设、推动科技成果转化、优化创新创业平台等方向共同出发,填补原有短板,实现健康、稳定、可持续的海洋人才输送。

参考文献

[1] 姚郁. 面向海洋未来科技领军人才培养的智慧海洋学院建设研究[J]. 高等工程教育研究,2022,(2):8-15.

[2] 孙林杰,孙万君,高紫琪. 我国海洋科技人才集聚度测算及影响因素研究[J]. 科研管理,2022,43(10):192-199.

[3] 瞿群臻,王嘉吉,唐梦雪,牛萍. 基于逻辑增长模型的科技人才成长规律及影响因素研究——以海洋领域科技人才为例[J]. 科技管理研究,2021,41(12):157-164.

[4] 李博,田闯,金翠,史钊源. 环渤海地区海洋经济增长质量空间溢出效应研究[J]. 地理科学,2020,40(8):1 266-1 275.

[5] 孟静,曹勇,陈旭. 基于海洋科学创新型人才培养的流体力学实验教学初探[J]. 实验室研究与探索,2019,38(9):178-181.

[6] 季托,武波. 高层次海洋人才共享系统的自组织演化发展[J]. 系统科学学报,2018,26(2):96-100.

关于烟台增强经略海洋能力建设现代海洋强市的思考

张金浩[1]　鲁建琪[1]　高慧敏[1]　汲生磊[1]　庄焱文[1]　宋贤成[2]

(1. 烟台市海洋经济研究院,山东烟台 264003;

2. 烟台市海洋发展和渔业局,山东烟台 264003)

摘要:烟台最大的潜力在海洋、最大的空间在海洋、最大的动能也在海洋,为实现高质量发展、走在全省前列,必须进一步关心海洋、认识海洋、经略海洋。烟台市海洋发展处在全国前列,在海洋产业、科创能力、近海生态、海洋国际合作等方面均取得显著成果,但存在海洋开发利用层次不高、产学研转化成效不显著、港产城一体化发展水平较低、海洋特色产业还不够突出等问题。下一步,应积极融入海洋强国建设,培育现代海洋产业体系,建设绿色可持续海洋生态环境,推进现代海洋强市建设升级加速。

关键词:烟台市;现代海洋强市;海洋产业;科技创新;海洋生态

　　烟台市是全国首批 14 个沿海开放城市之一,海域面积 1.23 万平方千米,占全省 1/4。14 个区市中有 12 个靠海,沿海区市数量占全省 1/3;海岸线长 1 071千米,海岛 230 个,海岛总面积 67.98 平方千米,占全省 40%。海洋生物资源种类繁多,有鱼类、虾蟹类、头足类、贝类和其他生物资源五大类 504 种,其中较高经济价值的鱼类 70 多种,是全国优势水产品主产区,发展海洋经济具有得天独厚的资源优势。

1　烟台市海洋发展现状

1.1　海洋经济国内领先

　　烟台市海洋产业门类齐全,初步形成了以海洋渔业、海洋旅游和海洋交通运输业等传统海洋产业为主体,海工装备制造、海洋药物和生物制品、海水淡化及综合利用等新兴产业为特色的现代海洋产业体系。按可比口径核算,2017—2021年,全市海洋经济年均增长率在 9% 以上,2021 年海洋生产总值为 2 170 亿元,约占 GDP 的 1/4,居山东省第二位、全国沿海地级市前列。

1.2　海洋支柱产业突出

　　围绕现代海洋强市建设,重点发展海洋渔业、海工装备制造、海洋生物医药、海洋文化旅游、海洋交通运输、海水淡化及综合利用六大产业,海洋强市建设取得显著进展。落实国家围填海管控政策,严格控制近海捕捞强度。海洋牧场产业集群初步形成,现有国家级海洋牧场 18 个,约占全省 1/3、全国 1/9。以海洋牧场为纽带,促进渔业、海工、旅游融合发展,全市现代化海洋牧场产业集群已成功入围山东省首批"十强"产业"雁阵形"集群。全市现有26家规模以上海洋工程装备企业,形成了以中集来福士、杰瑞集团、蓬莱巨涛重工、蓬莱大金等为骨干的海洋工程装备制造及配套企业集群。海洋文化旅游构建起了中心城区都市休闲核、"蓬长"生态文化旅游核、滨海一线文化旅游带的新格局。海洋药物与生物制品业快速发展,涌现出东诚药业、绿叶制药等一批涉海龙头企业。海水淡化步入快速发展期,海水淡化日产能8.4万吨。

1.3 科技创新能力显著提升

烟台获批国家创新型城市、国家级海洋高技术产业基地及国家海洋科研成果转化基地,是山东唯一"中欧智慧城市合作试点城市"。拥有4个国家级工程技术研究中心和19个省级海洋工程技术协同创新中心。烟台成立烟台市海洋经济研究院,组建烟台市海洋牧场产业技术创新战略联盟等三大海洋战略联盟,建立了中集海工院、杰瑞工业设计中心等一批国家级涉海研发平台,在海洋油气开发、海洋牧场建设、海洋新能源等领域取得一批重要的产业技术创新成果。

1.4 近海生态环境持续改善

启动渤海综合治理攻坚战,全面推行湾长制和港长制,实施蓝色海湾治理、重要河口治理、海岸线整治修复等工程。开展入海排污排查整治专项行动,严格直排海污染源监管。海水水质综合污染指数持续下降,近岸海域海水质量基本保持稳定,尤其是2020年,近岸海水水质优良率达到100%。

1.5 海洋国际合作取得新进展

推进"一带一路"支点城市建设,引导扶持万华、绿叶等龙头企业"走出去",启动实施塞拉利昂渔业合作项目,积极建设跨境电商交易平台及双多边海洋产品展示运营中心,建立和完善海洋国际经贸合作网络。投资印度洋及东南亚沿海港口建设,进一步完善国际港口航运贸易网络。搭建涉海经贸合作展会、海洋科技交流论坛等国际合作平台,举办中英海洋科技交流合作论坛、世界工业设计大会等国际交流活动,海洋国际合作迈出新步伐。

2 烟台市海洋发展存在的主要问题

2.1 海洋开发利用层次总体还不高,向深远海进军还没有根本突破

烟台市海洋生物资源富集,是我国优势水产品主产区,但水产养殖基本集中在12海里以内的近海海域,2021年全市水产养殖产量180万吨,低于威海的261万吨,海洋牧场的产出效应尚未显现。海洋矿产资源储量丰富,拥有卤水、煤矿、石油、天然气、砂矿、黄金等多种矿产资源,但资源缺乏有效开发利用。海洋文化历史悠久,拥有蓬莱历史文化、烟台山开埠文化、庙岛妈祖文化等优质海洋文化旅

游资源,但存在保护、传承、开发力度不够的问题,缺乏具有鲜明个性的海洋文化产品,没有获得广泛认同的海洋文化品牌。在文旅消费方面,烟台市仍是一个观光型旅游目的地,滨海休闲度假旅游目的地产业体系尚未形成,主城区游亮点景观较少,导致"好的资源"没能转化成为"好的产业优势"。海工装备产业方面,受市场影响,企业波动较大,本地化配套率较低,虽然拥有中集来福士、巨涛重工等一批知名龙头企业,但缺少船型开发、钻井包、中控系统等关键系统配套企业。

2.2 海洋科技创新体系集成还不够,海洋科研院校少、人才少、成果少"三少"问题比较突出,推动海洋产学研合作创新和科技成果转化成效不显著

海洋科技方面,全市拥有直接从事海洋的高技术人才 1 400 多名,但这些人才大都从事基础研究,真正从事终端产品开发研究的不多,致使一些技术、一些产品止步于实验室。中小企业由于缺乏高端人才,导致产品科技含量较低、更新换代较慢,长期处于产业链低端。在科技辐射带动产业方面,烟台市现有省级以上协同创新平台基本分布在海洋渔业、海工装备、生物医药三大产业,辐射 14 个主要海洋产业的广度、深度还不够。

2.3 港产城一体化发展水平较低,陆海统筹有待增强

产业和港口之间尚未形成互促共进的格局,主要是用海难题,目前国家对围填海管控日趋严格,要求"除国家重大战略项目外,全面停止新增围填海项目审批",烟台港多个重大项目,受围填海影响较大,制约了芝罘湾港区城市化改造和港口长远发展。产业与港口缺乏协调联动,本地货源在港口吞吐量中占比偏低。海洋牧场陆域配套不到位。虽然海上生产空间规划已经出台,但已建成的国家级和省级海洋牧场普遍存在陆基统筹规划不足、配套用地不足的问题,现代化渔业产业园区和渔港建设相对滞后,难以为海上生产提供有效支撑。

2.4 海洋特色产业还不够突出,现代海洋产业体系还不健全

战略性新兴产业比重有待提高。虽然海洋工程装备制造、海洋生物医药和制品、海水淡化及综合利用等为代表的新兴产业成长较快,但总体规模不大、支撑作用不强,水产养殖、海洋文旅等产业仍占主导地位。以海洋生物医药为例,大部分企业还停留在利用藻类、贝类、鱼类等海洋生物进行原料药的粗提取阶段,缺乏市场认知度高、药效显著的高附加值海洋药物产品。

2.5 生态环境持续改善压力依然较大,近海污染还没有根治

近海及海岸带基础地质资料不足,影响了海洋资源的科学开发利用和海洋生态环境的保护。海洋生态灾害频繁发生,四十里湾、丁字湾等局部海域富营养化

引发赤潮、绿潮等,互花米草等外来物种入侵形势不容乐观,反映出海洋观测监测、预报应急、防灾减灾能力亟须提升。

3 烟台市大力推进现代海洋强市建设的意见建议

3.1 积极融入全国海洋经济发展大格局

3.1.1 加快通道建设,提升国内、国际陆海经济运输综合保障能力

以烟台港为龙头,辐射带动全市航运企业发展,打造烟台到非洲几内亚铝矾土国际海洋通道,不断优化"齐鲁"号欧亚班列国际物流通道,积极参与建设开发冰上丝绸之路,积极推进烟大跨海通道、环渤海高铁及渤海海上大通道建设,加快形成连接东北亚与中东欧国际海铁联运通道,打造区域型国际物流、贸易和航运服务中心,构建通江达海、联内接外、畅通高效的陆海运输网络。

3.1.2 拓展海上航天产业,完善海洋新兴产业全产业链发展水平

加快推进"中国东方航天港"建设,以海上发射技术服务港为牵引,辐射带动航天产业制造园区、航天产业配套园区、航天应用文旅园区,以提供卫星服务一体化解决方案为核心,逐步打造集研发、制造、发射、应用、配套、文旅于一体的全产业链商业航天高科技产业集群。

3.1.3 赋能中心城区,布局游艇等高端产品和精品旅游线路

进一步发展高端邮轮游艇产业,以芝罘港区为依托,加强游船游艇码头建设,积极应对疫情,融入国内国际双循环新发展格局,挖掘国内旅游市场潜力。充分发挥渤海轮渡等骨干企业引领优势,支持"中华泰山"号豪华邮轮拓展国内外航线,丰富邮轮旅游产品和服务,打造与厦门南北呼应的国际邮轮中心。

3.2 打造具有国际竞争力的现代海洋产业体系

3.2.1 做强现代渔业示范,推进种业、养殖、加工、流通全产业链发展

发挥烟台市海参、海带、扇贝等国家级水产原良种场众多的优势,加强水产种质资源库和种质资源保护区建设,实施渔业种业创新工程,支持种业龙头企业开展石斑鱼、海带、海参、狼鳗、中国对虾、绿鳍马面鲀、大菱鲆、海蜇等品种重大育种创新攻关,加快打造我国水产种苗北方繁育基地。实施海陆统筹,规划建设一批现代渔业产业园区,打造莱州湾、蓬莱－长岛、烟台北部、烟台南部四大渔港经济区;以山东现代海洋、经海渔业等龙头为引领,实施海洋牧场"百箱计划",打造海上"蓝色粮仓",建设全国领先的海洋牧场示范之城。围绕打造"食安烟台"的目标,发挥烟台水产品加工出口贸易优势,以中鲁(烟台)远洋渔业中国金枪鱼交易中心等为依托,完善水产品冷链物流体系建设,打造烟台国际水产品交易中心;依托烟台世界海参产业(海参)博览会举办,做大、做强海参品牌,打造国际海参集散

交易中心。

3.2.2 聚焦海上能源开发，打造辐射带动能力强的海洋新能源中心

建设龙口裕龙岛日产 10 万吨以上的海水淡化项目，依托金正环保、招金膜天等龙头企业，培育引进一批海水淡化技术装备研发机构和生产企业，突破大型反渗透海水淡化工艺集成技术，打造海水淡化与综合利用示范基地，争创国家海水淡化示范城市，提升水资源安全保障水平。加快华能海上风电、国电投海上风电和莱州海上风电融合项目等海上风电场建设，推进实施山东省（蓬莱）风电母港产业园、远景能源海上风电装备制造中心等风电装备制造项目，构建国家级海上风电装备研发制造产业链，建设我国北方风电母港，示范引领海洋能源安全开发新模式。

3.2.3 实施重点产业突破，布局现代海洋产业研发制造基地

以中集来福士为龙头，辐射带动本地海工装备企业技术升级，加快推进山东海洋"蓝鲲"号、中集来福士"梦想"号等重大海工项目，增强关键技术自主可控能力，培育一批本土专业化配套企业和自主品牌，做强海工产业集群，打造中国海工北方总部，提高海洋工程装备产业国际竞争力。发挥中柏京鲁、中集来福士等龙头企业作用，攻坚环保型液体化工船、特种工程船、科考执法船等高技术、特种船舶研发制造，建设全国重要的特种船舶研发生产基地。依托东诚药业、绿叶集团等龙头企业，加大海洋创新药物研发攻关力度，把烟台打造成全国重要的海洋原料药生产基地。加快建设山东裕龙石化、万华化学产业园等临港化工产业园，重点布局石化新材料和精细化工等绿色高端石化产业，拓展高端石化产业链，推动全市石化产业向高端化、集群化、绿色化发展，构建绿色高端的海洋石化产业体系，打造我国北方最大的高端石化产业基地。

3.2.4 整合滨海旅游资源，打造国际一流的海洋旅游目的地

建设海上世界、芝罘仙境等一批文化旅游重点项目，打造龙口佛陀世界、牟平始皇养马、莱州东海神庙、蓬莱西海岸、长岛北方妈祖文化中心等旅游景区，加快提升长岛、崆峒岛、养马岛等旅游热点海岛的旅游基础设施，依托朝阳街、所城里开街，发掘鲁菜海洋文化特色，丰富城区游景观，构建多元化滨海旅游体验产品体系，擦亮"仙境海岸，鲜美烟台"品牌。

3.3 培育推进现代海洋强市建设的强劲动能

3.3.1 发挥制度试点优势，积极探索海域空间使用创新做法

以山东自贸试验区烟台片区为依托，探索开展海域使用权不动产登记规范化、海域使用权二级市场流转、海域"水面、水体、海床"等各类使用权创新试点工

作，建设全国海洋经济高质量发展先行区。

3.3.2 发挥海工装备制造业优势，持续强化产学深度互动

以烟台市开发区哈尔滨工程大学烟台研究生院等科研院所为支撑，以山东海工装备研究院建设为契机，加快产学研深度合作，提升中集海工研究院、杰瑞研究院等海工装备企业研发平台科研技术水平，探索构建陆海联动的海工类国家海洋综合试验场。

3.3.3 推进智慧海洋工程，持续完善产业智慧化管理水平

搭建全市智慧海洋大数据平台，依托沿海 4G/5G 通信基站建设，实施渔港信息化、海洋牧场信息平台等智慧工程，逐步整合全市海洋科技、产业、资源、环境及管理信息，开发海洋生态环境保护、海上渔业生产、海洋运输管理及海上安全等大数据产品，打造智慧海洋烟台方案。

3.3.4 发挥驻烟国家机构优势，构建北方重要的海上救援救助中心

发挥烟台打捞局、北海救助局等国家队优势，对项目用海、海域使用论证、环境影响评价等方面给予指导和支持，在防范商渔船碰撞、海上救援和服务保障等领域积极拓展，打造我国北方海事救助打捞中心。

3.4 建设绿色可持续的海洋生态环境

3.4.1 依托一流海湾海域条件，加快推进国家"美丽海湾"创建工作

强化"美丽海湾"建设示范引领。健全海洋生态环境治理体系。发挥湾长制平台作用，增强多部门、上下级协同保护治理海洋的工作合力。推进"水清滩净、鱼鸥翔集、人海和谐"的美丽海湾保护与建设，为经略海洋提供良好生态保障。扎实推进国家"美丽海湾"创建，将开发区八角湾（套子湾）、长岛庙岛湾等打造成国家"美丽海湾"。

3.4.2 依托海岛面积和数量优势，抢抓开展海岛保护与开发新机遇

抢抓国家开展海岛保护与开发综合试验重大机遇，发挥长岛海洋产业与生态文明融合发展的优势，积极创建首个海洋类国家公园，建设全国海岛保护与开发综合试验先行区。

3.4.3 依托驻烟"中科系"院所优势，加快蓝碳领域的创新研究

发挥中科院烟台海岸带研究所的科研技术优势，在海洋蓝碳研究层面推出更多切实可行的指数、方法，开展海域海岛海岸带整治修复，增强海洋生态经济系统韧性，打造全国领先的生态海岸带。

【基金项目】烟台市重点研发计划项目（2019MSGY126）

参考文献

[1] 李蕾,姜作真,张金浩.烟台市海洋生物医药和制品产业发展战略研究[J].环渤海经济瞭望,2021(9):20-22.

[2] 李彦平,刘大海,姜伟,池源.国土空间规划视角下海洋空间用途管制的关键问题思考[J].自然资源学报,2022,37(4):895-909.

[3] 王遥驰.烟台迈向海洋强市[J].走向世界,2018(22):14-17.

[4] 朱金龙,朱淑香,张翠敏,徐艳东,魏潇,孙伟,孙贵芹,刘宁.莱州湾岸线变迁对渤海潮波影响的数值研究[J].海洋湖沼通报,2022,44(2):27-34.

[5] "十四五"旅游业发展规划[N].中国旅游报,2022-01-21(002).

[6] 李仁,苗春雷,逄苗.经略海洋,向海图强逐浪高[N].烟台日报,2022-06-11(001).

[7] 黄钰峰,葛蔚,汲生磊,赵晓伟.打造全国领先海洋经济示范区[N].烟台日报,2021-09-22(001).

[8] 张玉洁,朱凌,李明昕.烟台市海洋经济布局优化研究[J].海洋经济,2017,7(2):38-42.

[9] 程博,翟云岭,李滨勇,张浩.海域使用权二级市场转让限制条件法律分析[J].海洋环境科学,2019,38(3):367-373.

[10] 汪永生,李玉龙,王文涛.中国海洋生态经济系统韧性的时空演化及障碍因素[J].生态经济,2022,38(5):53-59.

开发近海穴居动物,助力现代海洋牧场

刘峰　陈梦麒　韩焕福

(中国农业大学烟台研究院,山东烟台 264670)

摘要:"近海穴居动物"包括沙蚕、单环刺螠等近海穴居蠕形动物以及毛蚶、文蛤、缢蛏等埋栖型贝类;"近海穴居动物"是富含多种活性物质的、低脂的优质蛋白源;现有"近海穴居动物"养殖模式存在一定的环境风险,具有优化空间;"近海穴居动物"能够通过摄食、生物扰动,促进溶解氧向沉积物中的扩散,减缓底质有机物的积累;指出向自然海域中投放单环刺螠等近海穴居动物可有效地将底质中有机物等营养物质转化为水体中的营养盐,优化海洋牧场的产出结构,完善海洋牧场的生态平衡体系。

关键词:海洋牧场;底质;单环刺螠;埋栖型贝类;生物扰动

1　前言

2021 年 11 月 9 日,山东省人民政府办公厅发布了《山东省"十四五"海洋经济发展规划》,提出要高水平建设国家海洋牧场示范区。海洋牧场是基于生态学原理,充分利用自然生产力,运用现代工程技术和管理模式,通过生境修复和人工增殖,在适宜海域构建的兼具环境保护、资源养护和渔业持续产出功能的生态系统。"生态优先"是海洋牧场的典型特征,在现有的近海生境状态下,环境修复和资源恢复是我们建设优质海洋牧场的关键。环境修复和资源恢复包括海水水质修复、底质修复等关键点。对于底质的修复,"近海穴居动物"或能发挥重要作用。"近海穴居动物"包括沙蚕、单环刺螠等近海穴居蠕形动物以及毛蚶、文蛤、缢蛏等埋栖型贝类,是沿海地区重要的经济品种。本文以"近海穴居动物"为切入点,阐述其经济价值和对海洋底质及生态环境的影响,提出通过增加"近海穴居动物"的放流量以增进海洋牧场生态系统的底质安全,进而促进海洋牧场生态系统稳定,实现经济效益和生态效益。

2　近海穴居动物的产业状况

2.1　埋栖型贝类

2.1.1　埋栖型贝类的养殖规模

埋栖型贝类养殖是山东沿海地区海水养殖产业的重要组成部分之一。据统计,2020 年山东省以蚶、蛤、蛏为代表的埋栖型贝类养殖产量共计 1.4618×10^6 t,居各沿海省份的第一位(图 1),并占据山东省海水养殖贝类的 38.19%(图 2)。蚶、蛤、蛏的市场价格一般为每斤 10~20 元,与牡蛎、扇贝、贻贝等常见的非埋栖型贝类价格相近。但山东省埋栖型贝类养殖产业也存在品种过于单一的问题,2019 年、2020 年蛤类的年产量分别占山东省埋栖型贝类产量的 88.38%、89.89%,同时期蚶类的产量占比仅分别为 0.40% 和 0.53%(图 3)。适当地提高蚶类、蛏类的产量不仅有利于进一步提高沿海地区海水贝类养殖产业的经济效益,还能丰富养殖品种,提高该产业对于病害等意外风险的抵御能力。

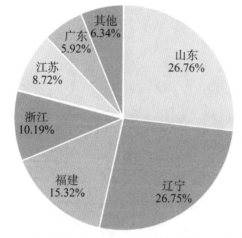

图 1 2020 年我国沿海省份埋栖型贝类养殖产量占比

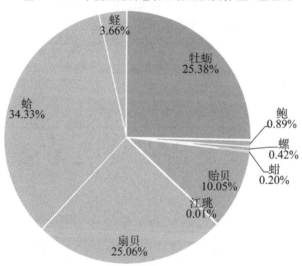

图 2 2020 年山东省贝类海水养殖品种产量占比

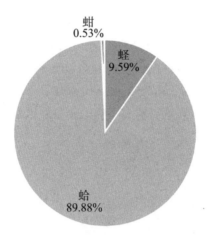

图 3　2020 年山东省各品类海水埋栖型贝类养殖产量占比

2.1.2 埋栖型贝类的营养价值

如表 1 所示,厚壳贻贝与近江牡蛎的粗蛋白含量低于列出的埋栖型贝类的粗蛋白含量。除了等边浅蛤,其余列出的埋栖型贝类的粗脂肪含量均未超过自身干重的 10%,与海湾扇贝、后壳贻贝、近江牡蛎的粗脂肪含量水平相比较低。三类埋栖型贝类的总氨基酸略低于海湾扇贝与厚壳贻贝,但甲硫氨酸、赖氨酸等 8 种人体必需氨基酸的含量与后者处于同一水平。同时,三类埋栖型贝类富含丙氨酸(Ala)等呈味氨基酸,具有浓郁的海鲜风味。等边浅蛤、结蚶、尖刀蛏、美洲帘蛤等埋栖型贝类的必需氨基酸基本符合 FAO/WHO 提出的人体必需氨基酸均衡模式。埋栖型贝类富含 EPA、DHA 等不饱和脂肪酸。埋栖型贝类具有一定的营养价值,值得进一步有序开发。

表 1　部分经济贝类营养物质含量(干重)(g/100 g)

	种类	粗蛋白	粗脂肪	总氨基酸	必需氨基酸	呈味氨基酸	粗灰分
蛤	文蛤	58.24	5.93	44.87	18.39	18.88	18.35
	四角蛤蜊	57.38	6.18	37.20	15.16	15.58	25.39
	等边浅蛤	58.11	14.98	45.93	15.73	20.62	10.85
	美洲帘蛤	60.69	5.60	52.42	21.43	21.87	18.80
	菲律宾蛤仔	71.96	6.41	57.86	25.68	23.90	13.21
蛏	长竹蛏	75.30	7.90	56.70	22.88	23.66	15.70
	尖刀蛏	71.02	14.35	56.52	19.70	24.32	9.05

种类		粗蛋白	粗脂肪	总氨基酸	必需 氨基酸	呈味 氨基酸	粗灰分
蚶	结蚶	59.17	10.62	50.98	18.16	22.11	11.03
	泥蚶	79.24	4.28	61.82	23.96	28.88	11.74
其他常 见贝类	海湾扇贝	67.81	11.80	65.43	19.95	31.33	7.74
	厚壳贻贝	43.10	12.02	59.02	21.96	22.37	6.59
	近江牡蛎	47.50	15.00	42.80	15.55	16.49	5.94

2.1.3 埋栖型贝类的养殖方式

目前，埋栖型贝类的主要养殖方式包括池塘养殖和浅海滩涂底播养殖。在池塘养殖中，往往施用氮肥和磷肥促进贝类生长，存在富营养化排放，成为潜在污染源。在浅海滩涂底播养殖中，贝类会通过滤食作用摄食上层水体中的浮游植物与颗粒悬浮物等，排出的粪便和假粪会在底质上汇集，密度过大的集中养殖可能会加剧区域底质安全风险。

2.2 穴居蠕形动物

2.2.1 穴居蠕形动物养殖规模

单环刺螠与沙蚕的养殖及捕捞产量较低并缺少相关统计。产量的匮乏使得二者的市场价格长期处于较高的水平，沙蚕价格在 50 元/斤左右，单环刺螠的价格一度达 180 元/斤左右。因此，沙蚕与单环刺螠具有较显著的经济开发潜力。

2.2.2 穴居蠕形动物营养价值

单环刺螠的体壁是其主要的食用部分，单环刺螠体壁中的氨基酸占体重干重的 57.39%。虽然相比于其他常见肉类，单环刺螠必需氨基酸的含量并不突出，但李诺等研究发现单环刺螠体壁中的人体必需氨基酸含量比例与人体含量比例更接近，因此有潜力成为更容易满足人体代谢需求的优质氨基酸来源（表 2）。

表 2 单环刺螠与常见畜禽肉的氨基酸含量（干重）

种类	总氨基酸/%	必需氨基酸/%
单环刺螠体壁	57.39	17.79
猪肉	32.61	12.91
牛肉	61.05	24.18
羊肉	67.74	26.28
鸡肉	63.90	25.62

探索与开发可以替代鱼粉的优质饲料蛋白源是相关学者和从业者关注的热点问题。双齿围沙蚕蛋白含量占干重的 61.11%,鱼粉中粗蛋白含量为 66.67%。所以双齿围沙蚕或许具备替代鱼粉作为水产饲料动物蛋白源的潜质;并且沙蚕的粗脂肪含量占干重的 12.63%,高于鱼粉粗脂肪含量(8.23%),可能会为养殖生物提供更加充足的能量以及提供必需脂肪酸、磷脂、糖脂、胆固醇等机体必要的物质并促进机体对脂溶性维生素的吸收。

近些年来,越来越多的学者从沙蚕、单环刺螠等穴居蠕形动物体内开发出具有溶栓、抗癌症、抗病毒等疗效的生物活性物质。初发鑫等以单环刺螠为原料提取了纤溶酶(UFE-1),并采用家兔血液测定该类纤溶酶的体外溶栓效果,实验显示该纤溶酶对家兔的血栓块有不错的溶解能力。马睿霄等通过乙醇热浸提等步骤制备了双齿围沙蚕浸膏,发现其对血管紧张肽Ⅰ转化酶(ACE)具有一定的抑制作用并具有一定的抑菌活性。潘卫东等通过直流电击沙蚕得到其体液,再通过凝胶过滤等方式制得一种活性蛋白,并指出该活性蛋白具有一定的抗癌抗菌的功效。

2.2.3 穴居蠕形动物养殖方式

单环刺螠与沙蚕等穴居蠕形动物的养殖方式主要包括池塘土池养殖、工厂化养殖和海区人工增殖。

池塘土池养殖是指在有充足海水供应的池塘进行养殖,可有效降低养殖成本与风险,并降低采捕的难度。但相比较而言,池塘土池养殖存在养殖密度低、生产周期较长的不足。

工厂化养殖具有养殖密度大,养殖环境相对可控等优势。但由于工厂化养殖运行高成本,需要较高的水处理能力,也需要通过工业化手段严格控制好环境污染风险。

海区人工增殖是指将人工育成的苗种投放到开放海域,养殖生物依靠水体中的天然饵料进行生长发育的养殖方式。该方式育成的成体的品质较好并可在一定程度上补充自然种群、改善生态环境。但由于生物自身和环境状况等综合因素,可能出现回捕率低的问题。

若能够向近岸海域或者海洋牧场中适量地投放埋栖型贝类与穴居蠕形动物的苗种,将其纳入海洋牧场生态系统之中,能形成特色混养的新型模式。该养殖模式在规避了长期池塘养殖、工厂化养殖的排污风险的同时,还能够发挥沙蚕和单环刺螠等穴居蠕形动物的底质修复功能。

3　近海穴居动物与海洋牧场底质安全

近些年来,"底质安全"作为海洋生态系统稳定的重要组成部分,受到了越来越多学者的关注。工业、生活废水的排放,增加了过量有机物在近海底质富集的可能。同时,在水产养殖活动丰富的海域,上层水体中生物产生的残饵、排泄物、残骸等使得底质中有机物的含量不断积累。这些积累在底质中的有机质可能会对环境造成形成缺氧环境以及促进病原菌滋生等风险。

底质沉积物被视为氮、磷等元素重要的源和汇,底质中的氮、磷等营养元素可在适宜条件下重新回到上层水体中,从而在一定程度上发挥补充上层水体营养盐的作用。有机氮是海洋沉积物中总氮的主要成分,一般在总氮中的含量为70%~90%。有机氮可能经氨化作用和硝化作用等转化为铵态氮与硝酸盐,铵态氮和硝酸盐因沉积物-海水界面上下浓度梯度向上覆水中扩散,补充了水体中营养盐的浓度。沉积物中可以释放到上层水体中并被浮游生物摄取利用的磷被称为生物可利用磷。弱吸附态磷、铁结合态磷、有机磷等是生物可利用磷的主要组成部分。弱吸附态磷可通过释放、渗透和再悬浮等途径进入上覆水中,随后参与生态系统的物质循环。有机磷经矿化降解可能会逐步转化为可溶性磷酸盐。

因此,将底质中的有机物以及营养元素的量控制在合理范围之内,使其不会在短时间内大量消耗下层水体的溶解氧,并且不会在短时间内释放出过量营养盐,或许是实现"底质安全"的有效途径。近海穴居动物凭借其独特的生理、生态特征能通过生物修复的方式践行这一途径。邓锦松研究发现在虾池中放养双齿围沙蚕可降低总氮的积累速度以及硫化物的积累速率,放养毛蚶可减少虾池沉积物的氮的累积量。徐永健尝试在黑鲷养殖池中底播沙蚕,发现该举措可减缓沉积物中氮、磷的积累,同时使黑鲷增重并提高其成活率。

(1)摄食底质有机质,改善底质环境。许多穴居动物为沉积食性,可以通过摄食活动削弱沉积物的含量,避免沉积物的过度积累。沙蚕作为沉积食性的穴居动物,可主动摄食底质中的有机物质。沙蚕会摄食大量的沉积物,通过摄食处理沉积物的实际速率约为 1.92 g/(g·d)。埋栖型贝类大多数也有类似的摄食底质有机物的习性,可能会减缓底质有机物的积累。

(2)促进有机质分解,促进氮磷循环。穴居动物由于在底质中摄食、呼吸、掘穴,产生许多类似于"隧道"的结构,使得水流快速地涌入沉积物内部。沉积物中的含氮等营养元素的有机物可以与更高浓度的溶解氧充分接触,在氧气等的作用下底质沉积物中的氮可能被转化为硝酸盐,有机磷也在矿化为磷酸盐之后扩散进入上层水体。水流的冲刷也会使得弱吸附态磷脱离颗粒物的吸附扩散进入水体,但氧气的涌入也可能会抑制铁结合磷的释放,需要进一步探究两者的具体关系。所以,穴居动物的活动很可能会促进底质中碳、氮、磷等营养物质向水体中释放,起到类似于向水体中"施肥"的作用,有利于提高水域生态系统的初级生产力(图4)。

生物扰动这一过程还可能影响参与氮循环的微生物的群落结构与状态,间接影响底质和水体中氮元素的状态和含量。夏玉秀等也指出单环刺螠的体表黏液中含有多糖和蛋白质,可能会为微生物提供相应条件。沈辉等研究发现,文蛤的肠道微生物或许也会参与氮循环过程。

因此,对于海洋牧场等"自给自足"的海洋生态系统,单环刺螠等穴居动物或许能参与维持其能量流动、物质循环等过程中,进而促进生态系统的稳定。但过多的生物扰动作用可能会使营养盐过度地流向上层水体,加之一些贝类具有强烈的排泄铵盐等营养物质的能力,可能会导致水体富营养化。

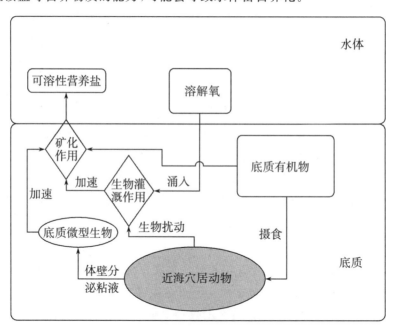

图 4 近海穴居动物发挥改善底质作用的机理构想

4 讨论与展望

4.1 海洋牧场产出结构的优化

大型藻类和浮游植物作为初级生产者,通过食物链将能量传递给鱼类、贝类等消费者,一部分藻类、鱼类和贝类等通过采捕被带出海洋牧场系统,实现了海洋牧场的产出。鱼类与贝类粪便、动植物尸体等产生的沉积物,以及陆源输入造成的沉积物,过量状态下或许将成为一种"底质污染"。在引入充分底栖穴居动物的海洋牧场生态系统中,这部分沉积物不仅能被沙蚕、单环刺螠等沉积食性动物摄食,转化为后者的生物量,还可能在其扰动作用下,加快矿化作用,向上覆水中释放出含有氮、磷的营养盐,进而促进藻类和浮游植物的生长,增加生态系统的初级生产力。

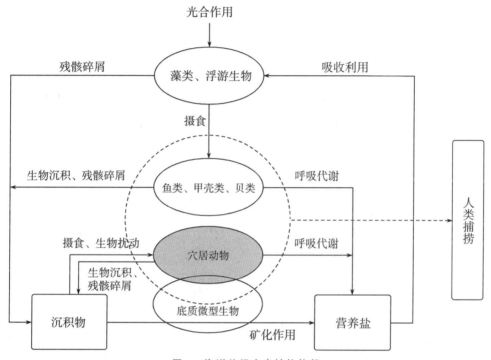

图 5　海洋牧场产出结构构想

4.2 以单环刺螠为例的新型区域生态系统的构建

为提高特色水产品单环刺螠的产量与质量,可将单环刺螠的育苗厂建在邻近海洋牧场的区域。在完成人工育苗之后,将苗种在建有海洋牧场的海域进行放养,使其在自然海域中发育成熟。该养殖模式具有以下特点。

4.2.1 陆海衔接,质量保障

该养殖模式有利于进一步发挥沿海地区的海水养殖资源。根据部分单环刺螠一线从业者的描述,目前在自然海域生长的单环刺螠往往比工厂化养成的单环刺螠个头更大、口感更加鲜嫩脆爽,现阶段尚不清楚是养殖过程中何种因素或环境因子造成了这种差异。通过工厂化育苗结合滩涂放养的模式有利于为消费者提供更多高质量的单环刺螠。

4.2.2 降低成本,提高效益

工厂化养殖水电能耗、饲料等的使用以及人工费用较高,陆海衔接的养殖模式尽可能地缩短工厂化养殖的过程并在很大程度上缩短运输苗种的距离,从而降低成本,有利于培育和发展单环刺螠市场。

4.2.3 苗种稳定,模式探索

该养殖模式可以发挥工厂化养殖条件相对稳定、可控的优势,在短时间内培育大量品质优良且一致的苗种,为进一步开发单环刺螠养殖模式提供保障,同时也有利于单环刺螠产量的稳步提升。

4.2.4 有益生态,科学放养

向自然海区中投放单环刺螠等近海穴居动物,不仅能够获得可观的经济收益,还有利于进一步完善生态平衡体系。现有的海洋牧场生态体系已经相对平衡,但对底质沉积有机质的处理和利用或许是海洋牧场生态平衡中相对薄弱的一环。某些海域的海洋牧场可能正面临陆源污染的风险,底质有机物存量可能会因此增加。沉积物中大量的有机物质可能会消耗水体溶氧并催生有毒物质,对海洋生物的生长和海洋牧场生态系统的平稳运行造成一定的挑战。利用穴居蠕形动物—单环刺螠开发模式,向海洋牧场中引入单环刺螠等品种,穴居动物可以通过自身的生物扰动加速底质中有机物的矿化,促进营养盐向上层水体的释放,进而维持了物质循环的有序进行,完善海洋牧场的生态平衡体系。但是,营养盐过多的释放到水体当中,也会造成水体的富营养化。因此,对于穴居蠕形动物的投放量,还需要视海区生物量等具体情况,以及未来更深入的研究确立相关标准。

参考文献

[1] 耿婷婷. 打造海洋强省,青岛"一核引领"[N]. 青岛日报,2021-11-10.

[2] 杨红生. 海洋牧场构建原理与实践[M]. 北京:科学出版社,2017.

[3] 胥苗苗. 海洋牧场发展步入标准规范时代[J]. 中国船检,2019(9):4.

[4] 李莉,吴莹莹,宋娴丽,等. 浅析山东省滩涂贝类养殖现状与技术发展对策[J]. 水产养殖,2020,41(10):78-80.

[5] 王丹. 2021 中国渔业统计年鉴[M]. 北京:中国农业出版社,2021.

[6] 于秀娟. 中国渔业统计年鉴[M]. 北京:中国农业出版社,2020.

[7] 张永普,张炳明,方军,等. 温州沿海 3 种双壳类营养成分比较分析[J]. 水产科学,2010,29(1):7-10.

[8] 杨建敏,邱盛尧,郑小东,等. 美洲帘蛤软体部营养成分分析及评价[J]. 水产学报,2003(5):495-498.

[9] 李伟青,王颉,孙剑锋,等. 海湾扇贝营养成分分析及评价[J]. 营养学报,2011,33(6):630-632.

[10] 李阅兵,孙立春,刘承初,等. 几种海水和淡水贝类的大宗营养成分比

较研究[J]. 上海海洋大学学报,2012,21(2):297-303.

[11] 吴洪喜,柴雪良,李元中. 乐清湾泥蚶肉营养成分的分析及评价[J]. 海洋科学,2004(8):19-22.

[12] 吴云霞,梁健,闫喜武,等. 菲律宾蛤仔营养成分分析与评价[J]. 营养学报,2012,34(4):409-410.

[13] 杨金兰,李刘冬,黄珂,等. 菲律宾蛤仔全脏器的营养成分分析与评价[J]. 中国渔业质量与标准,2014,4(2):26-31.

[14] 张安国,邵森林,赵凯,等. 双台子河口两种滩涂埋栖性贝类的营养价值及安全性分析评价[J]. 水产学报,2016,40(9):1 497-1 504.

[15] 何建瑜,赵荣涛,刘慧慧. 舟山海域厚壳贻贝软体部分营养成分分析与评价[J]. 南方水产科学,2012,8(4):37-42.

[16] 齐占会,史荣君,于宗赫,等. 滤食性贝类养殖对浮游生物的影响研究进展[J]. 南方水产科学,2021,17(3):115-121.

[17] 李诺,宋淑莲,唐永政,等. 单环刺螠体壁氨基酸组分与含量的分析[J]. 齐鲁渔业,2000(5):26-27.

[18] 杨月欣. 中国食物成分表[M]. 北京:北京大学医学出版社,2005.

[19] 刘敏,孙广文,张海涛,等. 大菱鲆饲料中鱼粉替代蛋白源的研究进展[J]. 饲料工业,2021,42(10):23-30.

[20] 刘天红,于道德,李红艳,等. 东营养殖双齿围沙蚕营养成分分析及膳食营养评价[J]. 水产科学,2017,36(2):160-166.

[21] 程小飞,向劲,李传武,等. 病死猪肉骨粉与鱼粉营养成分对比分析[J]. 江苏农业科学,2020,48(16):208-211.

[22] 滕瑜,王印庚,王彩理. 沙蚕的营养分析与功能研究[J]. 海洋科学进展,2004(2):215-218.

[23] 初金鑫,蔡文娣,韩宝芹,等. 单环刺螠纤溶酶 UFE- I 的性质和溶栓活性[J]. 天然产物研究与开发,2010,22(4):661-664.

[24] 马睿霄,裴晨红,金枫清,等. 双齿围沙蚕浸膏生物活性的研究[J]. 河北渔业,2015(9):4-6.

[25] 潘卫东,戈峰. 一种从双齿围沙蚕中提取的蛋白质及其制备方法和用途:2005-11-09.

[26] 黄栋,秦松,蒲洋,等. 单环刺螠育苗养殖及综合利用研究进展[J]. 海洋科学,2020,44(12):123-131.

[27] 时冬晴, 叶建生. 沙蚕的养殖方式及其应用开发现状[J]. 河北渔业, 2006(10):44-45.

[28] 牛俊翔. 滩涂贝类养殖区底质环境修复实验研究[D]. 上海:上海海洋大学, 2014.

[29] 丛敏. 黄海和东海沉积物中氮、磷的形态及分布特征研究[D]. 广州:暨南大学, 2013.

[30] 戴纪翠, 宋金明, 李学刚, 等. 胶州湾沉积物中的磷及其环境指示意义[J]. 环境科学, 2006(10):1 953-1 962.

[31] 王文强, 温琰茂, 柴士伟. 养殖水体沉积物中氮的形态、分布及环境效应[J]. 水产科学, 2004(1):29-33.

[32] 刘敏, 许世远, 侯立军. 长江口潮滩沉积物—水界面营养盐—环境生物地球化学过程[M]. 北京:科学出版社, 2007.

[33] 刘峰, 高云芳, 王立欣, 等. 水域沉积物氮磷赋存形态和分布的研究进展[J]. 水生态学杂志, 2011,32(4):137-144.

[34] 邓锦松. 投放双齿围沙蚕和毛蚶对虾池的生物修复作用[D]. 青岛:中国海洋大学, 2006.

[35] 徐永健, 卢光明, 葛奇伟. 双齿围沙蚕对围塘养殖沉积物氮磷含量的影响[J]. 水产学报, 2011,35(1):88-95.

[36] GLENN R L, JEFFREY S L. Ecology of deposit—feeding animals in marine sediments[J]. The Quarterly Review of Biology, 1987, 62(3):235-260.

[37] 张青田, 胡桂坤. 双齿围沙蚕摄食自然沉积物的研究[J]. 天津科技大学学报, 2008,23(3):4.

[38] 张江涛. 凡纳滨对虾和青蛤混养池塘水质及底质的研究[D]. 石家庄:河北大学, 2004.

[39] VOLKENBORN N, MEILE C, POLERECKY L, et al. Intermittent bioirrigation and oxygen dynamics in permeable sediments:An experimental and modeling study of three tellinid bivalves[J]. Journal of Marine Research, 2012, 70(6):794-823.

[40] VOLKENBORN N, MEILE C, POLERECKY L, et al. Intermittent bioirrigation and oxygen dynamics in permeable sediments:An experimental and modeling study of three tellinid bivalves[J]. Journal of Marine Research, 2012, 70(6): 794-823.

［41］孙思志，郑忠明. 大型底栖动物的生物干扰对沉积环境影响的研究进展［J］. 浙江农业学报，2010,22(2):263-268.

［42］唐明蕊. 缢蛏扰动对沉积物及上覆水中氮元素的影响［D］. 上海:上海海洋大学，2020.

［43］SATOH H，NAKAMURA Y，OKABE S. Influences of infaunal burrows on the community structure and activity of ammonia-oxidizing bacteria in intertidal sediments. ［J］. Applied and environmental microbiology，2007,73(4).

［44］SATOH H，NAKAMURA Y，OKABE S. Influences of infaunal burrows on the community structure and activity of ammonia — oxidizing bacteria in intertidal sediments［J］. Applied and Environmental Microbiology，2007,73(4): 1 341-1 348.

［45］STIEF P. Stimulation of microbial nitrogen cycling in aquatic ecosystems by benthic macrofauna: mechanisms and environmental implications ［J］. Biogeosciences Discussions，2013,10(7): 7 829-7 846.

海洋碳汇渔业生态服务价值补偿资金的分摊

徐敬俊　　赵阳

(中国海洋大学管理学院,山东青岛 266100)

摘要:碳汇渔业有着很强的固碳能力,正向外溢效应明显,需要进行一定的补偿,而碳汇渔业的受益主体具有多元性,因此需要通过合理的方法确定补偿资金的来源以及补偿分摊的权重。本文通过层次分析法和结构熵权法对海洋碳汇渔业生态服务价值补偿资金来源和分摊比例进行了研究。研究表明,碳汇渔业的补偿主体包括中央政府、山东省政府、碳汇渔业产品所在地政府、碳汇渔业管理部门和沿海碳排放企业。补偿资金分摊比例为中央政府 20.03%、山东省政府 20.82%、碳汇渔业产品所在地政府 20.68%、碳汇渔业管理部门 19.42%和沿海碳排放企业 19.05%。

关键词:碳汇渔业;生态服务价值;补偿资金

1　引言

碳汇渔业是"绿色、低碳发展理念的重要成分",相比于传统海洋渔业,其绿色发展对海洋生态系统具有正向外溢效应,一方面表现为对传统海洋渔业产业结构的优化,从而减少对海域环境的破坏;另一方面,海洋碳汇渔业可以有效利用自然生境,减少其他渔业养殖过程中残余饵料以及化学药剂等对海水富营养化影响,降低海水酸度。碳汇渔业外部经济性所产生的收益是由社会全体成员所共享的,而成本却是由从事渔业生产的养殖户所承担,这明显是不合理的,严重影响了养殖户的积极性,所以必须对碳汇渔业的生态服务价值进行补偿。政府也对生态补偿问题给予了重视和支持,目前碳汇渔业生态服务价值的补偿资金主要来源于财政支持,但一方面仅有政府主体对碳汇渔业的生态服务价值进行补偿明显是缺乏公平性的,其他受益者理应承担相应的部分;另一方面,随着碳汇渔业的发展,会使得财政负担愈发沉重,极有可能会因为补偿资金的不足,导致补偿标准的下降,从而影响补偿的效果和养殖户的积极性,进而制约碳汇渔业的发展。要持续促进碳汇渔业良性的发展,就需要保证补偿资金的充裕,去拓展补偿资金来源的渠道,建立多元化的补偿机制。因此,碳汇渔业的生态服务价值补偿资金分摊问题的研究具有十分重要的意义。

我国作为负责任的大国,2020 年便把碳中和和碳达峰作为八大重点任务之一,"十四五"规划中也明确提出要健全生态服务保护机制,完善市场化多元化生态补偿,鼓励各类社会资本参与生态保护修复。基于此,本文希望通过合适的方法对海洋碳汇渔业生态服务价值的补偿资金进行合理的分摊,确定相应的受益主体及其所应承担的补偿比例,为缓解政府财政负担和促进碳汇渔业的持续发展提供一定的参考和借鉴。

2 山东省海洋碳汇渔业生态服务价值补偿资金的分摊

2.1 补偿资金分摊的方法

假设碳汇渔业的生态服务功能一共有 m 种,补偿主体有 n 个,首先需要知道第 i 种碳汇渔业生态服务功能在总价值之中所占有的比重(w_i),其次需要知道第 j 个补偿主体在第 i 种碳汇渔业生态服务功能中所占有的比重(w_j),接着将前两步得到的比重相乘,就能得到在第 i 种碳汇渔业生态服务功能下,第 j 个补偿主体在总价值之中所占有的比重(w_{ij}),最后将不同功能下的 w_{ij} 加起来,我们就可以知道第 j 个补偿主体在补偿资金中应当承担的分摊比例(V_j)。公式:

$$V_j = \sum_{i=1}^{m} w_{ij} \tag{1}$$

此外,碳汇渔业生态价值的受益者众多,不仅包括中央政府及各级政府,还包括渔业管理部门和碳汇渔业生态资源使用者,政府及相关部门指向性比较明确,但碳汇渔业生态资源使用者就模糊一些,所以笔者通过咨询相应专家和查阅相关文献,将补偿主体确定为中央政府、山东省政府、碳汇渔业产品所在地政府、渔业管理部门、沿海碳排放企业共 5 个。

2.2 补偿资金分摊的计算

根据上述说明,我们分四步来计算各补偿主体的分摊权重。

2.2.1 碳汇渔业各具体生态服务功能占总价值的比重计算

采用层次分析法(Analytic Hierarchy Process,AHP)对该比重进行计算。

(1)碳汇渔生态服务价值评价指标层次分析的构建。根据"碳汇渔业生态系统服务功能分类体系",碳汇渔业生态功能价值就是目标层;准则层是实现目标层所涉及的环节,碳汇渔业生态服务价值评价的准则层指标包括供给功能、调节功能、文化功能和支持功能四个方面;三是指标层,用于测量准则层中的每个环节的指标,碳汇渔业生态服务价值评价的指标体系图见图 1。

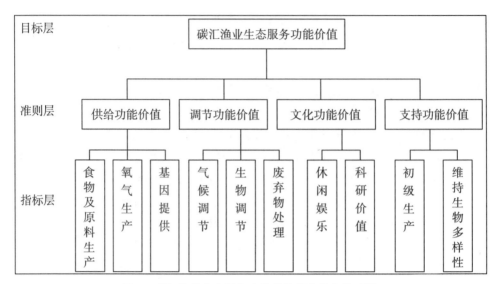

图 1　碳汇渔业生态服务功能价值评价指标体系图

根据图 1 所示,笔者将碳汇渔业生态服务功能价值作为目标层(记为 A),将碳汇渔业的供给功能、调节功能、文化功能和支持功能等功能组作为准则层(记为 B),将具体的 10 项生态服务价值作为指标层(记为 C),由此构建起碳汇渔生态服务价值评价指标的递进层次结构。

(2)构建判断矩阵

相对重要性采用 AHP 法常用的"1~9"标度法,请被调查者根据自己认识和判断选择 1 至 9 共 9 个数值中的一个,数值越大,表示该指标对上一层次评价指标越重要,其具体评价标准见表 1。

表 1　重要程度划分表

相对重要程度	标度值	说明
同样重要	1	两比较指标的贡献成都同等重要
稍微重要	3	经验与判断略微偏好某一方案
明显重要	5	经验与判断强烈偏好某一方案
非常重要	7	非常强烈偏好某一方案
极端重要	9	有足够证据偏好某一方案
相邻两程度的中间	2、4、6、8	需要折中时使用

本文结合研究对象的特征以及研究的目的和要求,采用专家问卷评价法来确定相对重要性以及指标层各指标的量化值。本研究向国内水产养殖专家、渔业经

济管理专家、山东省沿海各海洋渔业管理部门专家及部分水产养殖户发放问卷表40 份,共收回 38 份,全部为有效问卷。每一个专家的问卷均可构成 5 个判断矩阵(含准则层与指标层),每一个判断矩阵都可计算获得一个权向量,将 38 份问卷求得的权向量取算术平均,就得到了相应层次结构指标的权重。以专家 1 为例:

表 2　专家 1 的 A-B 判断矩阵

A	B_1	B_2	B_3	B_4
B_1	1	2	5	4
B_2	1/2	1	2	3
B_3	1/5	1/2	1	1/2
B_4	1/4	1/3	2	1

表 3　专家 1 的 B_1-C 判断矩阵

B_1	C_{11}	C_{12}	C_{13}
C_{11}	1	6	6
C_{12}	1/6	1	2
C_{13}	1/6	1/2	1

表 4　专家 1 的 B_1-C 判断矩阵

B_2	C_{21}	C_{22}	C_{23}
C_{21}	1	1/4	2
C_{22}	4	1	4
C_{23}	1/2	1/4	1

表 5　专家 1 的 B_1-C 判断矩阵

B_3	C_{31}	C_{32}
C_{31}	1	5
C_{32}	1/5	1

表 6　专家 1 的 B_1-C 判断矩阵

B_4	C_{41}	C_{42}
C_{41}	1	2
C_{42}	1/2	1

(3)指标权重计算和一致性检验

首先我们以专家 1 的 A-B 判断矩阵为例,利用和积法来计算相应权重。具体计算过程为 $A = \begin{bmatrix} 1 & 2 & 5 & 4 \\ 1/2 & 1 & 2 & 3 \\ 1/5 & 1/2 & 1 & 1/2 \\ 1/4 & 1/3 & 2 & 1 \end{bmatrix}$,对每一列进行归一化后,得到新的判断矩阵 $\begin{bmatrix} 0.513 & 0.522 & 0.500 & 0.471 \\ 0.256 & 0.261 & 0.200 & 0.353 \\ 0.103 & 0.130 & 0.100 & 0.059 \\ 0.128 & 0.087 & 0.200 & 0.118 \end{bmatrix}$。然后将该矩阵按行相加,就可以得到相应的

权重系数: $\overline{W_1}=0.531+0.522+0.500+0.471=2.005$, $\overline{W_2}=0.256+0.261+0.200+0.353=1.07$, $\overline{W_3}=0.103+0.130+0.100+0.059=0.392$, $\overline{W_4}=0.128+0.087+0.200+0.118=0.533$。向量形式表示为 $\overline{W}=(2.005,1.07,0.392,0.533)^{\mathrm{T}}$。再将其归一化求其特征向量,归一化的权重系数如下:

$$W_1=\frac{\overline{W_1}}{\sum\limits_{j=1}^{n}\overline{W_j}}=\frac{2.005}{4}=0.501$$

同理可得: $W_2=1.07/4=0.268$, $W_3=0.392/4=0.098$, $W_4=0.533/4=0.133$,显然,归一化后 W_i 满足 $\sum W_i=0.501+0.268+0.098+0.133=1$。所以特征向量为 $W=(0.501,0.268,0.098,0.133)^{\mathrm{T}}$;然后需要计算最大特征根 $\lambda_{\max}$:

$$A\times W=\begin{bmatrix}1 & 2 & 5 & 4\\ 1/2 & 1 & 2 & 3\\ 1/5 & 1/2 & 1 & 1/2\\ 1/4 & 1/3 & 2 & 1\end{bmatrix}\begin{bmatrix}0.501\\ 0.268\\ 0.098\\ 0.133\end{bmatrix}=\begin{bmatrix}(AW)_1\\ (AW)_2\\ (AW)_3\\ (AW)_4\end{bmatrix}$$

$$(A\times W)_1=1\times0.501+2\times0.268+5\times0.098+4\times0.133=2.059$$

$$(A\times W)_2=\frac{1}{2}\times0.501+1\times0.268+2\times0.098+3\times0.133=1.114$$

$$(A\times W)_3=\frac{1}{5}\times0.501+\frac{1}{2}\times0.268+1\times0.098+\frac{1}{2}\times0.133=0.399$$

$$(A\times W)_4=\frac{1}{4}\times0.501+\frac{1}{3}\times0.268+2\times0.098+1\times0.133=0.544$$

则有:

$$\lambda_{\max}=\sum_{i=1}^{n}\frac{(AW)_i}{nW_i}=\frac{\sum\limits_{i=1}^{n}\dfrac{(AW)_i}{W_i}}{n}=\frac{\dfrac{(AW)_1}{W_1}+\dfrac{(AW)_2}{W_2}+\dfrac{(AW)_3}{W_3}+\dfrac{(AW)_4}{W_4}}{4}=4.105$$

其次,需要一致性检验,保证判断矩阵的有效性。一致性指标越小,则判断矩阵就越一致。上述我们知道判断矩阵为四阶矩阵, $\lambda_{\max}=4.11$,一致性指标的计算过程如下:

$$CI=\frac{\lambda_{\max}-n}{n-1}=\frac{4.105-4}{4-1}=0.035$$

式中, CI 表示一致性指标; $\lambda_{\max}$ 表示判断矩阵的最大特征根; n 表示矩阵阶数。

最后,为了避免随机因素的影响,需要计算一致性比率 CR(Consistency

Ratio）。如果 $CR<0.10$ 就表示判断矩阵的一致性可以接受。

通过查表得到平均随机一致性指标 RI（表7）。

表7　平均随机一致性指标 RI 的数值

矩阵阶数	1	2	3	4	5	6
RI	0	0	0.52	0.9	1.12	1.24

通过查表可知，四阶矩阵的 RI 为 0.90，则：

$$CR = \frac{CI}{RI} = \frac{0.035}{0.90} = 0.039 < 0.1$$

式中，CR 表示一致性比率；CI 表示判断矩阵的一致性指标；RI 表示平均随机一致性指标。

所以，该判断矩阵通过了一致性检验，说明该判断矩阵是可以接受的。

本例中的权重向量 $W = (0.501, 0.268, 0.098, 0.133)^{\mathrm{T}}$ 就表示专家1的准则层 B_1，B_2，B_3，B_4 相对于目标层 A 的相对权重分值分别为 0.501，0.268，0.098，0.133。

根据上述方法，同理可得各个判断矩阵的权重向量，我们依次求出各个专家的权重并进行算术平均，最后就可以得到各个评价指标的综合权重（表8）。

表8　各评价指标的权重汇总表

指标	B_1 供给功能 0.309 539	B_2 调节功能 0.348 266	B_3 文化功能 0.136 735	B_4 支持功能 0.205 461	综合权重
C_{11} 食物及原料生产	0.423 172				0.130 988
C_{12} 氧气生产	0.310 054				0.095 974
C_{13} 基因提供	0.266 774				0.082 577
C_{21} 气候调节		0.379 936			0.132 319
C_{22} 生物调节		0.391 320			0.136 283
C_{23} 废弃物处理		0.228 744			0.079 664
C_{31} 休闲娱乐			0.334 242		0.045 702
C_{32} 科研价值			0.665 758		0.091 032
C_{41} 初级生产				0.455 838	0.093 657
C_{42} 维持生物多样性				0.544 162	0.111 804

2.2.2 各补偿主体在碳汇渔业各生态服务功能中所承担的比重计算

（1）结构熵权法。"结构熵权法"（程启月，2010）结合了模糊分析和专家调查两个方法，首先是根据专家调查的结果形成"典型排序"，在通过熵决策公式对该

"典型排序"进行计算,并对结果进行相应的"盲度"分析,这样"典型排序"的不确定性就被降低了,结构熵权法是一种定性和定量分析相结合确定指标权重的方法。本文基于结构熵权法,将确定的 5 个碳汇渔业生态服务价值补偿主体作为此方法下的指标来确定个补偿主体在碳汇渔业各生态服务功能中的所占有的比重。

（2）问卷调查。根据"德尔菲法"的调查要求,我们选择了 30 位专家,选择的时候主要考虑的因素是能够比较方便地进行分组并进行小组讨论,共分成 5 组。问卷中的每一个表格的 10 项生态服务价值都只包括一项,一共 10 个表格,最终获得指标重要性的"典型排序"。根据 5 组专家的最终意见,我们可以得到各指标"典型排序"的权重调查一览表。由于碳汇渔业生态服务功能有 10 种,限于篇幅,我们以食品及原料生产功能为例,进行相应权重计算过程的说明。（表 9）

表 9　食品及原料生产功能测评指标"典型排序"的权重调查一览表

专家序号	中央政府	山东省政府	碳汇渔业产品所在地政府	碳汇渔业管理部门	沿海碳排放企业
Ⅰ	4	3	5	1	2
Ⅱ	1	2	3	5	4
Ⅲ	5	4	2	1	3
Ⅳ	3	2	1	5	4
Ⅴ	2	1	4	5	3

根据表 9 可得各指标的典型排序矩阵如下：

$$A = \begin{bmatrix} 4 & 3 & 5 & 1 & 2 \\ 1 & 2 & 3 & 5 & 4 \\ 5 & 4 & 2 & 1 & 3 \\ 3 & 2 & 1 & 5 & 4 \\ 2 & 1 & 4 & 5 & 3 \end{bmatrix}$$

（3）权重的计算及分析说明。定义定性排序转化的隶属函数如下：

$$\mu(I) = \frac{\ln(m-I)}{\ln(m-1)} \tag{2}$$

式中,I 为专家组商议后给出的排序数,若认为某一指标处于"第四选择",则 I 取值为 4;如果认为是"第五选择",I 取值则为 5;$u(I)$ 表示 I 的隶属函数值,I 的取值 1 到 $j+1$,j 表示实际最大顺序号,例如 $j=4$ 时,表示 4 个指标参加排序则最大顺序号取值为 4;m 为转化参数量,取 $m=j+2$,即 $m=6$。

由式(2)可得排序数的隶属度矩阵:

$$B = \begin{bmatrix} 0.61 & 0.77 & 0.39 & 1 & 0.9 \\ 1 & 0.9 & 0.77 & 0.39 & 0.61 \\ 0.39 & 0.61 & 0.9 & 1 & 0.77 \\ 0.77 & 0.9 & 1 & 0.39 & 0.61 \\ 0.9 & 1 & 0.61 & 0.39 & 0.77 \end{bmatrix}$$

根据 $b_{ij} = (b_{1j} + b_{2j} + \cdots + b_{kj})/k$ 可得指标集的平均认识度,$b_{食品及原料生产} =$ (0.73,0.84,0.73,0.63,0.73)。

然后通过专家认识盲度计算公式,得到"认识盲度":$Q_{食品及原料生产} =$ (0.040 96,0.030 09,0.040 96,0.061 31,0.021 31)。定义 k 组专家关于 u_j 的总体认识度为 x_j,则

$$x_j = b_j(1 - Q_j), x_j > 0 \tag{3}$$

根据式(3)可计算出专家对指标集的总体认识度:$X_{食品及原料生产} =$ (0.704, 0.811,0.704,0.593,0.719)。

继续对所求出的总体认识度归一化,就得到了相应的权重:$\alpha_{食品及原料生产} =$ (0.199,0.230,0.199,0.168,0.203)。该式显示了各补偿主体在碳汇渔业食品及原料生产功能中所享受的利益的比例。若将该权重乘以食品及原料生产功能在碳汇渔业生态服务总价值中所占的比重(本文评估结果为 0.132 319,见表 8),则可得到各补偿主体由于享受了碳汇渔业生态服务的食品及原料生产功能而应该承担的补偿资金的份额。

2.2.3 补偿资金分摊权重的确定

经过上述两个步骤,笔者得到了山东省碳汇渔业各项服务功能在总服务价值中的权重、各单项功能价值的主要受益主体及其所分摊比重,两者相乘就可以求得不同受益主体因获得了碳汇渔业某单项生态服务功能的价值而应承担的补偿资金的分摊权重,计算结果如表 10 所列。

表10　基于碳汇渔业生态服务价值的各补偿主体分摊权重汇总表

各单项生态功能指标及综合权重 w_i	补偿主体	各功能价值的分摊权重 w_j	碳汇渔业生态服务总价值的分摊权重 w_{ij}
食物及原料生产 0.130 988	中央政府	0.199	0.026 067
	山东省政府	0.230	0.030 127
	碳汇渔业产品所在地政府	0.199	0.026 067
	碳汇渔业管理部门	0.168	0.022 006
	沿海碳排放企业	0.203	0.026 591
氧气生产 0.095974	中央政府	0.195	0.018 715
	山东省政府	0.213	0.020 442
	碳汇渔业产品所在地政府	0.238	0.022 842
	碳汇渔业管理部门	0.167	0.016 028
	沿海碳排放企业	0.186	0.017 851
基因提供 0.082 577	中央政府	0.216	0.017 837
	山东省政府	0.186	0.015 359
	碳汇渔业产品所在地政府	0.199	0.016 433
	碳汇渔业管理部门	0.201	0.016 598
	沿海碳排放企业	0.198	0.016 350
气候调节	中央政府	0.195	0.025 802
	山东省政府	0.213	0.028 184
	碳汇渔业产品所在地政府	0.201	0.026 596
	碳汇渔业管理部门	0.197	0.026 067
	沿海碳排放企业	0.195	0.025 802
生物调节 0.136 283	中央政府	0.238	0.032 435
	山东省政府	0.224	0.030 527
	碳汇渔业产品所在地政府	0.208	0.028 347
	碳汇渔业管理部门	0.191	0.026 030
	沿海碳排放企业	0.138	0.018 807
废弃物处理	中央政府	0.143	0.011 392
	山东省政府	0.199	0.015 853
	碳汇渔业产品所在地政府	0.200	0.015 933
	碳汇渔业管理部门	0.244	0.019 438
	沿海碳排放企业	0.214	0.017 048
休闲娱乐 0.045 702	中央政府	0.169	0.007 724
	山东省政府	0.219	0.010 009

各单项生态功能指标及综合权重 w_i	补偿主体	各功能价值的分摊权重 w_j	碳汇渔业生态服务总价值的分摊权重 w_{ij}
	碳汇渔业产品所在地政府	0.205	0.009 369
	碳汇渔业管理部门	0.203	0.009 278
	沿海碳排放企业	0.204	0.009 323
科研价值 0.091 032	中央政府	0.206	0.018 753
	山东省政府	0.192	0.017 478
	碳汇渔业产品所在地政府	0.191	0.017 387
	碳汇渔业管理部门	0.207	0.018 844
	沿海碳排放企业	0.204	0.018 571
初级生产 0.093 657	中央政府	0.169	0.015 828
	山东省政府	0.201	0.018 825
	碳汇渔业产品所在地政府	0.230	0.021 541
	碳汇渔业管理部门	0.199	0.018 638
	沿海碳排放企业	0.202	0.018 919
维持生物多样性 0.111 804	中央政府	0.230	0.025 715
	山东省政府	0.191	0.021 355
	碳汇渔业产品所在地政府	0.200	0.022 361
	碳汇渔业管理部门	0.190	0.021 243
	沿海碳排放企业	0.190	0.021 243

得到各补偿主体在不同碳汇渔业生态服务功能下的分摊权重后,我们就可以根据式(1),将每个补偿主体在不同碳汇渔业生态服务功能下的分摊权重相加,得到最终各补偿主体所应承担的补偿资金分摊比例,如笔者将中央政府在 10 项生态服务功能下的权重相加,数值为 0.200 267,这也就说明 20.026 7% 是中央政府所要承担的碳汇渔业生态服务价值补偿资金的分摊权重。其余补偿主体同理,可依次计算出结果。最终结果如表 11 所列。

表 11　山东省碳汇渔业生态服务价值补偿资金的分摊权重表

补偿主体	分摊权重/%
中央政府	20.026 7
山东省政府	20.816 0
碳汇渔业产品所在地政府	20.687 5

续表

补偿主体	分摊权重/%
碳汇渔业管理部门	19.416 8
沿海碳排放企业	19.053 0

　　表 11 给出了山东省碳汇渔业生态服务价值补偿资金在各补偿主体之间的分摊比例。从结果上看,中央政府及各级政府承担生态公益林补偿资金的 61.530 2%,碳汇渔业管理部门则承担 19.416 8%,沿海碳排放企业承担 19.053 0%。从理论和实践上看,该分摊结果是相对合理的。首先,在生态补偿中,政府会承担更大部分的责任,这也符合碳汇渔业生态服务价值公共产品的性质,体现了生态学和经济学理论。其次,我们把碳汇渔业生态资源使用者也列入了补偿主体之中,希望可以通过补偿资金来源渠道的扩展,减轻政府的财政压力,同时可以将节省下的资金用于解决社会发展过程中的其他问题,有利于社会福利水平的提高。第三,让除政府之外的其他受益者也为碳汇渔业生态服务价值付费,彰显了自然资源价值论和环境价值论的主张,同时也是人与自然和谐共处理念的体现,一方面可以提高民众和企业对于生态环境保护的意识,另一方面也有助于海洋生态文明的建设与发展。第四,表 11 中的分摊比例体现了各补偿主体在碳汇渔业生态服务价值中的责任大小,这是社会公平的体现,同时还可以让补偿主体们认识到自己在碳汇渔业发展过程中有着不容推卸的职责,有助于碳汇渔业的发展。

3　结论

　　第一,海洋碳汇渔业生态服务价值补偿主体包括中央政府、山东省政府、碳汇渔业产品所在地政府、碳汇渔业管理部门和沿海碳排放企业。

　　第二,碳汇渔业各生态功能指标重要性权重:食物及原料生产为 0.131、氧气生产为 0.096、基因提供为 0.082 6、气候调节为 0.132 3、生物调节为 0.136 3、废弃物处理为 0.079 7、休闲娱乐为 0.045 7、科研价值为 0.091、初级生产为 0.093 7、维持生物多样性为 0.111 8。

　　第三,补偿资金分摊比例为中央政府 20.03%、山东省政府 20.82%、碳汇渔业产品所在地政府 20.69%、碳汇渔业管理部门 19.42% 和沿海碳排放企业 19.05%。

【基金项目】国家社科基金重大项目(21&ZD100)

参考文献

［1］唐启升.碳汇渔业与又好又快发展现代渔业［J］.江西水产科技,2011(2):5-7.

［2］张继红,刘纪化,张永雨,李刚.海水养殖践行"海洋负排放"的途径［J］.中国科学院院刊,2021,36(3):252-258.

［3］程启月.评测指标权重确定的结构熵权法［J］.系统工程理论与实践,2010,30(7):1 225-1 228.

价值链视角下我国渔业三次产业效率的区域差异及交互响应

程凯　苏萌

（中国海洋大学经济学院，山东青岛 266100）

摘要：我国各区域渔业三次产业效率水平及交互响应关系能够准确反映各地区的渔业经济发展质量，为不同区域特色精准施政提供依据，助力渔业现代化建设。本文综合地理区位与聚类结果将我国划分为五类区域，运用 DEA－Malmquist 模型、脉冲响应与方差分解方法，分析 2003—2019 年五类区域的渔业三次产业效率及交互响应。结果显示：① 不同区域的渔业三次产业效率存在显著差异；② 全国角度渔业三次产业效率的短期交互作用显著，长期相互影响关系总体稳定，但协同发展程度较弱；③ 各区域渔业三次产业效率交互无论在作用强度还是影响方向上均有不同。

关键词：价值链；渔业三次产业；效率；交互响应

1　引言

　　"协调"既是发展手段又是发展目标，应用在产业层面上体现为：正确处理产业间的相互联系，提高不同产业在发展中的协调度；使产业活动在区域间合理布局，实现区域协调发展。为应对陆域粮食增产面临的资源环境约束，依托广阔海域建设"蓝色粮仓"并推动内陆水域渔业发展已成为保障我国粮食安全的重要举措，将渔业现代化放在农业现代化建设的突出位置，大力推进渔业现代化建设可为我国粮食安全提供重要支撑。产业分工体系总是向着总体利润率高的方向转变，结构层面表现为"生产链服务化"。以渔业经济为例，养殖捕捞、水产加工、休闲渔业分属农业、工业、服务业范畴，对水产品进行粗加工与精细加工是渔业实现工业化的重要手段，休闲渔业是与上下游关联效应显著的典型产业，对现有资源的进一步利用、渔业相关产品附加值的提高及价值链的拉长具有重要作用。因此，养殖捕捞、水产加工、休闲渔业组成的价值链过程在渔业三次产业相互联系中占据重要位置。借助上述具体价值增值过程探究我国不同区域渔业三次产业效率变化及其交互响应，对实现我国渔业三次产业协调互促、缩小区域差异、增强风险应对能力、进一步推动渔业现代化建设具有重要意义。

　　本文有关渔业三次产业的研究主要涉及三个方面。① 渔业经济效率测算方面。当前研究普遍将渔业看作一个整体，对渔业总体效率、碳排放效率进行计算。部分渔业经济效率的测度集中在渔业某一产业中，如生产效率、捕捞效率、淡水养殖渔业技术效率、水产技术推广效率等。少数研究同时测算了渔业不同产业的效率,这为后续研究渔业三次产业效率提供了有利参考。② 渔业三次产业的互动关系方面。单纯从渔业某一产业出发研究问题难以窥见渔业整体发展全貌,因此探究渔业三次产业间的互动关系格外重要,当前研究涉及内容主要包含养殖捕捞业与休闲渔业二者间的双向影响,水产加工业对渔业上、下游产业的带动作用,以及价值链角度下渔业各产业对渔业经济整体的影响等内容。寇伽特认为处于价值链的每一环节(最初环节除外)均是在上一环节的基础上通过加工改造中间产品实现该阶段价值增值的,而当前文献多以渔业价值链整体或各阶段为研究对象,忽略了渔业三次产业间相互关系的研究。③ 基于渔业三次产业的区域选择方面。整理已有文献发现学者往往倾向于研究海洋渔业或是沿海地区的渔业经济,少数学者会关注内陆地区渔业经济问题。我国沿海地区、内陆河流湖泊聚集区、西部地区的渔业经济发展驱动机制存在不同,综合关注海洋与内陆渔业是实现渔业可持续发展、水资源循环利用的重要途径,对正确处理人口、资源、环境三者间的关系具有深远意义。

本文一方面在已有文献仅对渔业第一、二产业共同研究的基础上,将第三产业纳入分析框架;另一方面选取具体渔业三次产业的价值增值过程:养殖捕捞—水产加工—休闲渔业,以渔业典型价值链过程为例揭示三次产业的相互联系,系统测算我国不同区域的渔业三次产业效率差异,借助脉冲响应与方差分解进一步分析这一具体价值链各阶段效率交互响应的空间分异,以期对提高渔业三次产业总体效率水平与融合度提出更具针对性的政策建议。

2 研究方法与数据来源

2.1 研究方法

2.1.1 K 均值聚类

K 均值聚类属于非层次聚类法的一种,事先需确定要划分的类别数据,与层次聚类相比,计算量小且效率高,也被称为快速聚类。考虑到我国渔业经济发展依靠海洋与河流湖泊,可初步划分东部沿海地区、长江中下游河流湖泊聚集区、黄河上游地区、东北地区、西部地区五类区域,因此聚类数设置为 5。

2.1.2 DEA—Malmquist 指数模型

我国渔业三次产业面临转型升级问题,养殖捕捞面积逐渐缩小,水产加工与休闲渔业规模不断扩大,本文借助 DEAP2.1 选择规模报酬可变的 DEA—BBC 模型结合 Malmquist 生产率指数进行效率分析,符合本文对各区域效率时间趋势分析的目的。

2.1.3 脉冲响应与方差分解

脉冲响应函数描述了 PVAR 模型中一个内生变量的冲击给其他内生变量所带来的短期影响,方差分解可以定量显示变量间的长期动态变化关系,PVAR 模型能够具体展示脉冲响应分析中变量间的短期影响。本文的 PVAR 模型表示如下(同 3.3.1):

$$Y_{i,t} = A_0 + \sum_{j=1}^{s} A_j Y_{i,t-j} + \eta_i + \gamma_t + \mu_{i,t} \qquad (1)$$

式中,$Y_{i,t} = (e1_{i,t}, e2_{i,t}, e3_{i,t})$,$i$ 表示省(自治区、直辖市),t 表示时间,η_i 为个体效应列向量,γ_t 为时间效应列向量,$\mu_{i,t}$ 为白噪声,s 为最优滞后阶数,A_0 为截距项,A_j 为滞后 j 阶的参数系数矩阵。

2.2 数据来源与说明

本文以我国 31 个省、自治区、直辖市为样本,鉴于我国在 2001 年首次正式提出"休闲渔业"这一概念,而这一指标从 2003 年开始才有统计数据可以查询,因此选取 2003—2019 年渔业相关经济数据,主要包括以下两方面内容。

(1) K 均值聚类的指标选取。以 2003—2019 年各省的养殖捕捞产值、水产加工产值、休闲渔业产值为变量进行聚类分析。

(2) DEA−Malmquist 指数模型的投入产出指标。养殖捕捞方面,选取养殖面积、劳动力、渔船年末拥有量作为土地、劳动、资本投入,以养殖捕捞产值为产出要素。水产加工方面,选取用于加工的水产品量、水产品加工能力、水产技术推广机构分别作为物质、资本、技术投入,以水产加工品总值为产出要素。休闲渔业方面,参考张广海等的做法,将具体价值链的前两过程产值与农、林、牧、渔固定资产投资作为投入要素,以休闲渔业产值作为产出要素。

上述指标来源于《中国渔业统计年鉴》《中国渔业年鉴》《中国统计年鉴》,少数缺失数据按插值法填补。

3 实证结果分析

3.1 聚类结果与区域划分

选取 2004、2009、2014、2019 年为时间断面(下同),本文认为我国渔业经济活动区域可分为东部沿海地区、长江中下游河流湖泊聚集区、黄河上游地区、东北地区、西部地区五类区域,因此聚类数设置为 5,而表 1 聚类结果较为符合本文最初设置的区域结果。

表1　2004、2009、2014、2019 年我国各省(区、市)渔业三次产业产值的聚类情况

类别	2004 年	2009 年	2014 年	2019 年	共同省(区、市)
1	江苏,浙江,福建,山东,广东	辽宁,江苏,浙江,福建,山东,湖北,广东	辽宁,江苏,浙江,福建,山东,湖北,广东	江苏,浙江,福建,山东,湖北,广东	江苏,浙江,福建,广东
2	辽宁,安徽,江西,湖北,湖南,广西,甘肃	安徽,江西,湖南,广西,海南	安徽,江西,湖南,广西,甘肃	辽宁,安徽,江西,湖南,广西,甘肃	安徽,江西,湖南,广西
3	天津,黑龙江,河南,贵州,青海	天津,黑龙江,上海,河南,云南	天津,黑龙江,上海,河南,四川,贵州,青海,宁夏	天津,吉林,黑龙江,上海,河南,贵州,青海,宁夏	天津,黑龙江,河南
4	河北,上海,海南	河北,四川	河北,海南	河北,海南	河北
5	北京,山西,内蒙古,吉林,重庆,四川,云南,西藏,陕西,宁夏,新疆	北京,山西,内蒙古,吉林,重庆,贵州,西藏,陕西,甘肃,青海,宁夏,新疆	北京,山西,内蒙古,吉林,重庆,云南,西藏,陕西,新疆	北京,山西,内蒙古,重庆,四川,云南,西藏,陕西,新疆	北京,山西,内蒙古,重庆,西藏,陕西,新疆

　　第一类对应东部沿海地区,渔业资源禀赋优势显著,背靠环渤海、长三角、珠三角经济区,人力资本聚集与知识技术溢出等正外部效应突出。第二类对应长江中下游内陆地区,淡水渔业资源退化使得捕捞业占比较小,结合 2003 年开始的各种禁渔制度,因此该地区以淡水养殖为主,在长江经济带辐射作用下,渔业经济发展稳步推进。第五类中,山西与陕西位于黄土高原段,水土流失严重,并不适于渔业发展;处于西南地区的重庆、四川、云南,除一些经济较为发达的地市,大多数区域从绝对贫困与交通闭塞的环境脱离不久,区域农村广阔,渔业经济发展各方面表现不显著,因此典型省份选择内蒙古、西藏、新疆。第三、四类产值聚类的省份聚集特征不明显。

　　结合地理区位,将甘肃、青海、宁夏划分为一类,处于黄河上游,落差大、水能资源丰富,地域性鱼类资源独具特色,故而将其看作同一类别。将辽宁、吉林、黑龙江划至同一类别,该地区主要以内陆养殖捕捞为主,海洋渔业生产全部依赖于辽宁省,该省濒临渤海,拥有辽东湾渔场,具有良好的区位与资源优势。我国渔业区域划分如表2所示。

表 2　我国渔业经济活动区域划分

类别	典型省(区、市)
Ⅰ 东部沿海地区	江苏、浙江、福建、山东、广东
Ⅱ 长江中下游内陆地区	安徽、江西、湖北、湖南
Ⅲ 黄河上游地区	甘肃、青海、宁夏
Ⅳ 东北地区	辽宁、吉林、黑龙江
Ⅴ 西部内陆地区	内蒙古、西藏、新疆

3.2 渔业三次产业效率变化与特征分析

3.2.1 渔业三次产业效率对比

由图 1 知,我国绝大多数地区的渔业价值链均属于养殖捕捞(第一产业)增值型,而长江中下游内陆地区的渔业价值链过程属于水产加工(第二产业)增值型,即除长江中下游内陆地区,其余各区域的养殖捕捞效率水平均高于水产加工效率。三次产业效率中,属休闲渔业效率的波动幅度最大。

3.2.2 渔业三次产业效率的区域差异

(1)养殖捕捞效率。高效率(综合效率均值>1)地区:东部沿海地区陆域经济发展对海洋渔业具有辐射带动作用,长江中下游内陆地区水网密布、淡水渔业发达,东北地区机械化程度较高,凭借得天独厚的地理位置与良好的技术水平,以上三地区的渔业养殖捕捞综合效率均处于靠前位置。低效率(综合效率均值≤1)地区:黄河上游与西部内陆地区效率损失较大,资本的回流效应大于扩散效应,自然地理区位与社会经济条件制约渔业发展。

(2)水产加工效率。长江中下游内陆地区的经济发展优势转移到水产加工领域。东部沿海地区效率损失源于部分资源投入存在浪费或低效利用,以精深加工为主的高附加值产品有限。东北地区的水产加工综合效率处于中等水平,该地经济体制转型困难,出现区域锁定,渔业水产加工企业管理与技术创新能力有待提升。黄河上游与西部内陆地区水产加工综合效率与分解效率水平较低,该地亟待通过发展当地特色渔业加工产业(如冷水鱼深加工),延长价值链,就地加工转化,从而创造更大的价值。

(3)休闲渔业效率。结合图 1 可以判断,各地区效率的增长主要源于休闲渔业要素利用率提高与规模扩大。东部沿海、长江中下游与西部内陆地区效率水平存在较大波动:休闲渔业发展初期,以上区域充分利用投入要素实现最大化产出,休闲渔业效率水平相对靠前;进一步发展,其余地区逐渐拓宽该领域的思路,因此各区域的休闲渔业效率水平差距缩小,表现为长江中下游与西部内陆地区效率存在一定程度的下降,此时东部沿海地区依旧保持相对优势;2009—2019 年,东部沿海与长江中下游内陆地区受制于纯技术效率存在无法继续扩大,综合效率有所下降。西部内陆地区虽有较高的纯技术效率水平,但低技术效率使得休闲渔业发展效率后劲不足。

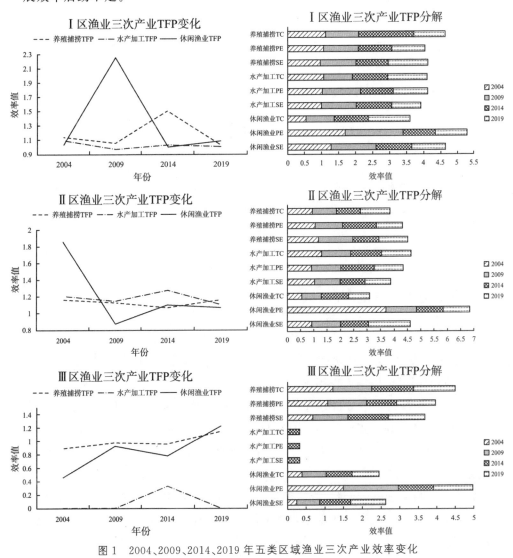

图 1 2004、2009、2014、2019 年五类区域渔业三次产业效率变化

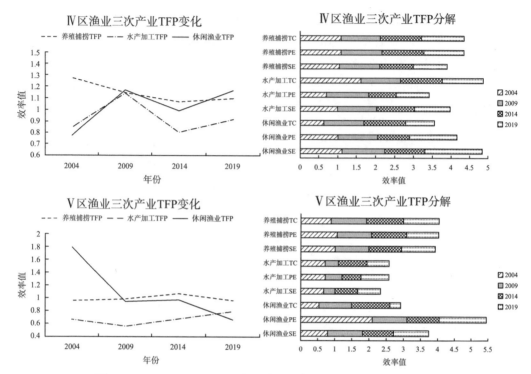

图1 2004、2009、2014、2019年五类区域渔业三次产业效率变化(续)

3.3 渔业三次产业效率交互响应分析

3.3.1 全国角度的短期动态传导过程

以渔业三次产业的综合效率为变量,分别简称为 e1、e2、e3,变量经平稳性检验后建立 PVAR(2)模型,进行脉冲响应函数分析得到图2,可见渔业三次产业效率交互影响明显但短期内作用有限。

(1)外生冲击影响分析。首先,养殖捕捞效率作为外生冲击因素:e1 对 e2 的冲击变化总体表现为正向作用,响应幅度随响应期的增加呈现先升后降趋势,在滞后第一期作用程度达到最大;e3 受到 e1 的冲击亦为正向,但 e3 所受的冲击力度更强。其次,水产加工效率作为外生冲击因素:e1 在受到 e2 冲击后由弱负向响应转变为正向响应,并在滞后第二期达到最大值,随后逐渐下降;e2 对 e3 的影响较弱,为负向作用。最后,休闲渔业效率作为外生冲击因素:e3 对 e1 具有促进作用,于滞后一期达到峰值;对 e2 的影响为负,在滞后二期达到负向最大值。

(2)渔业三次产业效率间的影响分析。第一和第二、第一和第三产业效率皆体现出双向互促的影响关系,主要原因在于第二、三产业效率的提升主要依靠第一产业的带动作用,而近十年来国家大力推进渔业供给侧结构性改革,延伸渔业价值链,不断拓展渔业新功能,使得第二三产业效率反过来支持第一产业效率进一步改进。第二、三产业效率的双向抑制作用表明,处于价值链中间位置的水产加工业动力不足,与休闲渔业阶段尚处于磨合状态。

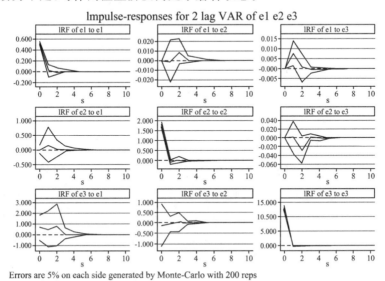

图 2　全国总体渔业三次产业效率的脉冲响应图

3.3.2 全国角度的长期方差分解

为进一步评价渔业三次产业效率的相对重要性,本文利用方差分解展现各因素的长期贡献度(限于篇幅,未列出方差分解结果)。全国角度渔业三次产业效率的长期影响关系总体稳定,但影响关系较弱,三次产业间协同发展程度较低,说明我国渔业三次产业效率的交互响应存在区域异质性,应分区域进一步研究渔业三次产业间交互作用。

3.3.3 各类区域价值链效率动态交互分析

表 3 展示了各产业效率相互作用大致方向与第 30 期的贡献度。东部沿海地区是五类区域中唯一的渔业三次产业间效率相互作用方向均基本为正的区域,表现为效率间的双向互促作用,侧面体现出我国沿海地区渔业经济的优越性。长江中下游内陆地区渔业三次产业效率相互作用程度最强,其养殖捕捞效率对其余两产业的效率贡献度分别达到 44.9%、10.2%。西部内陆地区渔业三次产业效率相互作用程度最弱,仅表现为 e1 与 e3 的双向促进作用。黄河上游地区表现为 e1 与 e2、e2 与 e3 的双向互促作用,e1、e3 间的相互抑制作用。东北地区表现为 e1 对 e2 的正向响应与 e2 对 e1 的负向响应,e1、e3 间的双向互促作用,e2、e3 间大致的相互抑制作用。

表 3　各区域的三次产业效率相互作用方向与第 30 期贡献度

区域	变量	e1	e2	e3
Ⅰ	e1	0.921(＋)	0.070(＋)	0.009(＋)
Ⅰ	e2	0.033(＋－)	0.966(＋)	0.001(＋－)
Ⅰ	e3	0.012(＋)	0.006(＋)	0.982(＋－)
Ⅱ	e1	0.975(＋)	0.002(\)	0.023(＋)
Ⅱ	e2	0.449(－＋)	0.487(＋)	0.064(－)
Ⅱ	e3	0.102(＋)	0.044(－＋)	0.855(＋)
Ⅲ	e1	0.964(＋)	0.006(＋－)	0.030(＋－)
Ⅲ	e2	0.001(＋)	0.987(＋)	0.012(＋)
Ⅲ	e3	0.009(－)	0.164(＋－)	0.008(－＋)
Ⅳ	e1	0.960(＋)	0.018(－)	0.022(＋)
Ⅳ	e2	0.298(＋)	0.694(＋)	0.008(－＋)
Ⅳ	e3	0.039(＋)	0.019(－)	0.943(＋)
Ⅴ	e1	0.999(＋)	0.000(/)	0.001(＋)
Ⅴ	e2	0.113(/)	0.886(/)	0.001(/)
Ⅴ	e3	0.027(＋)	0.012(/)	0.961(＋)

注:横向变量为分解变量,纵向变量为被分解变量;"＋"表示促进作用,"－"表示抑制或反向促进作用,"\"表示无影响。

4　研究结论与政策建议

4.1　研究结论

　　本文将我国划分为五类区域,系统测算 2003—2019 年不同区域的渔业三次产业效率变化差异,进而借助脉冲响应函数与方差分解分析价值链下渔业三次产业效率交互响应的空间分异,得出以下三方面结论。

　　从效率角度出发,可认为当前我国绝大多数地区的渔业价值链均属于养殖捕捞增值型,而长江中下游内陆地区的渔业价值链过程属于水产加工增值型,渔业三次产业效率中休闲渔业效率的波动幅度最大;区域角度,我国渔业三次产业效率水平由东向西逐步递减。

　　从全国总体角度看,短期动态传导过程显示,渔业各产业效率短时间内具有一定的经济惯性,第一和第二、第一和第三产业效率存在双向关联影响且均为正向,第二、三产业效率表现为相互抑制的影响机制;方差分解带来的长期影响结果表明我国渔业三次产业效率的交互响应存在区域异质性。

不同区域渔业三次产业效率的交互无论在作用强度还是影响方向上均有不同。东部沿海地区是五类区域中唯一的渔业三次产业间效率相互作用方向均基本为正的区域,长江中下游内陆地区渔业三次产业效率相互作用程度最强,西部内陆地区渔业三次产业效率相互作用程度最弱。

4.2 政策建议

4.2.1 全国层面

首先,政府应当充分发挥不同地区的比较优势,深化区域合作,如确立渔业方面的对口帮扶政策,建立帮扶机制,加强东、西部地区间渔业企业、合作社、研究院所的交流与合作,带领落后地区渔业经济走出瓶颈期。其次,政府应注意平衡渔业三次产业间的发展水平,在渔业转型升级的背景下,通过海洋牧场建设优化渔业生产结构,提升渔业产品质量;发挥好第二产业的中间衔接作用,精进水产加工工艺,升级渔业装备设施,推进渔业提质增效,从而使得三次产业形成紧密的联结机制,提高渔业经济效率水平与韧性;加快以休闲渔业为代表的第三产业与渔业第一、二产业结合,通过适度融合发展,实现渔业第三产业稳步推进,提升渔业第三产业核心竞争力。

4.2.2 地方层面

东部各地区渔业部门应淘汰落后的生产经营方式,在稳固渔业生产基石、保持水产品持续输出供应的基础上,借助先进的科技手段建立渔业大数据平台,实现渔业经济规模化、精准化、智能化,提高渔业经济发展的空间外溢效应,为我国渔业经济高质量发展保驾护航;中西部地区渔业部门在做好生态环境监测与保护的同时,应以渔业专业化发展为主,通过增殖放流以渔净水,提升水资源品质,推广生态健康的养殖模式,构建特色渔业产业园区,培植本土品牌,实现渔业产业转型升级。

参考文献

[1] 习近平.深入理解新发展理念[J].当代党员,2019(12):4-9.

[2] 于会娟,牛敏,韩立民.我国"蓝色粮仓"建设思路与产业链重构[J].农业经济问题,2019(11):72-81.

[3] 程远,胡秋阳,姚万军.产业分工、部门部类关系与总体产值利润率[J].经济研究,2020,55(5):133-149.

[4] 邱莹莹,王尔大,于洋.基于贝叶斯多元有序 probit 模型的休闲渔业游客满意度研究[J].运筹与管理,2021,30(8):147-152.

[5] 韩增林,朱文超,李博.中国海洋渔业经济韧性与效率协同演化研究[J].地理研究,2022,41(2):406-419.

[6] 孙康,季建文,李丽丹,张超,刘峻峰,付敏.基于非期望产出的中国海洋渔业经济效率评价与时空分异[J].资源科学,2017,39(11):2 040-2 051.

[7] 李艳明,纪建悦.渔业公共信息化建设与渔业经济效率相关性研究[J].科技管理研究,2021,41(3):125-131.

[8] 李晨,冯伟,邵桂兰.中国省域渔业全要素碳排放效率时空分异[J].经济地理,2018,38(5):179-187.

[9] 曾冰.长江经济带渔业经济碳排放效率空间格局及影响因素研究[J].当代经济管理,2019,41(2):44-48.

[10] 任传堂,韦素琼,游小珺,李炜,周燕华."双重开放"背景下闽台渔业生产效率与影响机理对比[J].经济地理,2020,40(10):127-135.

[11] YANG B Z, HERRMANN B, CHENG Z H. Reducing catch efficiency of rabbitfish (Siganus oramin) in a shrimp beam trawl fishery of the South China Sea[J]. Regional Studies in Marine Science, 2021, DOI:10.1016/j.rsma.2021.101917.

[12] BRINKHOF J, LARSEN R B, HERRMANN B. Make it simpler and better:T90 codend improves size selectivity and catch efficiency compared with the grid-and-diamond mesh codend in the Northeast Atlantic bottom trawl fishery for gadoids[J]. Ocean and Coastal Management, 2022, DOI:10.1016/j.ocecoaman.2021.106002.

[13] 孙炜琳,刘佩,高春雨.我国淡水养殖渔业技术效率研究——基于随机前沿生产函数[J].农业技术经济,2014(8):108-117.

[14] 金炜博,汪艳涛,西爱琴.我国沿海地区水产技术推广效率的时空演变——基于面板三阶段 DEA 模型的分析[J].科技管理研究,2018,38(15):68-76.

[15] 任传堂,韦素琼,游小珺.价值链视角下福建省渔业经济效率与影响因素对比[J].中国农业资源与区划,2022(7):1-10.

[16] 张广海,张震.渔业资源视角下中国沿海休闲渔业发展研究[J].中国渔业经济,2019,37(3):34-42.

[17] 马滕.水产品加工业及其在中国的发展[J].东岳论丛,2008(4):79-81.

[18] KIMANI P, WAMUKOTA A, MANYALA J O, et al. Analysis of

constraints and opportunities in marine small — scale fisheries value chain：A multi-criteria decision approach[J]. Ocean & Coastal Management，2020，DOI：10. 1016/j. ocecoaman. 2020. 105151.

[19] WANG Y X，WANG N. Exploring the role of the fisheries sector in China's national economy：an input-output analysis[J]. Fisheries Research，2021，DOI：10. 1016/j. fishres. 2021. 106055.

[20]KOGUT B. Designing global strategies：comparative and competitive value—added chains[J]. Sloan Management Review，1985，26(4):15.

[21] 王波,倪国江,韩立民.产业结构演进对海洋渔业经济波动的影响[J]. 资源科学,2019,41(2):289-300.

[22] 侯娟,周为峰,王鲁民,等.中国深远海养殖潜力的空间分析[J].资源科学,2020,42(7):1 325-1 337.

[23] FU X M, WANG L X, LIN C Y, et al. Evaluation of the innovation ability of China's marine fisheries from the perspective of static and dynamic[J]. Marine Policy, 2022, DOI: 10. 1016/j. marpol. 2022. 105032.

[24] MANUELA F, LUCA C, TIZIANA C, et al. Characterization of artisanal fishery in a coastal area of the Strait of Sicily (Mediterranean Sea)：evaluation of legal and IUU fishing[J]. Ocean and Coastal Management, 2018, 151(1)：77-91.

[25] 金凤君,林美含,张晓平,等.中国高耗能产品生产与区域 PM2.5 浓度的动态关联效应——基于省级尺度的分析[J]. 地理研究,2021,40(8):2 141-2 155.

[26] 王凯,郭鑫,甘畅,等.中国省域科技创新与旅游业高质量发展水平及其互动关系[J].资源科学,2022,44(1):114-126.

[27] 刘晓丽,潘方卉.农产品价格、农村劳动力转移与农民收入——基于 PVAR 模型的实证分析[J].经济问题,2019(1):99-107.

[28] 张广海,卢飞,徐翠蓉.科技创新与休闲渔业经济互动关系研究——基于 PVAR 模型的实证分析[J].中国渔业经济,2019,37(1):2-12.

[29] 李飞,金茹,温欣.中国海洋渔业经济空间差异与影响因素分析[J].中国渔业经济,2018,36(5):82-90.

[30] 孙艺璇,程钰,刘娜.中国经济高质量发展时空演变及其科技创新驱动机制[J].资源科学,2021,43(1):82-93.

［31］方一平,朱冉.“两山”价值转化的经济地理思维:从逻辑框架到西南实证[J].经济地理,2021,41(10):192-199.

［32］杨永春,穆焱杰,张薇.黄河流域高质量发展的基本条件与核心策略[J].资源科学,2020,42(3):409-423.

［33］洪银兴.论中国式现代化的经济学维度[J].管理世界,2022,38(4):1-15.

［34］卢福财,马绍雄,徐斌.新中国工业化70年:从起飞到走向成熟[J].当代财经,2019(10):3-14.

基于区块链技术的水产品产地准出与溯源研究

傅懿兵

（烟台职业学院会计系，山东烟台 264670）

摘要：食品安全关乎群众的生命安全。水产品的质量安全问题，亟待在源头产品准出、安全质量溯源等方面做深入的探讨和研究。烟台是全国优质水产品主产区，全市海洋牧场建设发展迅猛，但产业监管模式还需进一步创新。本文以烟台水产品产业为样本，通过企业调查、综合分析等方法，从区块链技术的特征和优势角度探讨水产品产地准出与溯源。文章提出，要抓住区块链发展的机遇，强化水产品源头及过程的质量管控解决水产品安全问题，培育健康安全的产业生态，注重建立质量安全的长效机制，让烟台水产品走上更广阔的市场。

关键词：水产品　区块链技术　产地　准出与溯源

1　引言

改革开放以来，我国渔业确立了"以养为主"的发展方针，水产养殖业和加工业获得迅猛发展。2020 年全国渔业改革创新高质量发展推进会上，一组数据显示：2019 年，全国水产品产量 6 450 万吨左右，养捕比达到 78：22，市场监测合格率 97％。近年来，我国稳居世界水产品养殖总量首位。随着人民生活水平的日益提高，消费者对食品质量安全的要求越来越高。但是，水产品安全事件时有发生，水产品质量的安全问题面临着挑战。大力推进养殖业绿色发展、抓高质量发展、促保供提质、运用现代化技术强化全产业链监管成为迫在眉睫的任务。本文以烟台市水产品产业为样本，从区块链技术的角度，进行水产品产地准出与溯源的课题研究，拟对烟台市"十四五"水产品产业的转型发展提出建议。

2　海洋强市建设成绩斐然，产业监管模式仍需创新

烟台市位于黄海、渤海，海岸线漫长，岛屿众多，海域面积 2.6 万平方米，是陆域面积的 2 倍。烟台市海洋物产丰富，浅海和潮间带海洋生物有 1 000 多种，是全国最优质的水产品主产区，海洋产业实力非常雄厚。《山东省"十四五"海洋经济发展规划》确立构建以青岛为引领，以烟台、潍坊、威海为骨干建立优势互补、各具特色的海洋经济高质量发展增长极的发展布局。其中，烟台重点发展现代海洋渔业、国家海洋牧场建设示范城市。特别是，烟台市委市政府认真贯彻习近平总书记视察烟台时的重要讲话，大力推进海洋强市建设，全市海洋牧场建设总面积达到 110 万亩，居全国首位。有关统计数据显示，烟台绿色养殖面积 272 万亩，名

贵鱼年产量达到 2.7 万吨,是全国最大的名贵鱼陆海接力养殖基地;全市水产品育苗、养殖、加工、经销等企业合计 4 000 多家;截至 2020 年,烟台市实现海洋生产总值 1 918 亿元,居山东省第二位。烟台地域特色鲜明,业态类型极其丰富,利益关联紧密,水产品产业链完备业已成为地方支柱产业。为促进产业健康发展,烟台市政府采取水产品产业链网格化监管、定期检测、质量安全追溯试点等强有力措施,效果显著。

2.1 高度重视产业现状,居安思危

近年来,我国食品安全事件频发。瘦肉精、三聚氰胺、问题海参等问题相继出现,逐渐引发了消费者的信任危机。食品安全关乎群众的生命安全。国家各相关部门不断提高食品安全监管的统一性和专业性,在探索与大数据相适应的监管模式上,取得了可喜的成果。建立企业食品溯源系统是解决食品安全窘迫现状的有效方法之一。在烟台已经有企业开始尝试建立食品溯源系统,明确标识食品来源,提供其从生产地到餐桌全过程的详细信息,出现情况能够快速准确地定位到发生问题的具体环节。目前各地在信息化监管食品安全方面均做了有益的探索,但此项工作发展不平衡。有的部门监管依赖于政府部门的中心数据库,数据更新不够及时,溯源系统滞后;有的供应链各个角色信息传递可靠性差,无法提供真实数据。由于水产品产业涵盖了养殖、生产、加工、销售和消费者等多环节,点多、线长、面广、错综交叉,在食品安全监管和溯源工作中说起来简单,真正做到每个环节具体落实却尤为困难。

2.2 积极探索水产品溯源,创新管理经验

烟台致力于建设海洋大市、海洋强市,非常注重提高水产品质量安全监管水平。2015 年,烟台市在全国率先提出建设市级水产品质量追溯平台,突出大宗水产养殖品种,推行"码上"监管。消费者通过手机扫描产品外包装上的二维码,便可查询到产品信息,初步实现了产品来源可追溯、去向可查询。2020 年,烟台市组织全市水产品质量追溯体系暨食品水产品合格证制度培训班,近百家企业和渔民专业户被纳入水产品质量追溯体系。2021 年,烟台市组织 130 多家企业加入省级水产品质量安全追溯试点项目建设。通过实施各项举措,烟台市逐步推进质量追溯试点,探索实现从"源头"到"餐桌"全过程质量安全控制。通过手机扫码追溯体系,我们能够清晰看到"参把头""海益苗业"等骨干企业产品来自哪一片海域,从苗种繁育到加工生产,包括售卖渠道等均有"身份证"信息。消费者在区域水产品质量安全方面"一码可知",享有生产企业、产品与质量、物流等信息的"知情权"和"监督权"。

产品追溯体系的作用在疫情防控工作中得到充分体现。利用冷链食品追溯管理系统,如果发现检测异常,可立即利用平台对同批次食品的流向进行溯源调查和精准定位。冷链食品生产经营者实现信息化追溯和数据对接,能对问题产品进行快速精准反应,做到严格管控疫情风险,维护了公众身体健康。

2.3 试行合格证制度,为产地准出预热

在水产品质量安全追溯体系建设中,烟台市试行食用水产品合格证制度,企业对生产销售的食用水产品质量做出安全合格承诺。合格证制度将追溯体系与合格证衔接融合,实行一体化运作。

2020 年,莱州市率先试行食用水产品合格证制度。根据调研资料,莱州市有水产品养殖企业 700 多家,在烟台市养殖总户数中占比 20% 以上,莱州市为优质企业开具近 300 多张合格证,由企业承担产品质量安全的主体责任。同时,莱州市强化对水产品的质量安全监督检查,实施经常性的快检和抽检。烟台市推广莱州试行合格证制度的经验,指导水产养殖龙头企业做出承诺示范,以点带面,从源头守护水产品质量安全,树立烟台市水产品产业整体形象。

水产品质量追溯体系和食用水产品合格证制度,是水产品质量安全监管的重要手段与保障。

2.4 确保产业信息安全,仍需引入新技术

当前,烟台建立了市级水产品质量追溯平台,运用互联网技术不断提升监管水平。但是在互联网应用中,数据造假、难以溯源、恶意软件、黑客攻击等问题层出不穷,给产业安全和部门监管带来极大困扰,数据安全成为传统互联网难以回避的结构性缺陷。

2019 年 10 月 24 日,在中共中央政治局第十八次集体学习时,习近平总书记强调:把区块链作为核心技术自主创新的重要突破口,加快推动区块链技术和产业创新发展。与传统互联网技术相比,区块链技术具有更大优势:

(1) 互联网是虚拟的,区块链基于可信计算,是可信互联网;

(2) 互联网是中心化对立组织,区块链分布式共享组织;

(3) 互联网高效传递信息,区块链高效转让价值;

(4) 互联网数据安全受限,区块链具有防篡改特性;

(5) 传统互联网处在"天花板",区块链正在兴起。

区块链技术的引进,能够构建一个真实、安全、诚信的区域产业命运共同体,在促进质量安全发展、运用信息化手段监管、树立烟台产业品牌形象、发展海洋经济等方面获益更多(图 1)。

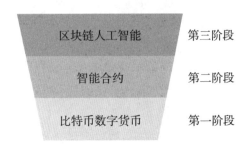

图 1　区块链发展阶段

3　区块链技术在产地准出与溯源中的应用

区块链本质上就是一个共享数据库。存储于区块链中的数据或信息,具有很多技术特点,如分布式实时记录、不可篡改伪造、全程留痕、信息公开透明能够随时追溯、时间戳特性等。这些传统溯源系统不可比拟的特点,为各行业领域的数据存证、防伪、溯源提供了强力且有效的技术支持。充分利用区块链这些技术特征,可以顺利解决水产品准出与质量安全追溯体系所面临的问题。

3.1　水产品质量安全追溯层级架构

"区块链+产业大数据",适用于水产品产业监管现状。本文拟设的"水产品产地准出与溯源管理"层级架构分为数据库、应用层、溯源。

3.1.1　数据库

数据库为加密层、数据层、网络层、物理层等基础数据,用于储存本区域内所有水产品企业的信息,包括系统的信息采集、产品标识与编码、建立信息档案、智能传感与执行、存储数据库、产品关系转移、检测与验证、查询与反馈等。

3.1.2　应用层

应用层为嵌入应用程序,提供人机交互入口,包括公链中的激励机制、智能合约、应用场景等,由综合数据生成产品标识和编码。区块链技术特有的去中心化存储特征,不依赖于某个组织和个人,将所有信息完全数据化,利用可信的技术手段将所有信息公开记录在链上,实现区块链技术和水产品产业有机结合。不可篡改的产品信息一旦被建立,就相当于确定了产品在数字世界的唯一身份 ID。水产品溯源系统运行的基础是产品标识与编码,对产品进行正确标识,可实现有效的追踪和溯源(图 2)。

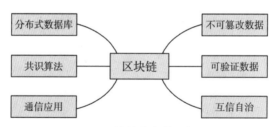

图 2　区块链技术特点简图

3.1.3 溯源

每个单位对应一个节点,根据自己的不同职能享有不同的权限。水产品通过溯源系统进入供应链,从生产者到消费者手中,通常需要经过多个环节。区块链是一个分布式数据库,每个节点都有独立的验证能力。因此,当水产品所有节点数据加密上链后,"链上"数据公开可验证、记录难以被篡改的技术特性,使得合作方和消费者对产品的验证成本降低,"织链成网",人人都可公开查询。如果某个区域、某个企业出现质量安全问题,产品溯源变得简便易行,追踪问责也会有迹可循。

算法式的信任环境,能够提高水产品安全管理的可靠性、开放性。信息的储存与交互是溯源的本质。"区块链溯源"通过将数据形成区块,再通过数字算法技术,生成相关解锁密码以保障产品数据的安全性,利用"时间戳"等技术手段形成产品数据。产品的全生命周期信息数据被实时记录上链,既可以确保产品的唯一性,又能保证其链上信息的真实性(图 3)。

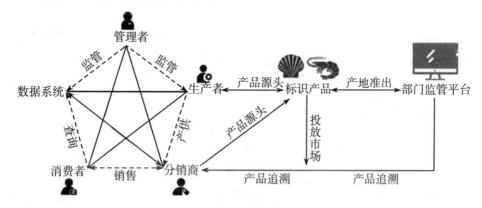

图 3　实施水产品产地准出与溯源管理图

3.2 从产地准出到市场准入链式架构

2020 年,烟台市为符合生产标准企业开具合格证,这对落实质量安全主体责任、促进水产品质量稳步提高起到了积极作用。但是,食用水产品合格证从产地准出到市场准入,尚存在一些衔接缝隙,消除这些监管盲点,就需要运用区块链技术,构建水产品从"水域到舌尖"、链条式全覆盖的信息监管体系。

3.2.1 产地准出

"食用水产品合格证"包含产品名称、养殖企业信息(名称、产地、联系方式)、生产日期、合格证日期、承诺声明等内容。产品凭合格证进入市场、商超、餐饮酒店、专卖店等流通领域。同时,在流通环节,产品要接受不定期抽检,并通过不同渠道公示抽检结果。建议在实行"食用水产品合格证"基础上,进一步推出"产地证明"制度。水产品异地销售时,需出具"产地证明",明示企业养殖许可证、质量检验报告、认证书等。通过合格证和产地证明,明晰产品溯源路径,实现从消费者向零售商、零售商向批发商、批发商向养殖户、捕捞户可追溯的水产品市场监管制度。

3.2.2 凭证入市

拥有"合格证""产地证明"的水产品进入市场,是质量安全的重要保证。市场需要加强与生产企业的衔接。大型商超适宜与生产企业直接签订"产销直挂"合同,形成智能合约,使双方水产品质量安全承诺以法律形式予以确认,从源头上把好产品质量安全关。在水产品供应链中,大型商超、产品专卖店等,可以通过传感器、触摸屏等设备显示该产品在区块链上的时间和空间、物流路线与转运节点,便于消费者了解产品信息记录和源头。水产品进入零售市场,需要在摊位上标示"合格证""产地证明",亮出"一品一码",消费者通过查证或扫码,了解所购产品全部信息,放心购买。

凭证入市,也是对优质水产品的最好宣传。区块链技术的链式架构使批发商、采购商进货产地清晰、产品信息详细,能够安心进货,销售有保障。"合格证""产地证明""一品一码",将对市场起到净化作用,威慑不法商贩以次充好或虚假宣传行为,让消费者买到优质安全产品(图 4)。

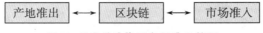

图 4　从产地准出到市场准入简图

4　区块链技术在产地准出与溯源中的作用

当前,各行各业均有数字技术和数据要素的融合渗透,5G 技术、大数据、人工智能、区块链等技术应用场景越来越多元化。智能新技术的广泛应用不断催生产业新模式,新一轮产业变革与传统产业耦合共振、互融、互促。

4.1 促进水产品产业耦合发展

烟台是海洋经济大市,现代渔业产业实力雄厚。水产品产业转型发展,需要新一代信息技术,需要政府的强有力引导。区块链是实现多方通过共识机制进行聚集与合作的技术,这一特征决定了它的牵头创建者,是政府部门、行业协会或是产业龙头企业,或是具有一定整合能力和资源调配能力者。"产业数据＋区块链应用",能够让水产品从生产到消费全过程的数据既能记录、存储,又能追溯、查证,从而促进规范生产、提高品质、重视品牌,激发企业发展的内生动力,增强区域产业核心竞争力,让烟台水产品走上更广阔的市场。

4.2 优化资源配置,降低交易成本

在信息时代,通过数据层级实现信息的区块化和存储,能够给政府监管和消费溯源提供技术支持和实时服务。加快区块链运用,政府部门、行业协会等组织需要出台激励措施,引导社会资源参与,利用产业龙头企业的聚合与示范效应,搭建区块链应用生态平台,实现水产品数据实时自动匹配。由于链上数据可供相应的监管部门对产品的信息进行储存、传递、核实与分析,并可在部门之间实时高效的流转,各方参与者由此减低了对数据的验证成本,降低了相关产品的物流成本,从而有效地解决多方参与、信息碎片化、流通环节重复审核等现实问题。生产和交易时间的减少,有效地降低了交易成本,为企业的数字化创新发展降本增效。"去中心化信任机制"的构建,增加了生产商、零售商、认证机构和政府部门之间的信任度,统一凭证、全程记录、企业征信等智能信息管理系统的形成,极大地提升了产业供应链的高效衔接、聚合发展能力。

4.3 便于多点位、可追溯的常态化监管

近年来,烟台海洋牧场建设全面兴起,海上平台在多海域布点,海参、鱼类、虾蟹等产量在山东省占据半壁江山。对于水产品产业的面广、点多、交叉交易、可溯源等监管要求,区块链技术具有充分优势。它能够建立从育苗、养殖、流通到销售整条供应链上的信息记录,产地准出与溯源可以精准地标识水产品的来源,系统间数据可以同步共享,做到节点追踪可视化。

政府部门需要注意的是:区块链蕴含着一定的自治性,有去中心化、淡中心化的技术特点。因此,在水产品产业应用中,监管部门必须把自身融于链上,对行业链上的参与者进行审批、监管并进行协助推动资源共享等操作。

4.4 增强消费信任,树立产业形象

随着人们生活水平的提高,人们高度关注食用水产品质量,产品溯源成为众望所归。区块链系统可追溯、难篡改的技术特征,使水产品各节点信息在网络环境里能够建立起一个算法式的信任机制,为安全交易提供了可靠基础。养殖单位、加工企业、销售商家之间放心购销;产业上下游相互信任,树立产业形象,实现

安全衔接。信任机制让违法违规用药、以次充优等质量安全问题,在阳光下显形;让消费者放心选购水产品,确保食用安全。因此,区块链所创建的"信任",不仅仅是简单的信息传递,更是一种质量安全的倒逼机制。

需要注意的问题,就是运用区块链技术,链上的记录确实是不可篡改的,却不能保证上链之前的数据是真实的。所以要彻底解决防伪和溯源的问题,还需要多方数据上链,实现多环节有机结合。

参考文献

[1] 廖莉娟. 新基建——数字经济改变中国[M]. 北京:东方出版社,2020.

[2] 王文,刘玉书. 数字中国——区块链、智能革命与国家治理的未来[M]. 北京:中信出版社.2020.

[3] 冒志鸿,陈俊. 区块链实战——从技术创新到商业模式[M]. 北京:中信出版社.2020.

[4] 朱幼平,陈雷,何超,刘鲆,毛智邦,李韶亮. 链改——区块链中国思维[M]. 北京:中信出版社,2021.

我国海水养殖业时空演变及发展预测分析

丁锐

(中国海洋大学管理学院,山东青岛 266100)

摘要:海水养殖业是我国海洋渔业的重要组成部分,对于推动我国渔业经济的发展具有举足轻重的作用。本文在梳理、分析我国海水养殖业发展历程的基础上,探讨了其时空演变特征,并采用灰色预测模型预测了产量与产值的发展趋势,以此为我国海水养殖业发展提供借鉴和参考依据。

关键词:海水养殖业、时空演变、灰色预测模型

1 引言

我国海域面积在世界上排名第四,拥有 18 000 多千米的大陆海岸线和 300 万平方千米的海域,渔业资源十分丰富。然而,我国管辖海域的渔业资源长期处于过度捕捞的状态之中,尽管海洋捕捞产量从 2003 年的 1 432.31 万吨下降到 2020 年的 947.41 万吨,但仍然超过了最大可捕捞量的限度,这使得我国海洋捕捞压力持续增加、渔业资源不断衰退。近年来,为缓解海洋渔业资源衰退的压力,我国开始实施"零增长制度""伏季休渔制度""双控制度"等海洋渔业制度,从而发展资源养护型海洋渔业,促进渔业的可持续发展。根据《中国渔业统计年鉴》显示,自 2006 年开始,海水养殖产量超过海洋捕捞产量,并且差值越来越大,2020 年我国海水养殖产量 2 135.31 万吨,海水养殖在海洋渔业中的占比达到了 69.27%。因此,未来海洋会逐渐发展成以海水养殖为主、海洋捕捞为辅的生产模式。

现阶段,海水养殖业作为海洋渔业的重要组成部分,已成为我国沿海地区振兴经济的重要支柱产业。2020 年,山东省海水养殖产值达 931.76 亿元,为全国最高,其渔业经济总产值 1 565.53 亿元,海水养殖业占比达到 59.52%。2021 年,青岛成功获批建设全国首个国家深远海绿色养殖试验区,6 月"深蓝一号"网箱首次完成规模化收鱼,养殖的三文鱼品质优良,达到欧盟出口标准。预计试验区建成后,三文鱼产量将达 4 万吨,直接收入将突破 40 亿元。由此可见,我国海水养殖业可发展的规模和效益仍有巨大的潜力。因而本文在分析我国海水养殖业发展历程的基础上,探讨了其时空演变特征,并采用灰色预测模型预测了产量与产值的发展趋势,以此作为我国海水养殖业发展提供借鉴和参考依据。

2　我国海水养殖业发展历程

我国海水养殖业先后经历过五次发展浪潮,分别是 20 世纪 50 年代海带养殖、80 年代对虾养殖、90 年代贝类养殖、20 世纪末鱼类养殖以及 21 世纪初海珍品养殖。

2.1　第一次浪潮:海带养殖

20 世纪 50 年代,自山东烟台海带养殖试验成功后,山东沿海地区开始广泛开展海带养殖活动,海带干品年产量突破 300 万吨,基本打破海带进口依赖的局限性,实现国内自给自足。1958 年之后,我国攻克技术难关,海带养殖开始南移至广东、江苏、浙江等省份,至此我国海带产量跃居全球第一。但在 20 世纪 60～70 年代,海带养殖产业进入衰退期,海藻产业开始发展,海带与其他养殖品种的合养技术开始发展,20 世纪 80 年代海藻类养殖逐步发展成为我国沿海地区的重要海洋产业。

2.2　第二次浪潮:对虾养殖

对虾养殖最早开始于河北、天津等地,1978 年政府制定了对虾养殖政策,自此我国对虾养殖进入快速发展时期,辽宁、山东、河北等地也开始个体户经营。20 世纪 90 年代初,进出口政策出台,对虾产量猛增,最高时产量达到 22 万吨,养殖面积达到 220 万亩。在 1993—1996 年间,由于流行病害的大规模爆发,我国对虾产量出现短暂下降,产业衰落,此后又开始恢复生产,并发展养殖新模式与新技术。

2.3　第三次浪潮:贝类养殖

从 20 世纪 70 年代开始,我国开始人工养殖扇贝,到 20 世纪 80 年代初步实现产业化养殖,在突破工厂化育苗与养殖技术瓶颈后,贝类养殖逐步席卷河北、辽宁、山东等北方省份,1985 年山东省扇贝养殖面积达 400 亩,年产量达到 70 万吨。20 世纪 90 年代初,贝类养殖发展停滞,但产业技术进步与新苗种培育使得贝类产业迅速复苏,南方沿海省份掀起一阵"扇贝热"。2000 年后贝类养殖业趋于平稳发展,自此产量稳居所有养殖品种的第一。

2.4　第四次浪潮:鱼类养殖

20 世纪 80 年代初,我国网箱养殖模式开始兴起,这给鱼类养殖提供了技术支持与新的发展机遇,广东、福建等地开始运用网箱养殖大规模生产鱼类,但北方省份由于受自然条件影响一直难以开展。1992 年,我国从英国引进冷温性鱼种大菱鲆进行"温室大棚＋深井海水"的工厂化养殖,自此大菱鲆产量增长迅速,年产量突破 5 万吨,使我国一举成为鱼类养殖大国。

2.5 第五次浪潮:海珍品养殖

20世纪70年代对海参、鲍鱼等海珍品的肆意捕捞造成了严重的环境污染与资源枯竭,为此,山东省率先对海珍品进行产业化育苗、增殖放流高产技术以及工厂化养殖的实验,最终取得重大成就并推动了海珍品养殖产业的发展。2008年,我国海参养殖产量达到9万吨,产值超过200亿元,遥遥领先于其他国家。

2.6 现今

随着科学技术的发展,我国海水养殖技术不断进步和完善。2013年,国务院常务会议通过《关于促进海洋渔业持续健康发展的若干意见》,要求拓展离岸养殖和集约化养殖,以优化我国海洋开发的空间结构,缓解近岸养殖区域的资源环境压力,促进海洋渔业的可持续发展。2019年,农业农村部等印发《关于加快推进水产养殖业绿色发展的若干意见》,由此深远海养殖迅速发展并成为社会关注的热点话题。经过长期探索,我国已经能够自主设计深水网箱,"深蓝1号"的成功建成交付标志着我国开启了深远海渔业养殖新征程。2022年,农业农村部出台《关于加强海水养殖生态环境监管的意见》,强调加强海水养殖业的污染防治及生态环境监管,以推进我国海水养殖业绿色高质量发展。

3 我国海水养殖业时空演变特征

3.1 产量时序变化趋势

如图1所示,我国海水养殖业产量总体呈现先增长后小幅度减少再稳定增长的趋势。2003—2006年,产量从1 253.31万吨增长到1 445.64万吨,增幅为15.35%,随后在2007—2009年三年间产量小幅度减少后开始稳定增长,2020年达到2 135.31万吨,相比2003年增长882.00万吨,增幅70.37%,年平均增长率为3.18%。主要原因是我国近年来为避免海洋渔业资源枯竭,将渔业发展战略调整为"以养为主,以捕为辅"的模式,加上海水养殖可持续性发展,品种种类多、产量高等优点,因而已慢慢过渡为我国海洋渔业发展的重心,并成为大力发展与推崇的产业。

从各地区产量来看,除上海市外,各地区都呈现出不同的增长趋势。其中,福建省产量最大,从2003年的286.67万吨增长到2020年的526.80万吨,增长了240.13万吨,增幅为83.76%,年平均增长率3.64%,2020年占全国总产量比例最高,达到24.67%;其次是山东省,占全国比例达24.08%,17年间共增长了178.07万吨,2020年产量514.14万吨;广东省与辽宁省2020年占比也较高,分别为15.51%和14.35%,广东省产量从2003年的197.30万吨增长到2020年的331.24万吨,年平均增长率3.09%,辽宁省产量从2003年的182.88万吨增长到

2020 年的 306.48 万吨,年平均增长率 3.08%;广西壮族自治区、浙江省和江苏省近年来产量增长也较快,2020 年产量分别达到 150.67 万吨、137.24 万吨和 92.28 万吨;年平均增长速度最快的河北省产量增至 48.81 万吨,年平均增长率为 6.09%;海南省、天津市以及上海市产量小,占全国比例也小。

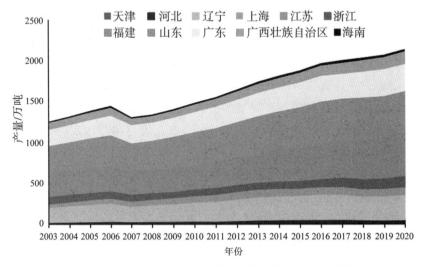

图 1 2003—2020 年我国沿海地区海水养殖业产量变化

从各品种产量来看,贝类产量最大,占全国比例达 70%,但增幅最小、年平均增长速度最慢,由 2003 年的 985.32 万吨增至 2020 年的 1 480.08 万吨,年平均增长率 2.42%;其次是藻类,产量增至 261.51 万吨,同比增长 1.88 倍;甲壳类增长速度较快,由 66.12 万吨增至 177.50 万吨,同比增长 2.68 倍,年平均增长率 5.98%;鱼类产量最小,但增长速度最快,由 2003 年的 51.92 万吨增至 2020 年的 174.98 万吨,同比增长 3.37 倍,年平均增长率达 7.41%。具体按省份分析,鱼类中广东省产量占比最大,从 19.55 万吨增至 74.28 万吨,增长了 2.80 倍;其次是福建省和海南省,2020 年产量分别为 46.50 万吨、12.20 万吨;山东省近几年产量处于下降趋势,2020 年已经跌破 10 万吨,其余省份产量都较小。甲壳类产量排名前三的分别是广东省、广西壮族自治区和福建省,广西壮族自治区增长速度最快,由 2003 年的 8.79 万吨增至 2020 年的 35.12 万吨,同比增长 2.99 倍,年平均增长率为 8.49%;广东省产量最大,2020 年达到 62.96 万吨;福建省增长速度较快,年平均增长率为 7.60%,2020 年产量 21.71 万吨;其余省份中近年产量突破 10 万吨的有山东省、海南省、江苏省和浙江省。贝类产量最大的是山东省,由 2003 年的 261.28 万吨增至 2020 年的 407.73 万吨,增幅为 56.05%;其次是福建省,增长了 45.99%,产量达到 330.89 万吨;辽宁省和广东省产量也较大,分别从

142.64 万吨、153.94 万吨增长到 233.33 万吨、186.21 万吨,其中辽宁省增幅达到 63.58%;广西壮族自治区与浙江省 2020 年产量均突破了 100 万吨,并且有持续增长趋势;江苏省近年产量较为稳定,在 70 万吨左右。藻类中福建省产量最大,由 2003 年的 41.41 万吨增至 2020 年的 123.60 万吨,同比增长 1.99 倍;其次是山东省,产量由 53.34 万吨增至 66.92 万吨;辽宁省则由 33.04 万吨增至 47.09 万吨,增幅为 42.52%;其余 8 个省份产量都较小,总和在近两年才达到 20 万吨左右。

3.2 产量空间格局变化

对 2003 年与 2020 年我国海水养殖业四大品种产量进行空间格局展示,分别按产量大小分为高产地区、中高产地区、中产地区和低产地区等类型。

鱼类高产地区除了广东省外,2020 年增加了福建省,由此广东省、福建省与海南省成为我国鱼类主要养殖区域,产量占全国比重达到 69.02%;海南省跨度较大,从低产地区进入中高产地区,广西壮族自治区从中产地区进入中高产地区,而山东省依旧保持着中高产地区的地位;中产地区则增加了江苏省,使得辽宁省、江苏省和浙江省成为我国鱼类生产的中产地区,其余省份都处于低产地区。甲壳类空间格局分布变化最大,辽宁省、天津市和河北省集体从中产地区进入低产地区,山东省、浙江省与海南省由中高产地区转为中产地区,广东省和广西壮族自治区依旧是我国甲壳类产量最高的两个省,产量总值占全国比重为 55.25%。贝类空间格局分布变化最小,除江苏省从低产区进入中产地区以外,其余分布保持不变,山东省与福建省位于高产地区,产量总值占全国比重由 49.52% 增长到 49.90%;辽宁省和广东省位于中高产地区,2020 年产量总值约占全国的 28.35%,江苏省、浙江省和广西壮族自治区成为新的中产地区。藻类生产地区增加了河北省,但减少了广西壮族自治区,海南省由中产地区变为低产地区;山东省由高产地区变为中高产地区,与此相反福建省从中高产地区进入高产地区,也是唯一一个产量突破 100 万吨的省份,占全国比重达 47.26%。2020 年,辽宁省和山东省是我国藻类生产的中高产地区,浙江省和广东省则成为中产地区,其余省份皆为低产地区。

3.3 产值变化趋势

如图 2 所示,2003 年我国渔业产值 3 323.41 亿元,其中海水养殖业产值 733.75 亿元,占比为 22.08%。到 2020 年,我国渔业产值增长到 13 517.24 亿元,其中海水养殖业 3 836.20 亿元,相比 2003 年增长 4 倍多,占比增长到 28.38%。可见,我国海水养殖业的经济效益在渔业整体中,占的比重越来越大,其在推动渔业产业发展、促进渔民增收致富方面发挥了越来越重要的作用。

总体上看,我国海水养殖产值呈现出上升趋势,从 2003 年到 2020 年增长了 4 倍多,增值达到 3 102.45 亿元,年平均增长率 10.22%,快于产量增长速度。其中,山东省产值从 2004 年开始持续位居全国第一,到 2020 年增长到 931.76 亿元,年平均增长率 10.60%;其次是福建省,产值略低于山东省,从 176.10 亿元增长到 841.05 亿元,年平均增长率 9.63%。这与产量的排名恰好相反,结合两省养殖品种来看,鱼类、甲壳类与藻类养殖福建省产量都比山东省高,而贝类养殖山东省比福建省平均高 87 万吨左右,说明贝类海水养殖产出的经济价值比其他三类品种都要高。此外,广东省产值增长幅度较大,从 2003 年的 97.04 亿元增长到 2020 年的 648.00 亿元,年平均增长率达 11.82%;产值较高的还有辽宁省、江苏省、浙江省和广西壮族自治区,2020 年产值分别为 373.85 亿元、328.72 亿元、244.39 亿元和 219.33 亿元,其余省份中海南省和河北省近几年突破了 100 万亿元,其他省份产值都较小。

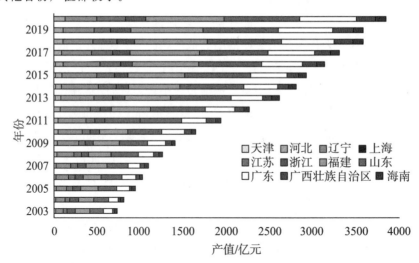

图 2　2003—2020 年我国沿海地区海水养殖业产值变化

4　我国海水养殖业发展预测分析

4.1　灰色预测模型

灰色系统理论认为,一切灰色序列都含有某种内在规律,通过建立灰色预测模型,能够发现并掌握其发展规律,对未来变化做出科学的定量预测。由于影响我国海水养殖业发展的因素有很多,尤其是政策、经济以及环境等因素无法衡量与测算,属于典型的灰因白果律事件。因而,本文选用 2003—2020 年海水养殖产量和产值数据,建立 GM(1,1)模型对未来几年进行预测。研究数据来源于《中国

渔业统计年鉴》(2003—2020 年)。以产量(X)为例,建模过程如下:

(1) 确定原始数列:

$$X^{(0)} = \{X^{(0)}(1), X^{(0)}(2), X^{(0)}(3), \cdots, X^{(0)}(n)\} \tag{1}$$

(2) 累加生成新数列:

$$X^{(1)} = \{X^{(1)}(1), X^{(1)}(2), X^{(1)}(3), \cdots, X^{(1)}(n)\} \tag{2}$$

式中,$X^{(1)}(i) = \left\{ \sum_{j=1}^{i} X^{(0)}(j) \mid i = 1, 2, 3, \cdots, n \right\}$

(3) 建立 GM(1,1)模型相应的一阶白化方程:

$$\frac{\mathrm{d}X^{(1)}}{\mathrm{d}t} + aX^{(1)}(t) = u \tag{3}$$

式中,a 为发展系数;u 为灰色作用量,t 为时间。

(4) 构造矩阵 B 和向量 Y:

$$B = \begin{vmatrix} -\dfrac{X^{(1)}(1) + X^{(1)}(2)}{2} & 1 \\ \square & \square \\ -\dfrac{X^{(1)}(n-1) + X^{(1)}(n)}{2} & 1 \end{vmatrix}, \quad Y = \begin{vmatrix} X^{(0)}(2) \\ X^{(0)}(3) \\ \square \\ X^{(0)}(n) \end{vmatrix} \tag{4}$$

(5) 令 t=k,得到灰色微分方程的时间响应序列:

$$\widehat{X}^{(1)}(k+1) = \mathrm{e}^{-ak} \left[X^{(0)}(1) - \frac{u}{a} \right] + \frac{u}{a}, k = 0, 1, 2, \cdots, n-1 \tag{5}$$

(6) 累减还原,得到原始序列的灰色预测模型为

$$\widehat{X}^{(0)}(k) = \widehat{X}^{(1)}(k) - \widehat{X}^{(1)}(k-1) = \left[X^{(0)}(1) - \frac{u}{a} \right] (1 - \mathrm{e}^a) \mathrm{e}^{-a(k-1)}, k = 2, 3, \cdots, n \tag{6}$$

4.2 灰色预测结果分析

表1为我国海水养殖业产量、产值灰色预测模型及检验结果。可知,海水养殖产量模型精度 $p > 95\%$,检验统计量 $C < 0.35$,模型精度优秀,拟合好;产值模型精度 $80\% \leqslant p < 95\%$,检验统计量 $0.35 \leqslant C < 0.50$,模型精度良好,拟合良好,因此该模型结果可以作为预测未来发展的依据。

表1 我国海水养殖业产量、产值灰色预测模型及检验结果

预测指标	GM(1,1)模型	精度 $p/\%$	检验统计量 C
海水养殖产量	$x^{(1)}(k+1) = 36\,284.474\,260e0.034\,090k - 35\,031.168\,160$	96.626 4	0.204 5
海水养殖产值	$x^{(1)}(k+1) = 11\,191.835\,018e0.088\,647k - 10\,458.086\,881$	89.208 4	0.402 4

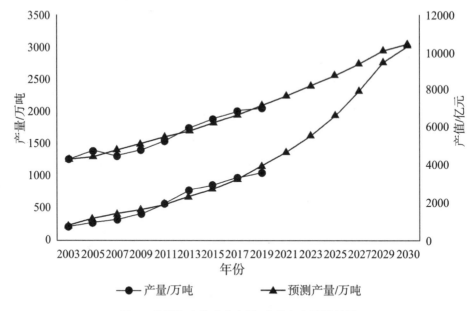

图3　我国海水养殖业产量、产值灰色预测结果

从图3可以看出,我国海水养殖业产量、产值在未来几年都将保持增长趋势。2025年,我国海水养殖产量将增长到2 574.38万吨,到2030年达到3 052.80万吨,相比2020年增长917.48万吨,增长了42.97%;产值在2025年增长到6 674.78亿元,到2030年增至10 397.57亿元,相比2020年增加了6 561.38亿元,增长了将近两倍。

5　结论与建议

5.1　结论

(1) 2003—2020年,我国海水养殖业产量与产值总体呈增长趋势,其中产量最大的几个省份分别是福建省、山东省、广东省与辽宁省,产量最大的品种是贝类与藻类。2020年,鱼类高产地区是广东省、福建省与海南省;甲壳类高产地区是广东省和广西壮族自治区;贝类高产地区则是山东省与福建省;而藻类高产地区是河北省与福建省。产值最大的几个省份分别是山东省、福建省与广东省。

(2) 通过预测可知,未来我国海水养殖业产量与产值都将保持增长趋势。而由于我国海域资源和环境的约束,海洋捕捞产量逐年下降,在未来可能会稳定在一个合理的范围之内。由此可见,未来海水养殖业在海域食物供给方面将承担主要角色,同时产量的增长也意味着其将在保障国民食物供给、优化膳食结构方面发挥更重要的作用。

5.2 建议

现阶段我国海水养殖业正在向绿色高质量发展转型,鉴于以上定量研究,为促进其发展,本文提出以下几点建议。

(1)加快产业聚集升级。如鱼类养殖主要聚集在广东省、福建省与海南省,相比其他省份,这三个省份的养殖环境更适宜鱼类生存,因此利用产业集聚效应和专业化养殖技术,大力引导、鼓励、推动这三个省份养殖鱼类,优化养殖环境、空间与资源,助力鱼类养殖业可持续健康发展。

(2)打造特色沿海产业带。沿海省份可以凭借各自优势打造海产品生产、加工、运输与销售一体化的产业链,进而减少各环节的损耗与成本,促进产业规模化发展。此外,沿海省份借助区域优势可以发展休闲观光渔业,打造特色旅游景点,着力发展第三产业。

(3)创新海水养殖技术。目前,我国深远海养殖装备技术处于起步阶段,未来我国应有独立自主建造海洋工船、研发养殖网箱,构造"机械化、自动化、信息化"的深远海养殖平台的能力。因此,我国在学习与吸收国外核心技术的同时,应积极培养技术型人才、创新养殖技术,努力满足海水养殖绿色发展的要求。

(4)加大政府政策扶持力度。一方面,国家应加大对养殖产业的生态环境建设,加强沿海污染防治,改善近岸海域水质,为海水养殖业发展奠定基础;另一方面,通过政策扶持,积极投入资金改善养殖基础设施与生产设施,并建立渔民养殖专业合作社,为渔民养殖提供技术、信息咨询等服务,以此规范渔民养殖全过程,提供养殖产量。

参考文献

[1]李大海,韩立民,闫金玲.离岸海水养殖:海洋食物增长的新空间[J].农村经济,2019(9):140-144.

[2]关长涛,王琳,徐永江.我国海水鱼类养殖产业现状与未来绿色高质量发展思考(上)[J].科学养鱼,2020(7):1-3.

[3]张爽.2016—2020年海水养殖发展分析[J].河北渔业,2022(4):34-37.

[4]韩永林,李娟.烟台市海水养殖业现状及发展对策[J].南方农业,2014,8(24):114-115.

[5]陈雨生,房瑞景,乔娟.中国海水养殖业发展研究[J].基层农技推广,2013,1(7):5-9.

[6]王东石,高锦宇.我国海水养殖业的发展与现状[J].中国水产,2015(4):39-42.

[7] 唐树军.我国海水养殖业的可持续发展研究[J].品牌,2014(4):18.

[8] 徐杰,韩立民,张莹.我国深远海养殖的产业特征及其政策支持[J].中国渔业经济,2021,39(1):98-107.

[9] 徐姣姣.中国沿海地区海水养殖业空间集聚研究[D].舟山:浙江海洋大学,2020.

[10] 陈琦.我国海水养殖产量的波动特征及影响因素分析[J].统计与决策,2018,34(21):98-102.

[11] 雷蕾,李婷,李鹊.基于灰色 GM(1,1)的四川粮食产量预测研究[J].粮食问题研究,2022(2):21-24.

[12] 李红艳,姜晓东,王颖,李晓,纪蕾,柳杰,郑永允.基于灰色预测模型的我国海洋渔业发展趋势分析[J].渔业信息与战略,2021,36(2):88-95.

[13] 张莹莹,徐文科.基于灰色 GM(1,1)模型对黑龙江省粮食产量的预测[J].哈尔滨师范大学自然科学学报,2019,35(3):41-45.

[14] 李晨.郑州绿色空间格局时空演变及预测研究[J].绿色科技,2022,24(7):180-184+188.

[15] 侯孟阳,姚顺波.1978—2016 年中国农业生态效率时空演变及趋势预测[J].地理学报,2018,73(11):2 168-2 183.

数字经济对海洋经济高质量发展的影响

姚微[1]　张苇锟[2]　李文秀[3]

(1. 日本东京海洋大学海洋科学技术研究院,日本东京 108477;

2. 岭南师范学院城乡基层治理现代化研究所,广东湛江 524088;

3. 广东金融学院经济与贸易学院,广东广州 510520)

摘要:本文探讨了 2007—2019 年我国 11 个沿海省份数字经济的发展对海洋经济高质量的效应及其背后的影响机制。通过分析结果发现:数字经济对海洋经济高质量发展有显著的促进作用,且具有渐进性、长期效和动态性;其次,通过数字经济、产业结构升级、创新能力和城镇居民消费的匹配,海洋经济的高质量发展得到提升;最后,本文发现数字经济对海洋经济高质量发展存在门槛效应。为此,建议积极营造良好的数字经济发展环境,加快海洋资源要素实现合理流动和优化配置,优化海洋产业结构,促进海洋产业高质量发展。

关键字:数字经济;高质量发展;区域异质性;门槛效应

1　引言

当前,由于世界各国处于长期粗放的海洋经济发展模式,海洋生态资源面临严峻的压力。例如,过度捕捞、海洋油气污染、陆地污水排放、海水养殖污染等不合理的开发利用,导致海洋环境污染和海洋生态破坏日益突出。世界各国开始积极寻求新的海洋经济发展动力,旨在促进海洋经济的发展方式从粗放型向集约型转变。21 世纪初,我国海洋经济快速发展,伴随环境污染和生态破坏等不良现象。为此,提升发展质量成为我国发展海洋经济的迫切任务。

近年来,有学者认为,市场分割、信息不对称和高不确定性是造成海洋产业生产力低下的重要原因。与土地、劳动力、资本、技术传统要素并列的第五大生产要素——数字技术,可以在一定程度上弥补海洋产业发展的不足。目前关于数字经济的研究,国内外学者主要从宏观、中观和微观三个层面进行分析讨论。首先,从宏观上看,数字经济可以通过技术进步和技术溢出,提高经济运行全要素生产率;其次,从中观层面来看,数字经济可以通过数字化发展推动产业融合发展,促进传统产业的数字化、网络化、智能化转型;再次,从微观层面来看,数字经济不同于传统经济,只强调价格和数量,其可以通过规模经济和多样化的生产满足不同层次消费者的需求。关于海洋经济高质量发展的研究,学者们主要从理论上分析海洋经济高质量发展的内涵或者是对某个地区的某个海洋产业进行研究,如海洋渔业、海水养殖业和滨海旅游业等相关海洋产业。以上研究也未能将数字经济与海洋经济高质量发展结合起来。

为此,如何更加科学有效地衡量数字经济和海洋经济高质量发展水平,数字经济的迅速崛起是否能够推动海洋经济高质量的发展,成了迫切需要解答的难题。基于此,本文利用 2007—2019 年面板数据,以海洋绿色全要素生产率度量海洋经济高质量发展,多维度综合构建数字经济综合水平指标,考察数字经济对海洋经济高质量发展的影响及其影响机制,进一步从产业结构、创新能力和城镇居民消费三个方面分析数字经济的作用机制。

2 理论机制与研究假设

数字经济对海洋经济高质量发展的影响主要有三个方面:首先,数字经济改变了海洋生产活动的投入要素。实体要素在投入过程中会产生数据要素,通过对数据要素的分析和规划,可以大幅度提高海洋资源的利用效率。其次,随着数字经济的发展,数字技术重置了传统生产要素之间的地位,优化了资源的配置效率,降低了对传统生产要素(例如土地、资本和劳动)的依赖,进而倒闭生产函数提高产出效率。再次,数字经济的发展提高了海洋经济的绿色全要素生产率。数字技术可以促进传统海洋产业转型,提高涉海厂商生产效率。为此,本文提出如下假说。

假说 1(H1):数字经济能够促进海洋经济高质量发展。

数字经济对海洋经济高质量发展的影响机制主要如下。

第一,数字经济可以通过促进海洋产业结构升级,影响海洋经济高质量发展。数字化、智能化、自动化等能显著提升产业链整体效率,节省大量资源和成本,同时还可以通过技术引进、吸收、融合和扩散等方式促进产业结构转型升级;另一方面,以数字技术赋能传统产业,对传统产业进行改造升级,将其产业链从消费端向生产端、从线下向线上延伸,进行多角度和全方位的改造提升,有效破除了产业主体间的要素供需矛盾,弱化了产业主体间经济活动的边界性,降低了产业主体间联动的边际成本,解决了产业内部公平与效率难以兼顾的难题,实现传统产业升级进而促进产业结构升级。

第二,数字经济可以通过影响区域创新能力,促进海洋经济高质量发展。一方面,数字经济可以通过技术创新,提高海洋产业的生产力水平;另一方面,数字技术优化生产流程,促进企业内部生产和管理的技术创新。数字经济通过影响区域创新能力,促进传统企业提升整体创新水平,并形成了创新机理和产业间的良性互动,从而实现经济的高质量发展。

第三,数字经济可以通过影响城镇居民消费,促进海洋经济高质量发展。一方面,数字技术的快速发展,改变了传统的支付方式,例如,支付宝、手机银行、微信支付等数字支付方式节省了交易的成本,为居民提供了便捷的支付环境,数字支付在一定程度上有效促进了居民的消费。另一方面,数字技术能够精准获得消费者全方位动态足迹信息,了解消费者喜好,生产出来的产品更加受到消费者的喜爱,有效地减少生产者和消费者信息不对称,提高了生产效率,进而促进产业高质量的发展。为此,本文提出如下假说。

假说 2(H2):数字经济、产业结构升级、创新能力和城镇居民消费的相互匹配和融合共同提升海洋经济的高质量发展。

数字经济对海洋经济高质量发展的影响除了简单的线性关系外,还可能存在非线性关系。数字经济水平发展到一定阶段以后,其对经济发展的推动作用更为显著且呈现边际效应递增趋势。数字经济在发展初期可能会出现"生产率悖论"现象。如海洋装备制造业,在前期发展阶段需要投入大量的资金购买设备,同时还需要大量的技术人才,此时不能够带来生产效率的提高。但随着数字技术深入并与海洋各个产业进行深入融合,海洋产业部门与部门之间的边际成本提高了海洋产业部门的边际收益。数字经济在促进海洋经济高质量发展的过程中可能存在一定的门槛效应。为此本文提出如下假设。

假说 3(H3):数字产业化对海洋经济高质量发展可能存在的门槛效应。

3 研究设计

3.1 模型设置

为了考察数字经济对海洋经济高质量发展的影响,本文构建如下面板数据回归模型:

$$hdem_{i,t} = \beta_0 + \beta_1 dig_{i,t} + \sum_{k=1}^{K}(\gamma x_{i,t}^k) + \sum_{m=1}^{M}\delta dig_{i,t}z_{i,t}^m + \mu_i + \lambda_t + \varepsilon_{i,t} \quad (1)$$

式中,$hdem$ 表示海洋经济高质量发展;dig 表示数字经济发展水平,x 表示一组控制变量,包括城镇居民消费、人均收入水平、海洋固定资产投资和海洋地方财政支出。α 为常数,β 和 γ 分别为各变量的系数,i 代表省份,t 代表年份,μ,λ 和 ε 分别表示个体效应、时间效应和随机扰动项。Z 表示机制变量,包括产业结构升级、创新能力指数和城镇居民消费水平。δ 为各交乘项的系数。

本文采用面板阈值回归模型来检验数字经济与海洋产业高质量发展之间是否存在非线性关系。阈值回归分为单阈值回归(STHR)和多阈值回归(MTHR)。表达式如下:

$$hdem_{i,t} = \beta_0 + \beta_1 dig_{i,t} \cdot I(dig_{i,t} \leqslant \gamma) + \beta_2 dig_{i,t} \cdot I(dig_{i,t} \succ \gamma) +$$

$$\sum_m \beta_m + \lambda_i + \varepsilon_{i,t} \tag{2}$$

式中,$dig_{i,t}$ 表示阈值变量;γ 表示阈值参数;$I(\cdot)$ 表示取值为 1 或者 0 的示性函数,弱满足括号内条件则示性函数取值为 1,否则取值为 0。

3.2 变量设计

3.3.1 解释变量

DEA—Malmquist 生产率指数法通过将数据包络分析(DEA)模型与 Malmquist 指数相结合来测度全要素生产率。模型构造如下:

$$M_t = TFP = Effch \times Tech = (Pech \times Sech) \times Tech \tag{3}$$

$$M_t = (x^{t+1}, y^{t+1}, x^t, y^t) = \frac{D_i^{t+1}(x^{t+1}, y^{t+1})}{D_i^t(x^t, y^t)} \times \left[\frac{D_i^t(x^t, y^t)}{D_i^{t+1}(x^t, y^t)} \times \frac{D_i^t(x^{t+1}, y^{t+1})}{D_i^{t+1}(x^{t+1}, y^{t+1})}\right]^{1/2} \tag{4}$$

根据海洋经济体的实际情况,进行海洋经济绿色全要素生产率测度。具体指标见表 1。

表 1 海洋经济高质量发展效率指标体系

	主要指标	指标说明
投入指标	资本投入	固定资产投入
	劳动投入	涉海就业人员
产出指标	期望产出	海洋生产总值 GDP
	非期望产出	海洋资源消耗

3.3.2 核心解释变量

本文基于数字经济的定义,参考中国国家统计信息中心等关于信息化测算的相关研究,考虑到数据的可获得性,选择尽可能与数字经济密切相关的指标,主要从数字经济基础设施水平、数字经济应用水平、数字经济产业发展水平、数字经济发展环境水平等方面构建数字经济发展水平的评价指标体系。测度了 2007—2019 年全国 11 个沿海省份的数字经济发展水平,并采用熵值法计算出数字经济指数。

3.3.3 机制变量

基于前文的研究假设,本文选取了产业结构高级化(CR)、创新指数(CX)和城镇居民消费作为本文的中介变量。① 产业结构高级化(CR),主要反映海洋产业高级化程度,第三产业与第二产业的比值;② 创新指数(CX),创新指数反映创新创业能力,主要包括知识创造、知识获取、企业创新、创新环境和创新绩效等方面;③ 城镇居民消费水平是指居民用于生活开支的人均数。

3.3.4 控制变量

结合已有的研究文献,本文引入城镇居民消费水平、劳动力水平、海洋固定资产投资、海洋地方财政支出作为控制变量。

3.3 数据来源和统计描述

基于研究数据的可获得性和完整性,本文选取 2007—2019 年中国 11 个沿海省份的面板数据进行实证研究,数据主要来源于《中国海洋经济统计年鉴》《中国城市统计年鉴》和《中国区域创新能力评价报告》等相关统计年鉴。主要变量的描述性统计见表 2。

表 2 变量描述性统计

	Variable	N	Average	Standard Deviation	Mini	Max
解释变量	Lnhdem	143	−0.007 2	0.207 9	−0.755 0	0.636 5
被解释变量	Lnde	143	3.023 8	0.527 4	1.764 7	4.169 1
	Lncs	143	0.877 2	0.040 5	0.788 0	0.976 0
机制变量	Lncx	143	3.553 7	0.319 9	3.038 3	4.075 1
	Lncmur	143	9.950 5	0.413 1	9.039 6	10.882 9
	Lnpgdp	143	10.774 1	0.506 4	9.417 5	11.725 0
控制变量	Lnmfai	143	7.502 3	0.904 7	5.017 2	9.456 4
	Lnlefmi	143	13.014 7	1.427 7	9.809 4	15.735 6

4 结果

4.1 基准回归分析

本文基于静态的固定效应模型进行回归分析,采用逐步增加控制变量的方法对全国层面的变量进行回归。具体检验结果见表 3。

表 3 数字经济与海洋经济高质量发展

	(1) lnhdem	(2) lnhdem	(3) lnhdem	(4) lnhdem	(5) lnhdem	(6) lnhdem	(7) lnhdem
lnde	0.261 * * *	0.387 * * *	0.389 * * *	0.142 *	0.160 * * *	0.101 *	0.099 1 *
	(7.50)	(7.19)	(7.51)	(1.54)	(1.67)	(0.96)	(0.90)
lncs		2.045 * *	1.246 *	0.824 *	0.827 *	0.357 *	0.014 4 *
		(2.63)	(1.57)	(1.06)	(1.04)	(0.43)	(0.02)

续表

	(1)	(2)	(3)	(4)	(5)	(6)	(7)
	lnhdem	*lnhdem*	*lnhdem*	*lnhdem*	*lnhdem*	*lnhdem*	*lnhdem*
lnde	0.261 * * *	0.387 * * *	0.389 * * *	0.142 *	0.160 * * *	0.101 *	0.099 1 *
lncx			0.216 * *	0.266 * * *	0.224 * *	0.225 * *	0.154
			(3.09)	(3.77)	(2.93)	(2.84)	(1.76)
lncmur				0.327 * *	0.462 * * *	0.483 * * *	0.484 * * *
				(3.20)	(3.39)	(3.54)	(3.52)
lnpgdp					−0.142	−0.193	−0.206
					(−1.42)	(−1.84)	(−1.93)
lnmfai						0.054 9	0.169 *
						(1.65)	(2.22)
lnlefmi							−0.093 1
							(−1.73)
_cons	−0.797 * * *	0.616	0.679	−2.018 *	−2.032 *	−2.339 *	−2.419 *
	(−7.42)	(1.09)	(1.20)	(−2.04)	(−1.99)	(−2.23)	(−2.21)
N	143	143	143	143	143	143	143

注：* $p < 0.1$，* * $p < 0.05$，* * * $p < 0.01$。

从表 3 中模型（1）～（7）回归结果可以看出，随着控制变量的逐步加入，核心解释变量数字经济的系数始终为正，且显著性保持在 10% 以上。这说明数字经济的发展有助于推动海洋经济高质量的发展。在控制变量方面，从模型（2）—（7）可以发现，海洋产业结构升级（cs），创新指数（cx）和城镇居民消费显著为正，说明促进海洋产业结构升级、提高创新指数和增加沿海城镇居民消费有助于改变海洋产业粗放的发展模式。而人均 GDP 和地方财政支出的增加的影响为负，且不显著，说明提高人均 GDP 和增加地方财政支出对改善海洋经济高质量发展效果不明显。

4.2 时变效应分析

为了考察数字经济对海洋经济高质量的发展是否具有动态影响，本文以每一年为一个时间节点的处理方法，采用广义最小二乘法（FGLS）进行估计。结果见表 4。

表 4　数字经济对海洋经济高质量影响的时变化

	Coefficient	std. err.	z	$P>\|z\|$	[95% conf. interval]	
2007	0.007 34	0.002 1	3.34	0.000	0.003 0	0.011 6
2008	0.005 10	0.002 1	2.48	0.013	0.001 1	0.009 1
2009	0.005 82	0.001 3	4.30	0.000	0.003 2	0.008 4
2010	0.005 87	0.001 1	5.50	0.000	0.003 7	0.007 9
2011	0.005 26	0.000 8	6.20	0.000	0.003 6	0.006 9
2012	0.006 23	0.007 6	8.11	0.000	0.004 7	0.007 7
2013	0.006 43	0.000 6	9.51	0.000	0.005 1	0.007 7
2014	0.007 56	0.000 4	18.62	0.000	0.006 7	0.008 3
2015	0.006 07	0.000 2	28.35	0.000	0.005 6	0.006 4
2016	0.005 04	0.000 1	35.35	0.000	0.016 3	0.008 1
2017	0.004 17	0.000 2	44.08	0.000	0.015 3	0.007 2
2018	0.003 52	0.000 1	51.21	0.000	0.012 2	0.007 0
2019	0.003 11	0.000 2	61.63	0.000	0.010 8	0.006 8
_cons	1.670 * * *	0.147 4	11.32	0.000	−0.016 3	1.958 7

　　从表 4 的结果可以看出,在 2007—2019 年的 13 年间,数字经济对海洋经济高质量发展的影响的显著性都在 1% 以下,呈现下降趋势。2007 年数字经济对海洋经济高质量发展的影响系数为 0.073 4,到 2008 年下降到了 0.005 1,从 2015 年开始逐渐下降到了 0.006。由此可以说明,数字经济对海洋经济高质量的发展具有动态性和长期性,但是会有所减缓。

4.3　作用机制分析

　　本文通过分析数字经济与海洋产业结构,创新能力和城镇居民消费的交互项,进一步考察数字经济对海洋产业高质量发展的传导机制。具体结果见表 5。

表 5　数字经济影响海洋经济高质量发展的机制分析

	(1)	(2)	(3)
	lnhdem	lnhdem	lnhdem
lnde	0.632 * *	0.459 * * *	0.232 *
	(2.21)	(3.83)	(0.70)
lndelncs	1.003 * * *		

续表

	（1）	（2）	（3）
	lnhdem	lnhdem	lnhdem
	（3.44）		
lndelncx		0.096 7 *	
		（2.35）	
lndelncmur			0.098 1 * * *
			（3.41）
_cons	−0.714 * * *	−0.958 * * *	−0.949 * * *
	（−4.59）	（−6.24）	（−4.45）
N	56	56	56

注：* p<0.1，* * p<0.05，* * * p<0.01。

从表 5 可以看出，数字经济和海洋产业结构，数字经济和创新能力，数字经济和城镇居民消费的交互项的系数都在 10% 以上的水平上显著为正，说明数字经济、产业结构、创新能力和城镇居民消费不仅各自都对海洋经济高质量发展有正向影响，而且数字经济可提高创新能力和促进产业升级。

4.4 门槛效应

本文采用面板门槛来检验数字经济对海洋产业高质量发展是否存在非线性关系。当数字经济达到一定的水平时，促进海洋经济高质量的发展。主要原因：数字经济初期投资规模较大，建设成本也相对较高，短期内很难快速应用到产业经济的发展过程中。

4.5 稳健性检验

为了进一步验证本文研究的逻辑性和合理性，需要研究结果进行稳健性检验。针对内生性问题，本文将采用系统 GMM 方法进行分析。系统 GMM 方法的原理在于将内生解释变量的水平值以及差分值作为内生解释变量的工具变量。回归结果见表 6。

表6 稳健性检验

	(1) lnhdem	(2) lnhdem
lnfg	0.364 * * *	
	(5.33)	
lnde		0.055 0 * *
		(3.84)
	(3.64)	
lnpgdp	−0.432 * * *	−0.344 * * *
	(−5.17)	(−4.02)
lnmfai	−7.198	−5.778
	(−0.85)	(−0.61)
lnlefmi	7.305	5.905
	(0.87)	(0.62)
_cons	−0.484	−1.417 *
	(−0.95)	(−2.25)
N	143	143
R2	0.224	
AR(1)test		−3.537(0.000)
AR(2)test		−1.427(0.154)
Sargan test		16.489(1.000)

注：* p<0.1, * * p<0.05, * * * p<0.01。

表6之(1)是互联网覆盖率对海洋经济高质量发展进行的回归结果,互联网的覆盖率的回归系数在1%上显著为正,即互联网覆盖率能够提高海洋经济高质量发展。这表明结果具有一定的稳定性。

5 结论与启示

本文在理论分析的基础上,测度了2007—2016年中国11个沿海省份的数字经济发展水平和海洋经济高质量发展水平,并在此基础上进行计量分析。研究发现:① 数字经济对海洋经济高质量发展具有显著的影响,且具有动态性和长期性,长期看来,数字经济对海洋经济高质量的发展影响会有所减弱;② 从传导机制来看,数字经济、产业结构、创新能力和城镇居民消费的相互匹配和融合,共同提升海洋经济高质量发展;③ 为了进一步探究数字经济对海洋经济高质量发展的影响,通过面板门槛模型,探讨数字经济对海洋经济高质量发展的之间的非线性关系,当数字经济发展水平较高时,会强化对海洋经济的促进作用。

为此,本文提出建议如下:第一,大力发展数字经济,通过数字经济带动我国新兴海洋产业的发展,扩大新兴海洋产业体的规模和体量,打造前沿高端的海洋产业集群;第二,推动数据共享和开放,建立海洋经济数据平台,将数字技术及时、准确地传递给海洋产业各个部门;第三,探索数字海洋经济发展的路径,加快推进数字技术设施的建设,大力发展工业互联网、人工智能、数字海洋等新型数字经济模式。

参考文献

[1] ADAMS S M. Assessing cause and effect of multiple stressors on marine systems[J]. Marine Pollution Bulletin. 2005,51(8):649-657.

[2] WANG S H,LU B B,YIN,K D. Financial development, productivity, and high－quality development of the marine economy[J]. Marine Policy,2021,DOI:10.1016/j. marpol. 2021.104553.

[3] 孙才志,宋现芳.数字经济时代下的中国海洋经济全要素生产率研究[J].地理科学进展,2021,40(12):1 983-1 998.

[4] GUO M C,DU C Z. Mechanism and effect of information and communication technology on enhancing the quality of China's economic growth [J]. Statistical Research,2019,36(3):3-16.

[5] MYOVELLA G,KARACUKA M,HAUCAP J. Digitalization and economic growth:a comparative analysis of Sub－Saharan Africa and OECD economies[J]. Telecommunications Policy,2020,DOI:10.1016/j. telpol. 2019.101856.

[6] UCAR E,LE DAIN M,JOLY I. Digital technologies in circular economy transition:evidence from case studies[J]. Procedia CIRP,2020,90 (1):133-136.

[7] BAUS S. FERNALD J. Information and communications technology as a general－purpose technology:evidence from industry data[J]. German Economic Review,2007,8(2):146-173.

[8] JOEGENSON D W,HO M S,SAMMUELS J D. Industry origins of the american productivity resurgence[J]. Interdisciplinary Information Sciences, 2008,14(1):43-59.

[9] SHEN G M, HEINO M. An overview of marine fisheries management in China[J]. Marine Policy, 2014, 44(2): 265-272.

[10] POMEROY R, NGUYEN K A T. THONG H X. Small-scale marine fisheries policy in Vietnam[J]. Marine Policy, 2009, 33(2): 419-428.

[11] URQUHART J, ACOTT T, ZHAO M. Introduction: Social and cultural impacts of marine fisheries[J]. Marine Policy, 2013, 37(1): 1-2.

[12] ISLAM M S. Perspectives of the coastal and marine fisheries of the Bay of Bengal, Bangladesh[J]. Ocean and Coastal Management, 2003, 46(8): 763-796.

[13] READ P, FERNANDES T. Management of environmental impacts of marine aquaculture in Europe[J]. Aquaculture, 2003, 226(1): 139-163.

[14] Knapp G, Rubino M C. The political economics of marine aquaculture in the United States[J]. Reviews in Fisheries Science & Aquaculture, 2016, 24 (3): 213-229.

[15] OTRACHSHENKO V, BOSELLO F. Fishing for answers? impacts of marine ecosystem quality on coastal tourism demand[J]. Tourism Economics, 2016, 23(5): 963-980.

[16] ONOFRI L, NUNES P A. Beach 'lovers' and 'greens': a worldwide empirical analysis of coastal tourism[J]. Ecological Economics, 2013, 88(4): 49-56.

[17] 寒令香,苏宇凌,曹珊珊. 数字经济驱动沿海地区海洋产业高质量发展研究[J]. 统计与信息论坛. 2021,36(11):28-40.

[18] LYYTINEN K, YOO Y, BOLAND R. Digital product innovation within four classes of innovation networks[J]. Information Systems Journal, 2016, 26(1): 47-75.

[19] BELKIN I M. Remote sensing of ocean fronts in marine ecology and fisheries[J]. Remote Sensing, 2021, 13(5): 883.

[20] LIN X, ZHENG L, LI W. Measurement of the contributions of science and technology to the marine fisheries industry in the coastal regions of China[J]. Marine policy, 2019, DOI: 10. 1016/j. marpol. 2019. 103647.

[21] HE X H, PING Q Y, HU W F. Does digital technology promote the sustainable development of the marine equipment manufacturing industry in

China[J]. Marine Policy，2022，DOI：10. 1016/j. marpol. 2021. 104868.

［22］HANSEN B E. Sample splitting and threshold estimation ［J］. Econometrica，2000，68(3)：575-603.

［23］BALKE N S，FOMBY T B. Threshold cointegration ［J］. International Economic Review，1997，38(8)：627-645.

［24］GONZALO J，PITARAKIS J Y. Estimation and model selection based inference in single and multiple threshold models ［J］. Journal of Econometrics，2002，110(2)：319-352.

［25］ROLF F. Growth，technical progress，and efficiency change in industrialized countries［J］. The American Economic Review，1994，84（1）：66-83.

中国海洋碳汇发展面临的机遇与挑战

杨鑫磊　陈仕林　任娅羲　周吴雪涵

（中海油研究总院规划研究院,北京 100028）

摘要:中国海洋碳汇潜力巨大,发展海洋碳汇能够改善生态环境和刺激经济增长。中国具有丰富的海洋碳汇资源,在"3060"双碳目标的背景下,海洋碳汇日益受到广泛关注,也面临抢占海洋碳汇国际制高点的重要机遇。但中国海洋碳汇交易仍处于探索阶段,仍存在交易市场体系不完善、公认的标准和方法学尚未确立、投资收益仍存在风险以及产权权属尚未明确等问题。建议加大高校、科研院所合作,出台发展海洋碳汇政策,增强海洋碳汇核算数据基础以及推动建立海洋碳汇核算和价值评价标准体系,助力中国海洋碳汇标准获得国际认可。

关键词:海洋碳汇;海洋碳汇标准;碳减排

全球每年人类活动二氧化碳的排放以碳计约达 55 亿吨,海洋是整个地球上最大的碳吸收者,二氧化碳吸收量大约占了人类总碳排放量的三分之一,吸收了 90% 以上温室气体热量,海洋碳储量是陆地碳储量的 20 倍、大气碳储量的 50 倍。随着世界各国碳中和目标的提出和推进,海洋碳汇已进入国际气候变化主要议题,并将成为全球碳中和计划中的重要新路径。海洋碳汇是海洋生物通过光合作用、生物链等机制吸收和存储大气中的二氧化碳的过程和活动,在价值上体现为有固碳能力的海洋生物资源的总价值,有效发挥海洋的固碳作用,能够提升生态系统碳汇增量。海洋碳汇具有碳循环周期长、固碳效果持久、效率高、潜力大等特点,海洋碳汇增量将对整个大气环境与海洋生态起到久远而有益的影响。中国发展海洋碳汇潜力巨大,未来将成为绿色发展和低碳经济的关键手段。

1　中国海洋碳汇发展现状与前景

1.1　中国海洋碳汇发展现状

中国大陆海岸线长达 1.8 万千米,海域面积非常辽阔,还拥有雄厚的海洋生态资源。中国也早已经成为全球海水养殖规模最大的国家,海洋碳汇潜力巨大,充分发挥海洋碳汇的供给能力能够为中国经济发展与生产建设给予充沛的生态空间。

中国海洋碳汇工作开展时间较晚,整体仍处于探索阶段,在该领域的基础和应用研究还需加强,如海洋碳汇资源调查、监测和核算方法学研究等,但中国高度重视海洋碳汇发展。2015 年《生态文明体制改革总体方案》中提出"建立增加海洋碳汇的有效机制","十三五"规划将海洋碳汇作为重点研究项目。2021 年 10 月,《中共中央 国务院关于完整准确全面贯彻新发展理念做好碳达峰碳中和工作的意见》明确提出实施基于自然解决方案,增加生态碳汇。截至目前,中国各地区纷纷在加快推进海洋碳汇、推进海洋碳汇核算、开展海洋碳汇交易试点等方面持续发力(表 1)。

表 1　中国海洋碳汇工作开展情况

时间	实施单位	主要内容
2016 年 12 月	山东省威海市蓝色经济研究院与中国水产科学院黄海水产研究所	合作共建国家海洋碳汇研发基地暨海洋碳资源交易所
2019 年 9 月	山东省威海市	发布了中国第一个海洋碳汇方法学——海带养殖碳汇方法学研究成果
2020 年 6 月	深圳市生态环境局	发布由深圳大鹏新区编制完成的中国首个《海洋碳汇核算指南》
2020 年 6 月	厦门大学	成立福建省海洋碳汇重点实验室
2021 年 4 月	山东省威海市	发布中国首个蓝碳经济发展规划《威海市蓝碳经济发展行动方案(2021—2025)》
2021 年 6 月	自然资源部第三海洋研究所、广东省湛江市红树林国家级自然保护区管理局、北京市企业家环保基金会	通过签约"广东湛江红树林造林项目"项目,吸收 5 880 吨二氧化碳减排量
2021 年 8 月	山东省威海市荣成农商银行	向威海长青海洋科技股份有限公司(建有 10 万亩国家级海洋牧场示范区,年固碳量约 42.5 万吨)发放了 2 000 万元人民币的"海洋碳汇贷",是中国首笔"海洋碳汇贷"
2021 年 9 月	厦门产权交易中心	运用红树林海洋碳汇方法学达成了 2 000 吨红树林修复项目海洋碳汇交易
2022 年 1 月	厦门产权交易中心	达成连江县 15 000 吨海水养殖渔业海洋碳汇交易项目。这是中国首宗海洋渔业碳汇交易,标志着中国海洋渔业碳汇交易领域实现"零的突破"

中国有不少科研工作者已经在开展海洋碳汇方面的研究。刘纪化(2021)认为海洋是地球上最大的活跃碳库,海洋碳汇对调节气候变化起到了无可取代的作用。焦念志(2021)发现"微型生物碳泵"海洋微型生物能够将活性溶解有机碳转

变成惰性溶解有机碳,使得有机碳长期储存。唐启升(2011)提出碳汇渔业理论,通过渔业生产活动增加水生生物汲取水体中的二氧化碳。李雨农等(2019)研究得出海洋碳汇渔业发展为中国今后很长一段时间内海洋渔业新的经济增长点,需要金融业的大力支持。徐敬俊等(2020)用中国大陆沿海 11 个省(自治区、直辖市)海洋渔业经济指标为数据支撑,分析得出发展海洋碳汇渔业能够建设海洋生态文明和推动海洋渔业全产业链相关产业的发展。杨宇峰等(2021)研究发现大型海藻规模栽培能够增加海洋碳汇和解决海洋环境问题。张永雨等(2017)研究认为中国近海养殖通过贝藻等产量,能够有效增加海洋碳汇。岳冬冬等(2012)通过海水贝类养殖直接碳汇和间接碳汇构建了碳汇核算体系,王佐仁等(2013)根据海域面积、单位面积内海水吸收二氧化碳效率和海洋暖流流动面积进行了海洋碳汇的测定,刘芳明等(2019)运用"总经济价值法"开展海洋碳汇核算方面研究。谢素美等(2021)认为构建中国海洋碳汇交易市场能够保障海洋碳汇交易市场持续、有效运行。海洋碳汇被越来越多的科研工作者重视起来,未来将会有更多关于海洋碳汇方面的研究。

1.2 中国海洋碳汇发展前景

目前中国主要的海洋碳汇途径为红树林、盐沼、海草床、鱼虾贝藻类渔业养殖,能够捕获与储存大量碳并永久埋藏在海洋沉积物里,发展海洋碳汇具有非常好的前景。红树林具有降低大气中二氧化碳浓度、减缓气候变暖等重要功能,是地球上固碳效率最高的生态系统之一,也是滨海湿地海洋碳汇最重要的贡献者之一。第三次全国国土调查数据显示,中国现有红树林地面积 40.60 万亩。2020年,自然资源部数据显示滨海盐沼面积 1 132.15 平方千米,海草床面积 106.37平方千米。2020 年海藻养殖产量达到 165.15 万吨,渔业总产量 6 549 万吨。

中国发展海洋碳汇能够产生经济效益、社会效益和生态效益(图 1)。发展海洋碳汇不仅具有减少碳排放、保护环境多样性、降低水体酸度和减缓气候变暖等生态效益,对提高海洋资源的经营管理水平也具有重要价值,还能够通过带动渔业、旅游业为经营者带来更大收益,未来海洋碳汇排放权通过碳市场交易变现也能够带来经济收益,有利于区域经济发展经济发展,解决当地居民就业问题。

生态环境部消息显示,自 2021 年 7 月 16 日全国碳交易市场启动到 12 月 31日首个履约期结束,共运行 114 个交易日,碳排放配额累计成交量 1.79 亿吨,累计成交额 76.61 亿元。中国目前碳市场发展迅速,海洋碳汇增量潜力巨大,未来也将会建立中国海洋碳汇交易市场。深圳市、湛江市、海口市、三亚市、厦门市、威海市等沿海城市正在推进海洋碳汇交易的发展,未来海洋碳汇将采取市场化、产业化的运作方式,成为中国绿色发展和低碳经济的关键手段。建立和完善海洋碳汇交易市场,也是推动中国碳市场交易体系构建完善的必要环节,是助力中国实现"3060"双碳目标的重要路径。

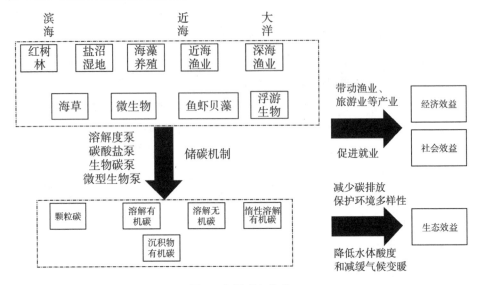

图1　海洋碳汇效益

2　中国发展海洋碳汇的机遇与挑战

2.1 中国发展海洋碳汇的机遇

中国发展海洋碳汇主要面临着四个方面的机遇:

一是中国拥有丰富的海洋碳汇资源。中国海洋生态系统多样,海洋生物资源丰富,是全球为数不多同时具有海草床、红树林、盐沼三大海岸带生态系统的国家之一,670万公顷的滨海湿地是海洋碳循环活动极其活跃的区域。中国海洋碳汇可利用空间远超森林、草地、耕地等陆地碳汇空间,可交易的海洋碳汇基数庞大。

二是"3060"双碳目标为发展海洋碳汇市场交易提供时代机遇。中国积极面对气候变化,顺应能源清洁转型、绿色发展大趋势,瞄准"3060"双碳目标,正是大力发展海洋碳汇的大好时机。中国能够运用丰富的海上工业生产作业和管理经验,充分发挥海洋工业比较优势,开展海洋碳汇技术领域研究。

三是海洋碳汇日益受到广泛关注和重视。党的十八大以来,党中央、国务院高度重视海洋碳汇发展,做出"建立增加森林、草原、湿地、海洋碳汇的有效机制""探索开展海洋等生态系统碳汇试点""探索建立海洋碳汇标准体系和交易机制"等多项决策设计,将海洋碳汇明确纳入国家战略。

四是中国有机会抢占海洋碳汇国际制高点。国际海洋碳汇研究日新月异、国际公认的海洋碳汇标准尚未确立,建立全球海洋碳汇规则是未来的大趋势,中国有机会抢占海洋碳汇国际制高点,获得海洋碳汇话语权,对中国实现"3060"双碳目标,在全球化中掌握更大的话语权意义重大。

2.2 中国发展海洋碳汇的挑战

中国发展海洋碳汇主要面临着四个方面的挑战:

一是海洋碳汇交易仍处于探索阶段,海洋碳汇交易市场体系不完善,海洋碳汇参与主体还不够多。社会各界涉及海洋碳汇的项目极少,与海洋碳汇交易相关的方法学、规范、技术、标准等还尚未形成完整成熟的体系。

二是世界公认的标准和方法学尚未确立。海洋固碳储碳的复杂过程增加了海洋碳汇核算查验技术研究开发的困难程度。目前,海洋碳汇尚未得到国际碳交易机制的普遍认可,相应的碳计量标准和方法学的研究与实践基础较薄弱。同时,中国海洋碳储量和通量的全面调查难度较大,海洋碳汇方面数据十分缺乏。

三是海洋碳汇发展还需要时间,投资收益仍存在风险。在对碳市场和海洋碳汇项目缺乏普遍了解的前提下,企业经营者会更倾向于获取短期利益,放弃项目未来的海洋碳汇收益。海洋碳汇投资大,回报周期长,收益尚不明确,仍存在较大风险,需要更多社会主体参与海洋碳汇发展。

四是海洋碳汇的产权权属尚未明晰。中国并未对海洋碳汇的权属进行明确规定,同时海洋碳汇交易依托的特定海域也不属于私法上的财产权利客体,而是属于公法管辖的范畴,国家享有对海洋资源的支配权和管理权。这就使得短期内很难明确划定海洋碳汇交易各主体之间权利行使的边界,导致海洋碳汇无法成为私法上财产权利的客体,进而影响海洋碳汇在市场上的流转通顺。

3 中国发展海洋碳汇相关建议

结合前文中国发展海洋碳汇的机遇与挑战,提出加大对高校和科研院所研究力度、出台发展海洋碳汇政策、强化对科研管理支持、推动建立海洋碳汇核算和价值评价标准体系四个方面建议,推动中国海洋碳汇的整体快速发展。

3.1 加大高校和科研院所研究力度,做好海洋碳汇基础研究

建议增加对海洋碳汇基础研究的投入强度,通过机制设计发挥相关单位和高校、科研单位更加深入合作,做好海洋碳汇的基础性研究,推动建立国家级海洋碳汇实验室和海洋碳汇数据信息库,建立海洋生态系统碳汇监测站和海洋生物碳汇技术研究开发基地等科研平台,创新海洋碳汇固碳储碳技术,增加单位面积的固碳储碳量,服务海洋碳汇理论和技术的发展。

3.2 出台发展海洋碳汇相关政策，强化对科研管理支持

建议相关政府部门出台相关海洋碳汇发展支持政策，在海洋碳汇方法学研究等方面推行"揭榜挂帅"机制，并加大科研资金支持力度，培养海洋碳汇人才队伍，注重培养集海洋、金融、管理等多种专业知识于一身的专精尖人才和跨学科人才。推动提高海洋碳汇人才理论研究水平和实践能力，能够为未来海洋碳汇市场交易的顺利开展提供智力支持。

3.3 为海洋碳汇核算提供数据基础，推动海洋碳汇交易试点

建议利用海上工业优势为海洋碳汇核算提供监测、评估数据基础。推动沿海城市政府积极开展海洋碳汇交易试点，推动海洋碳汇交易进入中国碳交易市场。通过推动海洋碳汇交易市场发展来增加海洋碳汇价值的市场化程度，未来海洋碳汇的市场化机制能够为各方参与者赚取更多经济效益。

3.4 推动建立海洋碳汇核算和价值评价标准体系，争取帮助中国海洋碳汇标准获得认可

建议推动相关高校和科研单位建立海洋碳汇核算和价值评估标准体系，厘清海洋碳汇的发生机制和涉海活动对海洋碳汇影响程度，获取对海洋环境和海洋碳汇整体循环的认知，进而加快中国海洋碳汇研究进度。同时加快海洋碳汇核算、碳汇价值评估等领域相关标准体系的研究和制定，争取中国海洋碳汇标准能够获得社会、学术、国际认可，将中国制定的成熟海洋碳汇标准体系向全世界推广。

4 结论与展望

中国是一个经济中高速增长的发展中国家，是一个能源消费大国，实现"3060"双碳目标的压力依然较大；同时，中国身为一个负责任、有担当的世界大国，需要将降低碳排放与提高碳汇列为中国实现"3060"双碳目标的两个主要途径。海洋碳汇是近几年来飞速发展的研究重点，其巨大潜力决定了中国发展海洋碳汇的良好前景。

中国发展海洋碳汇本身具有丰富的海洋碳汇资源，正遇上"3060"双碳目标、海洋碳汇日益受到广泛关注重视的大好时机以及抢占海洋碳汇国际制高点机遇。目前海洋碳汇交易仍处于探索阶段，面临海洋碳汇交易市场体系不完善、公认的标准和方法学尚未确立、海洋碳汇发展还需要时间、投资收益仍存在风险以及海洋碳汇的产权权属尚未明确的挑战。

随着中国经济的发展和低碳转型理念普及度的提高，海洋碳汇的益处将日益为人们所关注，将会有更多的高校和相关企业进入海洋碳汇的研究和实践。中国政府也将通过出台政策指引，促进海洋碳汇产业的发展，从而优化海洋碳汇组织

模式。海洋碳汇将成为国家新兴产业和经济新增长点,但目前国际公认的海洋碳汇标准体系还有空缺,海洋碳汇交易规则还未建立,海洋碳汇市场还未真正有效形成。中国加快建立海洋碳汇标准体系、形成海洋碳汇交易规则、建立海洋碳汇交易市场,对主导国际海洋碳汇发展走向、把握海洋碳汇话语权和主动权有重要意义。

参考文献

[1] 贺义雄. 发展海洋碳汇要做好适应性治理[N]. 中国自然资源报,2021-12-03(003).

[2] 李静,温国义,杨晓飞,李修任. 海洋碳汇作用机理与发展对策[J]. 海洋开发与管理,2018,35(12):11-15.

[3] 毛竹,陈虹,孙瑞钧,赵化德,邢庆会. 我国海洋碳汇建设现状、问题及建议[J]. 环境保护,2022,50(7):50-53.

[4] 谢素美,罗伍丽,贺义雄,黄华梅,李春林. 中国海洋碳汇交易市场构建[J]. 科技导报,2021,39(24):84-95.

[5] 程娜,陈成. 海洋碳汇、碳税、绿色技术:实现"双碳"目标的组合策略研究[J]. 山东大学学报(哲学社会科学版),2021(6):150-161.

[6] 陈武. 中国海洋碳汇渔业发展对碳效益的影响研究[D]. 长春:吉林大学,2021.

[7] 刘纪化,郑强. 从海洋碳汇前沿理论到海洋负排放中国方案[J]. 中国科学:地球科学,2021,51(4):644-652.

[8] 焦念志. 研发海洋"负排放"技术支撑国家碳中和需求[J]. 中国科学院院刊,2021,36(02):179-187.

[9] 唐启升. 碳汇渔业与又快又好发展的现代渔业[J]. 江西水产科技,2011,126:5-7.

[10] 李雨浓,孙涛,蒲凌海. 海洋碳汇渔业发展的金融支持问题研究[J]. 乡村科技,2019(12):58-60.

[11] 徐敬俊,张洁,佘翠花. 海洋碳汇渔业绿色发展经济外溢效应评价研究[J]. 中国人口·资源与环境,2020,30(6):136-145.

[12] 杨宇峰,罗洪添,王庆,贺志理,龙爱民. 大型海藻规模栽培是增加海洋碳汇和解决近海环境问题的有效途径[J]. 中国科学院院刊,2021,36(3):259-269.

[13] 张永雨,张继红,梁彦韬,李鸿妹,李刚,陈晓,赵鹏,蒋增杰,邹定

辉，刘晓勇，刘纪化. 中国近海养殖环境碳汇形成过程与机制[J]. 中国科学：地球科学，2017,47(12):1 414-1 424.

[14] 岳冬冬，王鲁民. 中国海水贝类养殖碳汇核算体系初探[J]. 湖南农业科学，2012(15): 120-122＋130.

[15] 王佐仁，肖建勇. 关于碳汇统计测度的研究[J]. 西安财经学院学报，2013，26(2):48-51.

[16] 刘芳明，刘大海，郭贞利. 海洋碳汇经济价值核算研究[J]. 海洋通报；2019,38(1):13＋19

[17] 李雨浓，孙涛，蒲凌海. 海洋碳汇渔业发展的金融支持问题研究[J]. 乡村科技，2019(12):58-60.

[18] 焦念志，刘纪化，石拓，张传伦，张永雨，郑强，陈泉睿，汤凯，王誉泽，董海良，唐剑武，叶思源，董双林，高坤山，张继红，薛强，李琦，贺志理，屠奇超，王法明，黄小平，白雁，潘德炉. 实施海洋负排放 践行碳中和战略[J]. 中国科学：地球科学，2021，51(4):632-643.

[19] Wu J P, Zhang H B, Pan Y W, et al. Opportunities for blue carbon strategies in China[J]. Ocean & Coastal Management，2020，DOI：10.1016/j. ocecoaman.2020.105241.

[20] 于瀚，孙涛. 海南发展蓝色碳汇经济的政策建议[C]. 第九届海洋强国战略论坛论文集，2018：103-105.

[21] Jiao N Z, Wang H, Xu G H, et al. Blue carbon on the rise：Challenges and opportunities [J]. National Science Review，2018，5 (4)：464-468.

[22] 王悦，徐芸茜. 如何抢占海洋碳汇国际制高点[N]. 华夏时报，2022-03-28(007).

[23] 易思亮. 中国海岸带蓝碳价值评估[D]. 厦门：厦门大学,2017.

[24] 白洋，胡锋. 我国海洋蓝碳交易机制及其制度创新研究[J].科技管理研究,2021,41(3):187-193.

[25] 吴士存. 全球海洋治理的未来及中国的选择[J]. 亚太安全与海洋研究,2020(5):1-22＋133.

[26] 江悦庭.福建海洋碳汇交易及其法律问题研究[J]. 福建农林大学学报（哲学社会科学版），2019，22(1)：93-98.

海岸带综合管理效用分析
——以东亚海环境管理伙伴关系计划为例

魏建勋

(外交学院外交学与外事管理系,北京西城 100037)

摘要:"海岸带综合管理"理念是全球海洋治理理念的重要组成部分,其在国家、地区、国际层次深入实践和发展。以东亚地区为例,该地区形成了东亚海环境管理伙伴关系计划。东亚海环境管理伙伴关系计划由诸多国家和非国家行为体组成,其机制化建设取得了一定进展,对于促进各治理主体的合作,推进地区海洋治理,起到了积极作用。

关键词:海岸带综合管理;东亚海环境管理伙伴关系;国家;非国家行为体

随着海洋在人类社会中扮演日益重要的角色,海洋治理问题愈发受到国际社会的重视。海岸带综合管理是海洋治理理念的重要组成部分,其倡导通过系统、综合的方式对海洋的关键领域——海岸带进行治理。"海岸带综合管理"理念深入实践和发展,在海洋治理中的角色日益凸显。

通过追溯海岸带综合管理理念的生成和实践,进而介绍东亚海环境管理伙伴关系计划这一案例,对该计划的效能进行分析,有助于增进对"海岸带综合管理"理念及其实践的认识。

1 海岸带综合管理理念的提出和发展

1972 年,美国颁布了《海岸带管理法案》(*Coastal Zone Management Act of 1972*),该法案指出"沿海地区拥有丰富的自然、商业、娱乐、生态、工业和美学资源,对国家的现在和将来的健康发展具有直接和潜在的价值。在充分考虑生态、文化、历史、美学价值、经济兼容发展需要的基础之上,通过制订和实施管理计划以充分利用沿海地区的土地和水资源,鼓励和帮助各州有效地履行其在沿海地区的职责"。该法案的出台标志着政府层面开始将"海岸带管理"这一理念转化为实践。

1992 年,联合国环境与发展会议在里约热内卢举行,会议通过了《21 世纪议程》(*Agenda 21*),其中第 17 章指出"世界上一半以上人口居住在距离海岸线 60 千米以内的地区,到 2020 年,这一比例可能上升到四分之三。当前的海洋和沿海资源管理方法并不总是能够实现可持续发展。世界众多地区的沿海资源和环境正在迅速退化和侵蚀。沿海国应致力于在其国家管辖范围内对沿海地区和海洋环境进行综合管理和可持续发展"。这标志着"海岸带管理"这一理念得到了国际社会的认可。

各国、各地区、全球层次的以"海岸带综合管理"为主题的伙伴关系都在深入实践和发展。在加拿大,不列颠哥伦比亚省同 17 个土著部落于 2011 年 11 月发起了北太平洋海岸海洋计划伙伴关系(Marine Plan Partnership for the North Pacific Coast),该伙伴关系在海达桂群岛(Haida Gwaii)、北海岸(North Coast)、中海岸(Central Coast)、北温哥华岛(North Vancouver Island)四个次区域实施。这四个次区域的海洋管理计划已在 2015 年完成,区域行动框架在 2016 年 5 月完成。可持续社区倡议(The Sustainable Communities Initiative)也是加拿大为管理海岸带成立的伙伴关系倡议。"该倡议的主体为 7 个联邦部门和 250 个社区,该倡议由 109 个项目组成,目的是帮助当地居民学习测绘技术,以便创建和使用地图,来实现资源的可持续发展。政府和社区层面的参与者通过此类多部门的社区伙伴关系打破了彼此之间的障碍。"该伙伴关系为决策者提供建议,并为土地管理者、项目规划者、企业、原住民、地方政府和其他利益相关者提供指导。该伙伴关系旨在平衡可持续经济发展与环境管理,帮助提高现有政策和程序内的审批流程效率,减少海洋用户之间的空间冲突,并确保业务确定性。

在英国,以河口为主题的伙伴关系发展成果丰富,主要有"亨伯河口伙伴关系(Humber Estuary Partnership)、梅德韦-斯瓦尔河口伙伴关系、莫克姆湾伙伴关系(Morecambe Bay Partnership)、里布尔河口伙伴关系(Ribble Estuary Partnership)、蒂恩河口伙伴关系(Teign Estuary Partnership)"。英国政府的相关部门同当地政府、科研机构、社区居民、专家学者等为有效应对各河口的生态问题,结合各河口的特点,制定相应的治理机制。

澳大利亚有海岸海护理项目(Coastcare Program),该项目有三级主体:澳大利亚联邦、各州、各地方政府,各级主体有不同的任务。"联邦政府和州政府以促进以行动为导向的可衡量、切实存在的项目为目的,来确定将资金流向。州和地方政府之间主要进行该项目的资金管理和子项目管理。社区促进项目实施,为项目实施提供志愿服务。"

地区层面积极推进海岸带综合管理。"欧洲致力于海岸带综合管理能力建设需要的研究,评估海岸带综合管理项目的实施情况,并制定了一系列有关海岸带综合管理的政策框架,其中包括海岸带综合管理战略(ICZM Strategy)、欧盟通讯(EU Communication)、欧盟海岸带综合管理指南(EU ICZM Recommendation)、绿皮书(Green Paper)、蓝皮书(Blue Book)、海洋战略框架指令(Marine Strategy Framework Directive)、海岸带综合管理协议(ICZM Protocol)、2002 海岸带综合管理指南审查(Review of the 2002 Recommendation)。""1996 年,欧洲委员会启动了为期三年的海岸带综合管理试点项目。该项目由环境、渔业、地方政策三个部门联合发起。该项目从 35 个地方和区域的海岸带综合管理的试点项目汲取经验,基于一系列专题分析(立法、公众参与、技术、地区合作、欧盟政策、信息)以及专家、管理人员和外部组织之间的定期会议。"

国际层面的海岸带管理伙伴计划也在稳步推进。"国际海岸带综合管理学习网络和合作伙伴关系的例子包括联合国教科文组织可持续人类发展智慧沿海做法论坛(UNESCO Wise Coastal Practices for Sustainable Human Development Forum),联合国开发计划署海洋与沿海管理战略计划(UNDP Strategic Initiative for Ocean and Coastal Management),国际珊瑚礁计划(International Coral Reef Initiative),全球珊瑚礁监测网(Global Coral Reef Monitoring Network),联合国环境署优先行动计划和沿海地区管理计划(UNEP Priority Actions Programme and Coastal Area Management Programme)。"

2 案例分析:东亚海环境管理伙伴关系计划

亚太地区多国经济发展水平不高,经济结构有待完善,沿海地区的居民为了生计,过分开采利用海洋资源,破坏了沿海生态。与此同时,亚太沿海地区人口密度较大,沿海地区旅游业、工业等各种产业的发展对沿海地区的环境带来了负面影响。为了改变亚太地区对沿海地区资源的过度利用,保证亚太沿海地区的健康稳定发展,亚太海岸带会议(Coastal Zone Asia-Pacific Conference)于 2002 年在泰国曼谷举行。"该会议的总体目标是通过合理利用沿海资源来改善沿海地区的状况,并探索研究、教育、信息共享和沿海政策方面的创新方法,以应对沿海地区现有和新出现的问题。会议讨论了可持续沿海活动、沿海生态系统管理、社区/资源互动、沿海资源经济性和可持续性、沿海地区规划、沿海综合政策六个主题。"随着该会议的举办,亚太各国愈发重视海岸带管理项目。在东亚地区,东亚海环境管理伙伴关系计划(Partnerships in Environmental Management for the Seas of East Asia)近年来取得了长足的发展。

东亚海环境管理伙伴关系计划的前身是防止东亚海域环境污染计划(Prevention and Management of Marine Pollution in the East Asian Seas),防止东亚海域环境污染计划是海岸带综合管理在东亚的最初实践。防止东亚海域环境污染计划包括在中国厦门和菲律宾的八打雁湾设立海岸带污染防控和管理的项目,包括动员印度尼西亚、马来西亚、新加坡等国解决马六甲海峡和新加坡海峡的海洋污染问题,包括加强中国、朝鲜、印尼、越南、泰国等发展中国家的海洋能力建设。该计划由全球环境基金(Global Environment Facility)、联合国开发计划署（United Nations Development Programme）、国际海事组织（International Maritime Organization)共同发起,自 1994 年开始,于 1999 年成功完成。该计划的成功实施增强了各国应对东亚海域问题的信心,同时各国从该计划中汲取了宝贵的经验,同时各国意识到要通过建立一种新的区域合作机制来应对日益严峻的东亚海环境问题。于是东亚海环境管理伙伴关系计划应运而生。

东亚海环境管理伙伴关系计划于 1999 年开始实施,致力于建立政府间、机构间和多部门间的伙伴关系,注重动员公共和私营部门的资源。该计划包括国家和非国家行为体。参与国包括中国、朝鲜、韩国、日本、柬埔寨等 11 个国家。非国家行为体包括国际海洋研究所、海岸带管理中心、可口可乐、全球海洋基金等。2003年,PEMSEA 出台了《东亚海可持续发展战略》（Sustainable Development Strategy for the Seas of East Asia），该战略为东亚海的可持续发展规划了愿景与方法,也标志着 PEMSEA 将长期致力于东亚海的治理。PEMSEA 的机制化建设不断完善,内部机构包括执行委员会、部长级论坛、伙伴关系委员会、秘书处等,其建成的网络有地方政府、海岸带综合管理学习中心、地方优秀人才中心。PEMSEA 特别注重对青年人才的培养,2016 年建立了青年基金（Youth Grant），2018 年建立了青年领导者网络（Network of Young Leaders）。注重对青年的培训是 PEMSEA 持续稳定健康发展的不竭动力。

3 东亚海环境管理伙伴关系计划的效用分析

PEMSEA 为东亚海各行为体应对海洋问题搭建了平台。在该计划提出以前,东亚地区面临着海洋资源的过度利用、海洋管理理念落后等问题。该计划的提出为各国合理利用海洋资源、改进海洋管理理念提供了平台。各国可在该计划的框架下,进行海洋治理理念、治理方式的探讨协商,互相借鉴彼此海洋治理的成功经验,从而更有效地应对海洋问题。同时,该计划的发起者会为各国带来海洋治理的成功经验。全球环境基金、联合国开发计划署、国际海事组织在全球范围内进行海洋治理的实践,东亚海环境管理伙伴关系计划是其中之一。发起者可通过该计划为东亚地区各国介绍海洋治理的成功经验,从而有助于各国不断提升海洋治理的水平。另外,该伙伴关系计划的成员包含众多的科研机构,科研机构能为东亚海环境管理提供先进的理念,能够将研究的最新成果应用于东亚海治理实践,并且有效评估 PEMSEA 具体项目的实施情况,并提出项目运行改进的意见,从而提升项目的运行效率。PEMSEA 的成员也包含很多非政府组织。非政府组织可以为东亚海治理政策的制定提供咨询,使有关各方制定出有效合理的治理政策,也可以为某一具体问题提供咨询,从而推动问题的解决。当各方就某一问题达不成一致意见时,非政府组织可以凭借其"游说"功能推动各方尽快达成统一意见。PEMSEA 的成员也包含工业协会等能给海洋治理项目实施提供资金来源的成员。资金是项目实施最主要的推动力,而东亚海地区的部分国家经济状况不好,工业协会等组织的存在将推动东亚海治理项目的实施。

PEMSEA 聚合了治理合力。PEMSEA 欢迎非国家行为体参与东亚海治理,同时为非国家行为体参与东亚海治理提供了灵活多样的方式。非国家行为体可以为计划开展提供政策建议,可以亲自参与到项目实施过程中去,也可以参与到项目评估的工作中去。同时,PEMSEA 会通过研讨会、小组讨论、论坛等灵活形式促进非国家行为体之间相互交流,这样有助于项目各个环节的衔接,从而提升项目的运行效率。PEMSEA 促进了国家行为体和非国家行为体的交流。国家行为体在东亚海治理中往往扮演着政策制定者的角色,其制定出来的政策要由非国家行为体去实施。而从政策制定到政策执行,中间需要沟通,PEMSEA 是国家行为体与非国家行为体沟通的渠道,有助于国家行为体层面的政策尽快得到落实。非国家行为体在项目制定运营评估的过程中可能有好的思路和方法,但它们很少能扮演政策制定者的角色,它们需要渠道同国家行为体交流自己的思路和方法,进而引起国家行为体的重视,通过国家行为体将自己的思路和方法转化为切实可行的政策。PEMSEA 是非国家行为体同国家行为体交流自己思路和方法的渠道。

PEMSEA 提升了各治理主体的效能。PEMSEA 采用的是"双向度"的治理模式,既充分提升国家参与治理的有效性,又充分发挥非国家行为体的作用。为了提升国家参与治理的有效性,PEMSEA 首先会提升国家参与治理的积极性,它会通过各种活动让国家意识到海洋治理对于每个国家发展的重要性、蓝色经济的发展对于国家长期稳定健康发展的重要作用,提升国家参与海洋治理中的责任意识和参与海洋治理的紧迫性。"PEMSEA 与国家机构密切协商,强调海洋和海岸带的重要性,并强调海洋部门对国民生产总值的日益增长的贡献。它组织了国家和地区政策与技术研讨会,让决策者、商业团体和专家参与进行国家政策改革,以制定国家海岸带和海洋政策、战略和立法。"同时,PEMSEA 在实施具体项目时,会充分考虑项目所在国的政治制度和经济制度,做到项目的运作方式与项目所在国的状况相适应,这样,国家就可以充分调动各方面的资源参与到项目运作过程中去。

4 结语

PEMSEA 是"海岸带综合管理"理念在东亚地区的有力实践,该伙伴关系计划由国家和非国家行为体组成,其机制化建设不断取得进展,为东亚海各行为体应对海洋问题搭建了平台,增进了各类行为体间的交流和合作,提升了东亚海治理的效能。应当指出,PEMSEA 在其发展的过程中,也面临着责任分担困境、评价机制待完善等问题,这需要各类行为体增进对海洋治理问题的认知,增进在各领域中合作的深度和广度,寻求建立更有效的运行机制,注重对该计划的评估,根据反馈结果不断调整该计划的运行方向和目标。另外,各类行为体应当广泛借鉴全球、地区、国家等多个层面的海岸带综合管理实践经验,不断提升该计划实施的科学化水平。

参考文献

[1] National Oceanic and Atmospheric Administration. Coastal Zone Management Act of 1972[EB/OL]. (2005-12-19)[2020-04-15]. https://coast. noaa. gov/data/czm/media/CZMA_10_11_06. pdf.

[2] United Nations Conference on Environment & Development. AGENDA 21 [EB/OL]. (2005-12-19)[2021-04-15]. https://sustainabledevelopment. un. org/content/documents/Agenda21. pdf.

[3] KEARNEY J, BERKES F, CHARLES A, et al. The role of participatory governance and community—based management in integrated coastal and ocean management in Canada[J]. Coastal Management, 2007, 35(1): 79-104.

[4] FLETCHER S. Stakeholder representation and the democratic basis of coastal partnerships in the UK[J]. Marine Policy, 2003, 27(3): 229-240.

[5] Harvey N, Clarke B, Carvalho P. The role of the Australian Coastcare program in community—based coastal management: a case study from South Australia[J]. Ocean & Coastal Management, 2001, 44(4): 161-181.

[6] REIS J T, STOJANOVIC T, SMITH H. Relevance of systems approaches for implementing Integrated Coastal Zone Management principles in Europe[J]. Marine Policy, 2014, 43(1): 3-12.

[7] TOBEY J, VOLK R. Learning frontiers in the practice of integrated coastal management[J]. Coastal Management, 2002, 30(4): 285-298.

[8] CHUENPAGDEE R, PAULY D. Improving the State of Coastal Areas in the Asia—Pacific Region[J]. Coastal Management, 2004, 32(1): 3-15.

中国海洋经济增长新旧动能转换测评与影响因素分析

陈小龙[1]　狄乾斌[1,2]　赵雪[2]　吴洪宇[2]

(1. 辽宁师范大学地理科学学院,辽宁大连 116029;

2. 辽宁师范大学海洋经济与可持续发展研究中心,辽宁大连 116029)

摘要:基于海洋经济增长新旧动能转换内涵与机制,从需求侧、供给侧、结构转换动能三个维度构建综合评价指标体系;运用主客观赋权法、TOPSIS 模型和核密度估计,对中国 2006—2020 年海洋经济增长新旧动能转换进行测算与评价;引入 GWR 模型探讨中国沿海 11 个省区市各影响因素的空间异质性。结果表明:① 2006—2020 年中国海洋经济增长新旧动能转换综合指数总体呈现波动上升趋势。其中结构转换动能提升最为显著,需求侧动能总体呈波动上升态势,供给侧动能转换指数整体发展水平不高,对海洋经济新旧动能转换贡献力度较小。② 2006—2020 年中国海洋经济发展新旧动能转换指数差异呈先缩小后扩大继而再缩小的变化过程;③ 陆域经济发展水平、海洋产业结构水平、海洋科技创新水平对海洋经济增长动能转换的提升起正向作用,各因素影响效应具有空间异质性。

关键词:海洋经济;新旧动能转换;需求侧动能;供给侧动能;结构转换功能

1　文献综述

随着新旧动能转换研究不断深入,动能转换研究从仅关注经济系统逐渐扩展到农村－经济系统、产业－经济系统、城市－经济系统、海洋－经济系统等领域中。相关研究集中在以下几方面:① 海洋经济发展新旧动能转换的内涵、建议等理论研究。孙吉亭在解释海洋经济新旧动能转换概念和内涵的基础上,剖析海洋文化产业在其起到的软硬实力支撑作用。李大海等以青岛市为例探讨海洋新旧动能转换推动海洋经济高质量发展;刘俐娜在新旧动能转换背景下分析青岛市海洋经济基础实力与问题短板,提出加快青岛市海洋经济发展的对策建议。② 海洋经济发展新旧动能转换的指标测度及实证评价。姜红等以青岛为例,利用海洋经济发展质量评价指标体系,评析海洋经济发展质量,探讨青岛在海洋经济新旧动能转换中存在问题,提出对策建议;辛全英等建立海洋经济可持续发展指标体系,利用熵权法与 TOPSIS 模型相结合分析河北省海洋经济可持续发展状况,结合当前新旧动能转换背景,提出相应措施和建议;戴美艳基于海洋产业视角对中国海洋经济新旧动能转换研究;戴桂林等在索罗模型的基础上对中国海洋渔业新旧动能转换政策效率进行分析。

综上所述,学界在新旧动能转换取得一定的研究成果,但总结已有研究发现:

当前对海洋经济发展新旧动能转换研究较少,且多偏重于理论探索;海洋经济新旧动能转换侧重定量测度,从地理学的视角分析较少;新旧动能转换评价设计及对应指标的选取需综合考虑其内涵特征。基于此,本文在海洋经济发展新旧动能转换含义与机制的基础上,从动能需求侧、动能供给侧、结构转换动能三个维度构建评价指标体系;运用主客观赋权法、TOPSIS模型综合测度2006—2020年中国海洋经济增长新旧动能转换指数,对发展的演进规律进行动态对比剖析;并借助GWR模型结合GIS空间分析等方法,探讨中国沿海11个省区市各个影响因素的空间异质性,以期为沿海地区海洋经济增长新旧动能转换提供理论依据和政策建议。

2 海洋经济增长新旧动能转换的内涵与机制

所谓新旧动能转换,即在当前中国经济发展新常态下,培育和发展经济增长新动能,改造和淘汰落后的旧动能。在海洋发展领域中,海洋经济发展的新旧动能转换,是以创新驱动为动能发展的根本动力,以发展海洋新兴产业、淘汰传统海洋产业、提升要素催动、深化改革推动为核心内容,最终促进海洋资源利用效率,实现海洋产业绿色转型升级(图1)。

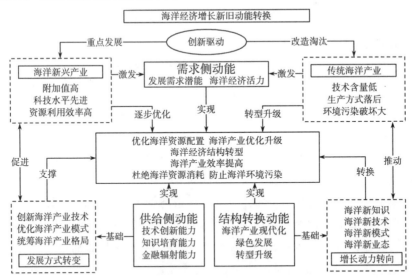

图1 中国海洋增长新旧动能转换体系基本架构

新时代经济发展新旧动能转换是新型动力引擎逐渐替代传统动力引擎的过程,以创新为统领,以增长动力转向、体制机制转轨、经济结构转型及发展方式转变为核心内容,涉及生产力、产业、技术、业态和模式等多个系统维度优化升级的过程。以创新驱动为核心引领的海洋科技创新为主动力加快培育新动能,转变增长方式,催生海洋新的发展模式新的业态,优化资源配置效率,最终激发海洋经济发展的需求潜能;以供给侧动能和结构转换动能为基础,通过不断创新核心关键海洋技术、统筹发展格局等发展方式,以海洋新知识、海洋新技术、海洋新模式、海洋新人才、海洋新业态等生产要素增长动力转向,构建完善的现代海洋产业体系,减少海洋资源过度消耗及生态污染破坏,是海洋经济新旧动能转换主要结果。

3 研究方法和数据来源

3.1 海洋经济增长新旧动能转换评价指标体系构建

新旧动能转换是长期的演进过程,在经济发展过程中时刻伴随着新、旧动能的动态变化,评价维度的设计及对应指标的选取应尽可能契合其内涵。结合海洋经济发展本质特征,构建中国海洋经济增长新旧动能转换的评价指标体系(表1)。

中国海洋经济增长新旧动能转换综合指数(表1)总体上呈现波动上升的趋势。2006—2007年中国海洋发展粗放掠夺式开发,使得海洋经济增长动能转换水平较低。受2008年金融危机影响,整体这个时间段内造成增速下降。2010—2014年,国家加大科研平台的建设,海洋高科技金融支持力度大,水平呈上升趋势。2016—2019年逐渐向海洋新兴产业转变,海洋经济新旧动能转换逐渐上升;2020年受新冠疫情影响海洋经济发展受创,海洋发展需求得不到满足,导致海洋经济动能转换呈下降的趋势。

表1 中国海洋经济增长新旧动能转换评价指标体系

准则层	要素层	指标层	单位	属性
需求侧动能	发展需求潜能	沿海地区人均可支配收入	元	+
		海洋经济发展成效	/	+
		对外开放水平	/	+
		城市家庭恩格尔系数	%	—
	海洋经济活力	涉海就业人员比例	%	+
		海洋产业增加值占比	%	+
		海洋固定资产投资额	万元	+
		海洋科研机构经费中政府投资占比	%	+
		海洋劳动生产率	万元/人	+
		海洋经济产业企业新增数量	个	+

续表

准则层	要素层	指标层	单位	属性
供给侧动能	技术创新能力	海洋科研机构数量	个	＋
		海洋科研经费投入强度	亿元	＋
		海洋科技人员占比	％	＋
		海洋专利申请授权数	个	＋
	知识培育能力	海洋专业高等学校数	个	＋
		海洋相关专业毕业生数	人	＋
		海洋产业硕士、博士点	个	＋
		教育支出占地方财政比重	％	＋
	金融辐射能力	海洋 GDP 占 GDP 比重	％	＋
		海洋经济发展水平	/	＋
		沿海港口货物吞吐量	亿吨	＋
		海洋产业融资金额	万元	＋
结构转换动能	海洋产业现代化	海洋产业结构合理化水平	/	＋
		海洋产业结构高级化水平	/	＋
		海洋第三产业产值占海洋生产总值比重	％	＋
		新兴海洋产业增加占总产值的比重	％	＋
	绿色发展	海域富营养化面积	公顷	－
		沿海地区废水排放总量	万吨	－
		近岸海域优良水质面积比例	万公顷	＋
		海洋治理治理项目海洋倾倒量	万吨	＋
	转型升级	海洋经济发展潜力	/	＋
		渔业资源利用率	/	＋
		海洋资源利用率	/	＋
		旅游资源利用率	/	＋

3.2 研究方法

3.2.1 指标预处理及权重求解

本文通过层次分析法和熵值法确定海洋经济增长新旧动能转换指标体系中各指标的综合权重。通过层次分析法和熵值法计算模型指标主客观权重 α_i 和

β_i;指标的综合权重

$$W_i = \frac{\sqrt{\alpha_i \beta_i}}{\sum\limits_{j=1}^{n} \sqrt{\alpha_i \beta_i}} \tag{1}$$

3.2.2 改进的 TOPSIS 模型

本文采用改进的 TOPSIS 模型对中国海洋经济新旧动能转换水平进行评价分析。详细建模步骤如下:数据标准化评价矩阵;加权决策化矩阵;确定正负理想解;正负加权距离;虚拟负理想解和距离;确定合成距离;计算相对贴近度;评价。

3.2.3 核密度估计(KDE)

为探究中国海洋经济新旧动能转换的动态演进过程,本文借助核密度估计对其在不同阶段的动态变化趋势进行可视化展示。公式为

$$f_h(x) = \frac{1}{nh} \sum_{i=1}^{n} K\left(\frac{x-x_i}{h}\right) \tag{2}$$

式中,$f_h(x)$ 为核密度估计值;n 为样本数;h 为带宽。

3.2.4 地理加权回归模型(GWR)

地理加权回归模型是将数据空间位置嵌入回归系数中,运用地理距离权重估计,分析数据的空间异质性,反映区域影响因素空间位置关系。模型如下:

$$y_i = \beta_0(\mu_i, v_i) + \sum_k \beta_k(\mu_i, v_i) x_{ik} + \varepsilon_i \tag{3}$$

式中,y_i 是因变量;x_{ik} 为自变量;(μ_i, v_i) 是第 i 个采样点坐标;$\beta_k(\mu_i, v_i) x_{ik}$ 是连续函数;x_{ik} 为第 i 单元上的第 k 个解释变量;ε_i 为随机误差。

3.3 数据来源

中国海洋经济增长新旧动能转换数据均来源于政府权威统计资料。参考 2007—2017 年《中国海洋统计年鉴》以及《中国海洋环境质量公报》《中国海洋经济统计公报》《2021 年国家海洋创新指数报告》和《2020 年中国海洋经济发展指数》。

4 结果分析

4.1 总体特征

表2 2006—2020 年中国海洋经济增长新旧动能转换指数

年份	综合指数	需求侧动能	供给侧动能	结构转换动能
2006	0.148 2	0.135 6	0.060 2	0.210 6
2007	0.185 2	0.233 1	0.071 9	0.233 6
2008	0.194 9	0.221 6	0.125 0	0.233 5

年份	综合指数	需求侧动能	供给侧动能	结构转换动能
2009	0.217 2	0.230 5	0.212 5	0.214 2
2010	0.272 7	0.323 0	0.281 1	0.226 1
2011	0.302 1	0.326 3	0.328 1	0.255 0
2012	0.372 0	0.347 8	0.432 9	0.300 5
2013	0.492 3	0.457 8	0.641 1	0.317 0
2014	0.500 8	0.512 0	0.599 4	0.348 1
2015	0.467 5	0.527 7	0.437 2	0.474 3
2016	0.543 0	0.642 8	0.499 2	0.554 9
2017	0.588 2	0.656 1	0.523 4	0.648 5
2018	0.622 1	0.752 8	0.490 5	0.767 4
2019	0.688 9	0.823 9	0.579 5	0.841 3
2020	0.676 7	0.750 4	0.571 5	0.839 9

从准则层看,结构转换动能提升最为显著,其次是需求侧动能。海洋经济增长新旧动能转换主要体现结构转换动能,必须发展海洋产业结构现代化,巩固海洋优势产业,扶持海洋新兴产业。需求侧的海洋动能转换水平提升也较为显著,不断提升海洋经济发展需求侧能效。供给侧动能转换水平整体发展水平不高,对海洋经济新旧动能转换贡献力度较小,目前海洋科研机构较少,海洋科研经费和知识培育能力不足。

基于需求侧动能、供给侧动能、结构转换动能三个维度及综合指数,绘制出2006—2020 年中国海洋经济增长新旧动能转换分维度评价折线图(图 2)。供给侧动能虽在 2013—2015 年略有下降,但总体呈波动上升趋势;需求侧动能和结构转换动能维度总体呈上升趋势,海洋发展需求潜能不断增加、海洋经济活力提升是导致需求侧动能和结构转换动能维度不断波动上升的主要原因;2020 年受新冠疫情影响,三个维度和综合水平有下降趋势。

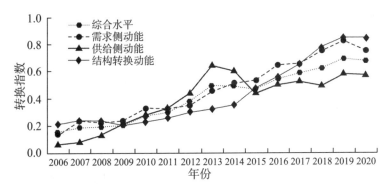

图 2 海洋经济增长新旧动能转换分维度评价折线图

4.2 海洋经济增长新旧动能转换核密度估计

依据中国海洋经济发展新旧动能转换结果,运用 Eviews 软件绘制出 2006—2020 年中国海洋经济发展新旧动能转换核密度分布图(图 3),选取具有代表性年份进行可视化。

(1) 重心位置。4 个年份的核密度曲线重心位置不断右移,说明中国海洋经济增长新旧动能转换水平正逐步提升;低值区的核密度曲线重心位置向右迁移幅度大于高值区,说明海洋经济增长新旧动能转换在低水平的区域较高水平区域提升速度快,海洋经济增长新旧动能转换水平区域间差异呈不断缩小的演进特征。

(2) 演变形状。2006—2020 年中国海洋经济增长新旧动能转换核密度曲线从双峰尖峭分布向单峰平缓分布变化。2006 年呈双峰尖峭分布,新旧动能转换两极分化程度较高,区域间差距大;2010 年后呈单峰右偏态分布,曲线坡度相对较缓,整体发展向好的方向发展;2015 年呈单峰左偏态分布,整体发展水平降低;2020 年呈右偏态分布,波峰右侧面积明显增大,出现向高水平迈进趋势。

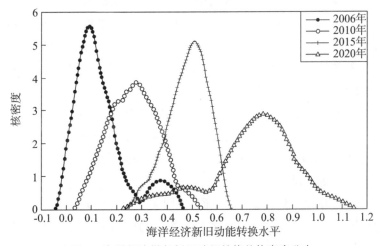

图 3 海洋经济增长新旧动能转换的核密度分布

5 影响因素分析

5.1 变量选取及 GWR 模型运算结果

为了进一步探讨中国海洋经济新旧动能转换的影响因素,利用中国沿海 11 省区市 14 年数据,借助 GWR 模型实证分析其影响因素。选取 2006—2020 年数据均值,并且用无量纲化法标准化处理数据,构建 GWR 模型。首先,数据运用 SPSS 软件进行逐步回归处理;其次,利用 OLS 模型和 GWR 模型对比回归分析,OLS 模型 R_2 为 0.781,GWR 模型 R_2 为 0.982,表明 GWR 模型拟合性能优于 OLS 模型;最后,以中国海洋经济新旧动能转换指数为因变量,6 种影响因素为自变量,在 ArcGIS 软件中 GWR 模型进行空间回归分析。

5.2 影响因素分析

分析影响因素回归系数空间分布格局,考察各因素对中国海洋经济动能转换影响的地区异质性。

陆域经济发展水平回归系数为正值,说明陆域经济发展水平与海洋经济新旧动能转换呈正相关。系数值总体上呈现出"南北高中间低"的分布特征。海洋经济依托陆域经济进行,陆域经济为海洋经济发展提供重要支持,因此陆域经济发展对海洋经济动能转换呈正相关,今后海洋经济发展应更注重海陆协同发展。

海洋产业结构水平对海洋经济新旧动能转换的影响最大,并且呈正相关,利于海洋经济动能转换水平的提高,呈现"北高南低"的空间特征,空间分布大致由北部海洋经济圈、东部海洋经济圈向南部海洋经济圈层式减弱。高值区域主要集中在北部海洋经济圈。

海洋科技创新水平对海洋经济动能转换起着正向推动作用。海洋科研人员增加,使海洋科技创新水平取得一定提升,科技创新成果投入海洋经济动能转换中加快海洋经济的发展,从而提升海洋经济动能转换的水平。三大海洋经济群圈内部空间分布高低分布不均,北部经济圈的天津和山东、东部经济圈的江苏和上海、南部经济圈的广东是高值区域。

海洋经济发展水平系数的估计值总体上呈现出"南北高,中间低"空间布局。整体海洋经济发展水平系数高值的辽宁、广东和山东的陆域经济为海洋经济提供支持;而低值区系数在 $-0.431\sim-0.390$,主要分布河北、广西、海南。三大海洋经济圈与国家战略协同发展。

海洋消费能力水平系数基本为负值,说明海洋消费能力水平与海洋经济呈负相关。海洋消费能力水平对海洋经济动能转换的作用在空间上呈"北高南低"的布局特征,并且系数存在明显的差异,总体上是以北向南逐层减弱的趋势演进。

海洋对外开放水平的回归系数作用空间上展现出"北高南低"分布特征,并且系数为负值,阻碍作用总体上是由北向南地区逐层减弱趋势。国际贸易保护主义抬头,海洋灾害频发限制海洋经济发展空间,进而对海洋经济动能转换产生不利影响。

6 结论与讨论

6.1 结论

(1)2006—2020 年中国海洋经济增长新旧动能转换综合指数总体呈现波动上升趋势。其中结构转换动能提升最显著,说明海洋经济增长新旧动能转换变化主要体现结构转换动能;需求侧动能总体呈波动上升态势,不断提升海洋经济发展需求潜能,提高海洋经济发展成效;供给侧动能转换指数整体发展水平不高,对海洋经济新旧动能转换贡献力度较小。

(2)2006—2020 年中国海洋经济增长新旧动能转换区域间差异呈现先缩小再扩大继而再缩小演化规律;2006—2010 年新旧动能转换分化程度较高,区域间差距大;2010—2015 年两极分化程度减弱,整体向好的方向发展;2015—2020 年新旧动能转换向高水平迈进。

(3)陆域经济发展水平、海洋产业结构水平、海洋科技创新水平与海洋经济动能转换水平呈正相关关系,利于海洋经济动能转换提高;其中海洋产业结构水平对海洋经济新旧动能转换的影响最大,是贯穿整个新旧动能转换系统中最为核心的力量;海洋消费能力水平和海洋对外开放水平系数基本为负值,说明海洋消费能力水平与海洋经济呈负相关;此外,海洋经济新旧动能转换的影响因素存在明显的空间异质性。

6.2 讨论

(1)海洋经济增长新旧动能转换研究更多关注内涵等理论研究,局限性较强,对海洋经济增长新旧动能转换影响因素的空间异质性研究尤显不足。本文立足中国海洋经济内涵和机制,从海洋经济增长新旧动能转换涉及的三项重要维度(需求侧动能、供给侧动能、结构转换动能)出发构建综合评价指标体系,解析中国沿海地区海洋经济增长新旧动能转换影响机制的空间差异,对促进海洋经济增长新旧动能转换具有一定意义。

(2)"十四五"时期是国际社会经济秩序重塑的关键期,也是中国海洋经济新旧动能接续转换的关键时期。当前亟须深化对海洋经济增长新旧动能转换内涵和研究机制的认识,准确把握海洋经济增长新旧动能转换重点难点和着力点;建设海洋战略性新兴产业;海洋新业态培育、空间布局优化和结构调整等方式改造旧动能,提高海洋经济新旧动能转换的效率。

(3)本文对 2006—2020 年中国海洋经济新旧动能转换进行测度,由于海洋数据获取困难,海洋经济新旧动能转换指标体系在后续的研究中可进一步深入;未来研究可以进一步探索更微观层面海洋经济新旧动能转换空间演变特征。

参考文献

[1] 2021 年中国海洋经济统计公报. 自然资源部海洋战略规划与经济司. http://www.mnr.gov.cn/dt/ywbb/202204/t20220407_2732733.html.

[2] 孙久文,高宇杰. 中国海洋经济发展研究[J]. 区域经济评论,2021(1):38-47.

[3] 李大海,瞿璐,刘康,等. 以海洋新旧动能转换推动海洋经济高质量发展研究——以山东省青岛市为例[J]. 海洋经济,2018,8(3):20-29.

[4] 张晓刚. 习近平关于海洋强国重要论述的建构逻辑[J]. 深圳大学学报(人文社会科学版),2021,38(5):22-30.

[5] 刘姝雯,杨胜刚,阳旸. 中国农村经济发展新旧动能转换测度与评价[J]. 统计与决策,2021,37(8):73-76.

[6] 边伟军,李杰,罗公利. 制造业新旧动能转换的测度方法与应用研究[J]. 济南大学学报(社会科学版),2021,31(2):113-125.

[7] 刘宏笪,张济建,张茜. 中国钢铁产业新旧动能转换定量测度与进展评估[J]. 统计与决策,2020,36(15):110-113.

[8] 王珍. 论区域一体化城市经济增长的新旧动能转换:来自泛珠三角区域的考察[J]. 中国房地产,2019(24):49-57.

[9] 孙吉亭. 发展海洋文化产业推动海洋经济新旧动能转换的路径选择[J]. 中国文化论衡,2018(2):216-225.

[10] 刘俐娜. 新旧动能转换背景下青岛市海洋经济发展路径研究[J]. 海洋经济,2018,8(2):47-55.

[11] 姜红,刘俐娜. 新旧动能转换在海洋经济发展质量中的作用评析——以青岛市为例[J]. 海洋湖沼通报,2021,43(3):159-166.

[12] 辛全英,李政,邢妍,等. 新旧动能转换背景下河北省海洋经济可持续发展研究[J]. 山西农经,2020(5):28+34.

[13] 戴美艳. 基于产业视角的我国海洋经济新旧动能转换研究[J]. 广东水利电力职业技术学院学报,2020,18(3):71-76.

[14] 戴桂林,王圣. 我国海洋渔业新旧动能转换政策效率分析[J]. 中国渔业

经济,2019,37(2):10-18.

[15] 林攀,余斌,刘杨洋,等.中国新旧动能转换的空间分异及影响因素研究[J].经济地理,2021,41(11):19-27.

[16] 盛朝迅."十四五"时期推进新旧动能转换的思路与策略[J].改革,2020(2):5-19.

[17] 李长英,周荣云,余淼杰.中国新旧动能转换的历史演进及区域特征[J].数量经济技术经济研究,2021,38(2):3-23.

[18] 白柠瑞,李成明,杜书,等.新旧动能转换的内在逻辑和政策导向[J].宏观经济管理,2021(10):19-25.

[19] 狄乾斌,陈小龙,侯智文."双碳"目标下中国三大城市群减污降碳协同治理区域差异及关键路径识别[J].资源科学,2022,44(6):1 155-1 167.

[20] 陈小龙,狄乾斌.资源型城市生态转型绩效评价及发展对策研究——以平顶山市为例[J].资源与产业,2021,23(5):1-10.

[21] 狄乾斌,徐礼祥.科技创新对海洋经济发展空间效应的测度——基于多种权重矩阵的实证[J].科技管理研究,2021,41(6):63-70.

[22] 狄乾斌,吕东晖.我国海域承载力与海洋经济效益测度及其响应关系探讨[J].生态经济,2019,35(12):126-133+169.

[23] 王泽宇,王焱熙.中国海洋经济弹性的时空分异与影响因素分析[J].经济地理,2019,39(2):139-145+151.

[24] 徐维祥,李露,黄明均,等.浙江县域"四化同步"与居民幸福协调发展的时空分异特征及其形成机制[J].地理科学,2019,39(10):1 631-1 641.

烟台市海洋新兴产业科学发展战略研究

李蕾　姜作真　张金浩　张山　曹亚男

（烟台市海洋经济研究院，山东烟台 264000）

摘要：海洋新兴产业是烟台市海洋经济的重要组成部分，是引导海洋经济持续提升发展的重要增长点。发展海洋新兴产业是深入贯彻海洋强国战略，推动实施海洋强省战略、有效提升烟台市海洋产业结构层次的必然要求和重要举措。作者通过查阅文献、实地考察、调研问卷等方式，围绕烟台市海洋新兴产业布局、规模、重点项目等内容开展调查研究，深入剖析制约海洋新兴产业发展的问题，明确了海洋新兴产业科学发展内涵、原则与布局，提出切实可行的产业科学发展路径与举措，助力烟台市建设海洋经济示范区、实现海洋经济高质量发展。

关键词：海洋新兴产业；科学发展；布局；重点任务；对策建议

1　引言

海洋新兴产业指随着海洋领域新的技术诞生并应用或重大需求牵引而产生的开发、利用和保护海洋所进行的生产和服务活动的总和。产业范围包括海洋新技术应用——海洋装备制造业、海洋新资源开发——海洋新能源产业、海洋药物和生物制品业、海水淡化和综合利用业、海洋新模式拓展——互联网＋海洋新业态、现代海洋服务业。海洋新兴产业是海洋经济的重要组成部分，是引导海洋经济持续提升发展的重要增长点，是带动其他产业转型升级的重要产业。烟台市传统海洋产业占比较大，新兴产业发育不足，海洋经济发展面临着补短板、增动能、提层次的实际需求。"十四五"期间，烟台市提出以构建现代海洋产业体系为核心，加快推动海洋经济高质量发展，将海洋产业发展重心从传统产业向新兴产业转变，发展动力由要素和投资驱动向创新驱动转变。重点突破海洋可再生能源利用、海洋药物和生物制品、海工装备制造、海水淡化和综合利用等新兴海洋产业，促进海洋产业融合发展，率先建设国家海洋高质量发展先行区。

2　烟台市海洋新兴产业的现状与问题

2.1　产业发展现状

2.1.1　产业发展基础优势明显

烟台市海洋自然资源丰富，区位优势明显。管辖海域面积 1.23 万平方千米，海岸线长 1 071.19 千米，海洋生物资源种类繁多，是全国优势水产品主产区。丰富的海洋资源为海洋新兴产业快速发展奠定了坚实基础。2021 年烟台市海洋新兴产业实现增加值 497.4 亿元,约占全市海洋生产总值的 22.9%;增加值同比增长 22.9%,高于全市海洋生产总值增速 9 个百分点,为海洋经济高质量发展注入强大新动能。

(1)重点项目推动海洋新兴产业快速发展。近年来,烟台市积极谋划布局体量大、带动力强的战略性重大项目,超前培育新的产业竞争优势,积蓄发展新动能。一批重大项目相继开工建设。在《关于推进海洋经济示范区建设三年行动方案》中,海洋新兴产业项目 21 个,占重点项目总数的 45.7%。总投资额项目 757.9 亿元,占重点项目总投资的 52.9%。

(2)科技平台助力海洋新兴产业创新发展。为支持海洋新兴产业发展,做好产业发展科技创新和人才保障,烟台市相继出台《鼓励和支持科技创新基地建设的若干政策措施》《关于支持"三大科技创新平台"建设打造高能级战略载体的实施意见》等政策文件。

目前,烟台市有涉海科研院所和高校 11 家,涉海科技型骨干企业 33 家。在海洋新兴产业领域,建设了省级以上海洋类科创平台 33 个,其中国家级工程(技术)研究中心 5 个,国家重点实验室 1 个,省级工程(技术)研究中心 3 个,省级重点实验室 3 个,省级企业技术中心 7 个,省级新型研发机构 3 个,省级海洋工程技术协同创新中心 11 个。山东国际生物科技园、烟台八角湾海洋经济创新区、自然资源部第三海洋研究所烟台海洋生物转移转化中心、国家海洋卫星山东数据应用中心等一批海洋新兴产业孵化基地相继建成,为产业创新发展提供了有力支撑。

2.1.2 海洋新兴产业企业分布广泛

截至 2021 年末,烟台市共有海洋新兴产业企业 1 382 家,其中规模以上企业 262 家,占全市规模以上海洋及相关产业企业数量的 21.6%;规模以上新兴产业企业在 13 个区市均有分布,新兴产业发展分布广泛。

2.1.3 产业发展成效显著

(1)海水淡化产业。目前,烟台市已建成运营的海水淡化项目 26 个,海水淡化能力约 8.4 万吨/日,居山东省第 2 位。在沿海重点工业园区积极推进海水淡化示范建设工程,优化水资源配置体系,逐步实现海水淡化水工业替代;在有居民海岛实现"岛岛通淡水"工程,满足海岛经济社会发展和保护性开发、船舶作业生产用水需求。推进海水淡化技术和装备研发科创工程,发展海水淡化装备制造,研发高压泵、反渗透海水淡化膜组件等关键部件和热法海水淡化核心部件,海水淡化装备企业核心技术国产化程度显著提高。实施海水直接利用工程,海阳核电、莱州华电、蓬莱国电等重点项目将海水作为工业冷却水,主要采用直流冷却方式,年海水直接利用量约 15 亿吨。

(2)海洋装备制造业。烟台市作为全球四大深水半潜式平台建造基地之一和山东省高端装备产业(船舶及海工装备)制造基地,其海工平台、油田装备、特种船舶研发制造水平达到国内领先水平。推进建设中国海工北方总部,全球最大最先进的深水养殖工船、亚洲最大的多用途滚装船等多个项目成功交付;抢抓"一箭七星"首次海上发射试验成功机遇,辐射形成集火箭研发制造、发射平台制造、航天测控服务等全产业链的东方航天港产业园;推进"海工+渔业"海洋牧场建设模式,深远海渔业装备与养殖深度融合示范项目——"百箱计划"有序推进。

(3)海洋药物和生物制品业。烟台市以开发区、高新区为核心,形成了西部、东部两个海洋生物医药和制品产业集聚区,2021 年海洋药物和生物制品实现产值 176.3 亿元。作为全国、山东省重要的海洋药物、海洋生物医用材料和海洋功能食品与海洋农用制剂的产业聚集地,保健食品氨糖软骨素胶囊 2021 年成功上市销售,多个海洋生物医药和制品产业孵化平台投入使用。烟台医药与健康公共技术服务平台下设"海洋功能产品研究与评价中心"子平台,山东国际生物科技园建立"渤海湾海洋微生物药用种质资源库","中科环渤海(烟台)药物高等研究院"建设项目正在顺利推进。

(4)海洋可再生能源利用产业。烟台市依托雄厚的海工装备、海上风电装备、船舶装备产业基础以及国内一流的深水良港条件,全力推进海上风电装备产业发展。建设蓬莱海上风电装备产业园区、海阳海上风电装备产业园区,打造海上风电产业全产业链。2021 年,国电投半岛南 3 号、华能半岛南 4 号海上风电项目累计完成投资 114 亿元并实现并网发电,莱州市海上风电与海洋牧场融合发展研究实验等重点风电项目持续推进。

(5)现代海洋服务业。烟台市大力发展海洋金融,强化涉海企业信贷服务,发展海域使用权抵押贷款;创新涉海企业融资运作模式,推动实施"政府+银行+保险(担保)"的风险共担融资模式;加大涉海企业保险保障力度,设立全国首家以海洋保险为特色的保险法人机构——华海财产保险公司,创新推出深海网箱浪高指数保险海洋特色保险产品。深入实施"智慧海洋"建设工程,完善海洋监测网络,建立覆盖沿海县(市、区)的海洋环境监测体系和海洋经济运行监测评估体系。

2.2 烟台市海洋新兴产业发展存在的主要问题和制约因素

2.2.1 科技成果转化尚存在制约瓶颈

海洋新兴产业以创新性为主要特征,科技成果转化对产业发展至关重要。目前,科技成果转化主要关乎于高校与科研机构、企业、政府公共服务平台三个主体,发展过程中暴露出一些实际问题:一是部分科技成果可转化度较低,高校院所科技成果成熟度相对不足,缺乏中试和产业化资金支持,海洋专业机构专业化转移人才不足;二是企业自主创新能力不足,企业对科技成果的转化应用承接力相对较弱,不愿承担科技成果转化投资风险;三是创新考核评价机制缺乏产业化引导,缺乏权威与价值评价体系,科技成果转化与国有资产监管体系之间的衔接尚存在一定的困难。

2.2.2 区域竞争较为激烈

目前,我国海洋领域区域管理存在行政壁垒,缺乏跨区域层面的统一规划。烟台市与周边沿海地市资源禀赋存在同质性,在海洋主导产业的选择上也呈现出趋同的态势,产业同构和重复建设问题突出,区域之间经济联动性较差。烟台市个别海洋新兴产业与其他沿海地市相比并不占优。例如:海洋药物和生物制品业,青岛市依托强大的海洋科研实力,已有 9 个海洋类新药取得一类新药证书,而烟台市数量相对较少;在海洋科技服务业方面,青岛、厦门两市高度重视海洋科技创新,加大对海洋科研资源的投入和人才引进培养,加快布局建设海洋重大科技平台,烟台市在科研机构数量、质量层面仍有不足。此外,近年来海洋资源约束趋紧,海洋生态环境压力不断加大。

2.2.3 配套政策不够完善

一是烟台市海洋新兴产业发展起步晚,缺乏科学系统的规划,发展过程中也存在制约产业发展的"瓶颈"问题。例如海水淡化产业,淡化水无法进入市政供水系统、消纳困难,缺少有效的海水淡化水统一调配统筹机制,供水管网建设、跨地市调蓄水库方面缺少政府政策支持;海洋风电产业,面临国家风电补贴关口临近、资源与产业融合发展受限等实际问题。二是财政、金融政策支持力度不足,支持机制缺乏较为系统的设计。从层次上看,金融扶持政策缺乏全市层面的统筹安排,目前仅对个别的业务和品种实现一定程度的扶持或补助。从机制上看,对现代海洋产业金融支持政策的方向、工具、品种、渠道、监管等问题缺乏专门设计。从结构上看,目前政策支持依然倾向于渔业等传统产业,对海洋服务业、海洋工程装备、海洋药物和生物制品等新兴产业的支持相对缺乏。

3 烟台市海洋新兴产业科学发展内涵、原则与布局

3.1 烟台市海洋新兴产业科学发展内涵

海洋新兴产业科技含量高、资源占用少、环境影响小。海洋新兴产业科学发展的内涵体现为以创新发展为理念,以产业布局为起点的海陆统筹、绿色、开放、协调发展为原则。具体表现为创新链、产业链、人才链、金融链、服务链的深度融

合,以激发海洋科技创新活力来促进海洋经济高质量发展(图1)。

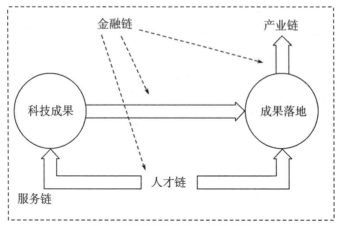

图 1　海洋新兴产业发展模式图

3.2 烟台市海洋新兴产业科学发展原则

3.2.1 坚持创新驱动原则

充分发挥创新在海洋新兴产业发展中的核心带动地位,瞄准产业创新发展薄弱环节,全面提升技术、人才、资金的供给水平。高起点推进科技基础设施和高能级创新平台建设,统筹推进源头创新、技术创新、产业创新。

3.2.2 坚持集群聚集原则

把培育海洋新兴产业集群作为推动产业高质量发展的关键抓手,调整优化产业布局,强健产业链,优化价值链,提升创新链,加快形成链式整合、园区支撑、集群带动、协同发展的新模式。

3.2.3 坚持绿色低碳原则

把生态文明理念融入海洋新兴产业发展全过程,推行绿色低碳发展方式和模式,强化资源节约集约循环利用和生态环境保护,加强节能环保技术、工艺、装备的推广应用,提高资源综合利用效率和资源产出率。

3.2.4 坚持系统开发原则

进一步完善资源要素共享机制,打造一流的产业生态系统,统筹培育具有"链主"地位的引领型企业、具有"杀手锏"产品的配套企业、具有公共服务功能的平台型企业。

3.2.5 坚持开放发展原则

推进蓝色经济地区合作交流,提升海洋装备等重点领域制度性规则制定能力;完善蓝色经济合作发展路径,推动形成多层次的协调合作机制;拓展蓝色经济融资渠道,发挥好开发性、政策性和商业性金融的助力作用。

3.3 烟台市海洋新兴产业发展布局

坚持突出地方特色和产业优势,打造海洋新兴产业发展新格局。实施"五湾一区"湾区产业经济提升计划,依托各自的产业基础和区位优势,加快芝罘湾、丁字湾、八角湾和黄渤海新区等板块的开发建设,促进特色优势产业集约集聚、成形成势。

芝罘湾打造城市新地标。以现代海洋金融、休闲度假、文化旅游、节庆会展、海洋商贸物流发展为重点,打造现代航运中心与文化旅游服务业集聚区,大力发展航运贸易、金融商贸、会展经济总部经济等海洋现代服务业。

八角湾打造海洋科创新高地。重点建设中国(山东)自由贸易试验区烟台片区、国际招商产业园、中韩/中日合作产业园等特色产业园区,建设烟台海洋经济创新发展集聚区。以布局蓝色种业为特色,海洋高端制造、海洋药物和生物制品两大产业为主导的产、城、人、文融合发展创新区。

庙岛湾打造船舶与海工产业聚集区。以蓬长一体化、现代综合深水港区建设及军民融合发展为导向,围绕长岛海洋生态文明综合试验区、蓬莱经济开发区以及栾家口临港产业园建设,重点发展现代港口物流、船舶与海工装备制造,打造环渤海地区客运中心和滚装集散地、船舶与海工装备制造集聚区。

丁字湾打造"双碳"智谷。围绕海湾整治、海岛开发、湿地修复等生态治理工程建设,核心区规划面积 120 平方千米,加快丁字湾、鳌山湾、乳山湾三湾联动,莱阳、海阳、即墨三市融合,导入风—光—核—氢—储等绿色低碳产业,推进东方航天港、北方海上风电产业园、核电装备制造工业园等园区建设,加快核能供暖等清洁能源综合利用。

黄渤海新区打造海洋经济核心增长极。培育完善现代海洋产业体系,重点发展高端绿色化工、海洋药物和生物制品、海工装备、新材料、新能源等优势产业,打造海洋强省示范区。

4 烟台市海洋新兴产业科学发展重点任务

4.1 打造国际海工装备制造中心城市

打造烟台莱山区-高新区海工装备研发基地、芝罘区-开发区特种船舶工业基地、蓬莱船舶海工制造基地、海阳海洋新能源及海水淡化装备基地等四大海洋装备基地。建设全国重要的海洋电子信息产业高地。遵循"培引结合、创新引领、产品多元、集群高端"的发展路径,重点开发海洋环境监测设备、船用电子设备、港口智慧物流设备及海洋信息服务等产品,构建海洋电子信息产业链。

4.2 打造国内一流的海洋生物产业基地

瞄准国际海洋生物医药产业前沿,积极搭建海洋生物医药研发平台,培育壮大涉海生物医药企业,科学引导产业集聚发展。打造东、西部两个海洋生物医药和保健食品产业集聚区。东部以牟平区、高新区为载体,重点提升研发能力,建立生物医药创新研发体系,加快建设中科环渤海(烟台)药物高等研究院。西部以开发区、蓬莱区为载体,充分发挥山东自贸试验区烟台片区优势,建设海洋生物科技产业园。

4.3 打造国内一流的海上风电产业基地

统筹规划海上风电场建设,有序推进全市海上风电、海洋可再生能源开发,探索海上风电和海洋牧场以及波浪能、潮流能等新型海洋能源融合发展新模式,构建海洋可再生能源产业链。谋划风电产业基地,以蓬莱港为依托建设烟台海上风电装备制造产业基地;加快蓬莱"中国海上风电国际母港产业园"及海阳"北方海上风电产业园"两大海上风电装备产业园建设;加快打造集科技研发、设备制造、运维服务、物流储运等环节于一体的海上风电产业链条。

4.4 打造国家海水淡化示范城市

强化政策扶持,开展海水淡化项目示范,全面提升海水淡化产能,合理布局海水淡化项目建设,打造海水淡化产业链。加快实施"海上调水"工程。结合城市建设和产业布局,实施海水淡化水工业替代、城市生活用水补充和海岛淡水自给三大任务,不断优化全市水资源配置体系。强化技术装备研发。提升本地海水淡化装备制造水平,规划建设莱山、招远两大海水淡化装备产业园,以金正环保、招金膜天等企业为依托,推进核心材料装备国产化,重点突破膜法和热法海水淡化关键装备制造技术。

4.5 打造海洋现代服务业基地

完善涉海商务、金融、会展及知识产权等现代服务,优化涉海营商环境,搭建公共服务平台。提升涉海金融服务能力,推动现代金融与海洋产业紧密融合,建设海洋经济要素交易市场,支持区域性股权交易平台建设。推动数字经济与海洋产业深度融合,培育新产品新模式新产业新业态。

5 烟台市海洋新兴产业科学发展对策和建议

5.1 强化政策保障,缓解资源约束

(1)优化企业扶持奖励政策。协调各海洋行业主管部门,优化海洋新兴产业企业扶持奖励政策,包括综合补助、用地优惠、财政税收优惠、基础设施配套费优惠、高管人员税收优惠、人才奖补等政策,考虑合作引进高端研发机构及培育壮大产业工人力量,进一步增强招商吸引力。

（2）加强要素保障措施。对于技术先进、优势明显、带动和支撑作用强的重大项目,纳入重点项目规划和年度实施计划,优先给予土地、信贷等支持。

5.2 加强金融支持,注入发展活力

结合烟台市实际,逐步完善金融支持政策。一是加大对海洋领域的财政投入和税费优惠扶持力度,健全海洋经济贷款风险补偿和分担机制,完善涉海权益评估、交易、流转配套机制。针对海洋经济发展的独特金融需求,坚持主体多元化、形式多样化、运作市场化的导向,进一步拓展全方位、宽领域、多形式的融资渠道。二是推动优质海洋企业上市融资,做强做大产业规模。发挥市新旧动能转换引导基金示范、引领和撬动作用,吸引各类资金流向海洋产业。三是加快发展涉海政策性保险,推动保险对海洋产业的风险覆盖。培育发展融资租赁机构,对海洋装备制造业、海洋药物等海洋新兴产业企业,引导融资租赁机构积极开设船舶租赁、仓储设施租赁、机械设备租赁等业务,以提供多元化的金融支持。

5.3 强化人才支撑,筑牢创新根基

与重点院校、科研院所、企业研发中心深度合作,在海洋新兴产业领域,提供海上风电、船舶工程、海洋工程、海水淡化设备等实用科研成果及研发动态,加强沟通与交流,促进科技成果转化。把海洋新兴产业领域人才集聚起来,搭建人才、企业、政府三方信息、资源、决策互促共享平台,通过开展主题论坛、项目众筹、协同创新、产才对接、政策听证等系列活动,最大限度地发挥人才在推动产业发展、技术创新和政府决策参谋等方面的作用,为建设国际领先、国内一流、特色鲜明的生物医药产业强市提供智力支持和人才保障。

5.4 提升海洋管理效率,理顺统筹体系

提高各级政府海洋经济决策能力。提升海洋资源配置效率,助力海洋区域管理从"分割型"向"协作型"转型。瞄准海洋新兴产业发展重点领域,出台产业发展政策,打破制约行业发展的制度壁垒;建设公共服务平台,加大招商引资力度,打造烟台市特色海洋发展品牌。

参考文献

[1]李蕾,姜作真,张金浩.烟台市海洋生物医药和制品产业发展战略研究[J].环渤海经济瞭望.2021(9):20-22.

[2]黄灵海.关于推动我国海洋经济高质量发展的若干思考[J].中国国土资源经济.2021(6):58-65.

[3]赵晖,张文亮,张靖苓,聂志巍.天津海洋经济高质量发展内涵与指标体系研究[J].中国国土资源经济,2020,33(6):34-42＋62.

［4］都晓岩.泛黄海地区海洋产业布局研究［D］.青岛：中国海洋大学,2008.

［5］盛朝迅,任继球,徐建伟.构建完善的现代海洋产业体系的思路和对策研究［J］.经济纵横.2021(4):71-78.

［6］刘俐娜.新旧动能转换背景下青岛市海洋经济发展路径研究［J］.海洋经济.2018(4):47-55.

［7］金春鹏.新时期江苏向海经济发展优势、问题及路径研究［J］.江苏海洋大学学报(人文社会科学版).2021,19(5):1-11.

基于涉海 A 股上市公司的环渤海地区海洋经济网络结构演化

曹盖　李博　马广鹏

(辽宁师范大学海洋可持续发展研究院,辽宁大连 116029)

摘要:海洋经济网络的构建与治理,是改变海陆资源流动模式,优化区域海洋经济发展格局的必然途径与重要保障。论文分别选取 2010、2015、2020 年注册地为环渤海地区的涉海 A 股上市公司总部-分支机构构建海洋经济网络,运用社会网络分析法开展对网络结构特征的探究与总结,并以此提出海洋经济网络发生机制、研究框架及环渤海地区海洋经济网络的发展建议。结果表明:① 环渤海地区海洋经济网络具有网络规模大、合作不紧密、择优连接明显和层级波动变化的特征。② 海洋经济的研究区域应由海岸地带向内陆地区更大范围扩展。海洋经济网络的研究重点内容包括网络构建、结构分析、驱动因素研究和综合治理研究等,应以陆海统筹的分析思想开展对于海洋经济网络的研究。③ 可通过增强大连-天津-青岛格局支撑、选择发展轴线和组团模式以及多元政策鼓励涉海企业发展等方式优化环渤海地区海洋经济网络。

关键词:海洋经济网络;涉海 A 股上市公司;网络结构演化;治理模式;环渤海地区

海洋经济是新常态下我国经济发展的重要动力和新亮点。中国海洋经济生产总值由 2003 年的 10 077.7 亿元增至 2021 年的 90 385 亿元,占国内生产总值与占中国沿海地区生产总值比重较为稳定且始终分别在 7% 和 14% 以上,成为我国经济发展的重要组成部分,同时发展海洋经济对于促进新兴产业发展、拓展国土空间等具有重要作用。国内对于海洋经济的研究重点包括海洋经济的发展测度、海洋经济发展的协调性研究等,但多基于离散的海洋经济属性数据,在生产分割不断加深的背景下,势必需要一种能够考虑海洋经济区域整体化的直观工具——海洋经济网络来开展对海洋经济的研究。海洋经济要素的区域间流动便构成了海洋经济网络这一立体复杂的系统,并在一定程度上反映出海洋经济发展的空间特征。

城市是海洋经济网络构建的基础节点,海洋经济网络依托于城市网络而存在。城市网络形成的基础为城市是相互联系的,若干城市间形成复杂的空间组织形式是可能的。国外学者对于城市网络研究开始较早,Friedmann 的"世界城市假说"、Castells 的"流空间"等为城市网络奠定理论基础。在实证研究方面,Alderson 曾以 2000 年世界 500 强跨国企业的分支机构为研究对象,采用两大类网络分析技术对"世界城市体系"进行分析,Taylor 等通过收集高级服务业公司的信息建立城市网络并对其测量。中国的城市空间组织研究起源于 20 世纪 80 年代,逐步形成"等级规模结构""职能类型结构""地域空间结构""网络系统"的"三结构一网络"基本框架。"地方空间"也正逐渐被"流动空间"所取代;中心地模式逐渐被多中心网络化模式所取代,这促进了城市体系研究从"等级规模"向"城市网络"的研究范式转变。其中,城市之间生产要素的流动构成了城市网络的重要组成部分——城市经济网络,引力模型和连锁网络模型则为其充实了多样的构建方式。学者基于引力模型开展了黄河流域、长江经济带等区域的经济网络研究,基于物流、制造等企业类型的总部-分支信息为城市经济网络拓展不同视角。本文将选取涉海 A 股上市公司的总部分支机构构建海洋经济网络,作为海洋经济活动主体的涉海企业本身是一个复杂综合体,其对海洋经济网络的表征在网络构建、职能划定和动力解释等方面可以更为深入。其中涉海 A 股上市公司因其对于资金、人才等的吸引能力在区域经济繁荣和竞争力的提高中发挥着重要的作用,因而在构建海洋经济网络过程中能够突出主体。

环渤海地区是我国海洋经济发展的重要区域之一。本文所研究的环渤海地区包括辽宁省、河北省、天津市和山东省。2021 年,环渤海地区海洋生产总值25 867 亿元,占全国海洋生产总值的比重为 28.6%,低于长三角与珠三角地区。因此,加强对于环渤海区域海洋经济的研究,进一步释放环渤海地区海洋经济发展的潜力势在必行。本文以注册地为环渤海地区的涉海 A 股上市公司总部分支机构信息构建海洋经济网络,运用社会网络分析法开展对环渤海海洋经济网络结构特征的分析,并基于此提出网络治理模式。

1 数据与方法

1.1 数据来源

A 股上市公司的信息(公司名称、上市时间、注册地等)来源于国泰安数据库(CSMAR),其经营范围、子公司信息(子公司名称、成立时间、注册地等)分别来源于企查查(https://www.qcc.com/)和通过巨潮资讯网(http://www.cninfo.com.cn/new/index)所获得的各企业 2010 年、2015 年及 2020 年年报。

1.2 研究方法

1.2.1 涉海 A 股上市公司的筛选

运用关键字法对涉海 A 股上市公司进行筛选。在 A 股上市公司的经营范围中筛选出含有"海""船""港""渔"等与海洋相关的活动的公司,同时剔除"无船承运""海绵"等含有关键字但与海洋无关的公司。

1.2.2 海洋经济网络构建

本文构建海洋经济无向加权网络。环渤海地区 2020 年共有 41 个地级市和 1 个直辖市,以设立子公司的数量为权重,构建 42×42 环渤海地区海洋经济关联矩阵。

表 1　环渤海地区海洋经济关联矩阵

城市	沈阳	大连	天津	青岛	……	烟台
沈阳	0					
大连	4	0				
天津	2	2	0			
青岛	1	4	12	0		
……					0	
烟台	0	2	0	0		0

注:表中数字表示两城市之间的实际连接数,运用设立子公司的数量表征。

1.2.3 社会网络分析法

(1)网络密度。网络密度衡量网络中节点间合作的紧密程度,指海洋经济网络中实际包含的关系数与理论上存在最大关系数的比值,其取值范围为[0,1],越接近于 1,网络密度越高,网络之间的联系越紧密。公式为

$$D = \sum_{i=1}^{n} \sum_{j=1}^{n} d(i,j)/n(n-1) \quad (i \neq j) \tag{1}$$

(2)匹配性。在海洋经济网络中每个节点都有与该节点直接连接的相邻节点 V_i 点,由此可以计算与节点 i 直接相连的所有相邻节点 j 的平均度值 $\overline{k_i}$:

$$\overline{k_i} = \frac{1}{k_i} \sum_{j \in V_i} k_j \tag{2}$$

式中,k_j 表示节点 i 相邻节点 j 的度值,V_i 表示与节点 i 所有相邻节点 j 的集合。对 k_i 和 $\overline{k_i}$ 的线性关系进行评估:

$$\overline{k_i} = D + bk_i \tag{3}$$

式中,b 为度关联系数,D 为常数项。当 $b>0$ 时,该网络为同配性,即节点度值相似的节点倾向于相互连接;当 $b<0$ 时,该网络为异配性,即节点度值级别不同的节点倾向于相互连接。

2 结果分析

2.1 环渤海地区涉海 A 股上市公司变化特征

数量方面,由表 2 可知 2010—2020 年间,环渤海地区涉海 A 股上市公司的总公司数量与分支机构数量加速增长。2010—2015 年增长速率低于 2015—2020 年增长速率。究其原因,第一,2015 年后我国交通、通信设施建设大力推进,为网络的形成提供硬件支撑;第二,2015 年后随着供给侧结构性改革持续推进,我国涉海市场活力逐步释放,多家涉海企业争相上市。环渤海地区是我国海洋第二产业的主要聚集地区,海洋第二产业主要聚集在大连—锦州、天津、东营—烟台—青岛这一范围内,产业基础较为雄厚。表现在涉海 A 股上市公司的数量结构方面为以重工、物流、制造类的企业为主,但缺少海洋生物医药、海洋电力等海洋新兴产业的龙头企业。

空间方面,就环渤海范围内的涉海 A 股上市公司总部-分支机构来看,大连市在拥有涉海 A 股上市公司的总部上具有较大的数量优势,2020 年有 5 个。青岛市在总部数量上提升较快,十年内提升数量为 4 个。分支机构所在的城市方面,青岛市、营口市均拥有较多分公司。原因在于,青岛市城市级别高,市场规模大,港航服务设施完善,涉海生产要素丰富,对涉海企业具有较大的吸引力。营口市因港航基础设施完善,工业基础与区位较好而吸引众多涉海 A 股上市公司子公司入驻。

表 2　环渤海地区涉海 A 股上市公司相关参数

年份	总部公司数量	分支机构数量
2010	8	18
2015	13	27
2020	20	81

2.2 环渤海地区海洋经济网络演变特征

2.2.1 网络规模扩大,但合作紧密程度不高

由表 3 可知,2010—2020 年,环渤海地区海洋经济网络规模逐渐扩大,但处在较低的扩张水平。从参与节点的数量来看,参与环渤海地区海洋经济网络的城市数量由占环渤海地区城市总数的 23% 提升至 52%,有超过一半的城市参与了海洋经济网络,这表明环渤海地区参与海洋经济分工的区域逐渐扩大,涉海要素的流转区域逐步增大。从参与节点的空间分布来看,参与节点逐渐向内陆地区拓展,其主要集中于辽宁省南部和山东省北部。从网络密度来看,2010—2020 年网

络密度由 0.22 降低至 0.15,其间发生细微的波动变化。这表明在海洋经济网络规模增大的过程中其节点之间的相互联系增加有限,海洋经济联系的紧密程度有待进一步提高。

表 3　环渤海地区海洋经济网络相关参数

年份	节点/个	边/条	密度
2010	10	10	0.22
2015	15	15	0.14
2020	22	34	0.15

2.2.2 网络扩大择优连接趋势明显

根据匹配性相关分析可知(图 1),环渤海地区海洋经济网络的匹配性计算中 b 为负值,这表明海洋经济网络中的节点连接具有异配性,不同层级的节点之间倾向于相互连接。如果海洋经济网络中存在异配性连接,则说明度值较低的节点与度值较高的节点进行海洋经济交流,使得网络的拓展以高度值节点为中心而展开,从而表现择优连接特征。网络的拓展多以青岛市和大连市为中心而展开,逐渐带动周边更多节点度值较低的城市加入海洋经济网络,从而带动环渤海地区的海洋经济发展。同时异配性也意味着核心节点和外围节点间出现更多"破坏性"关系,在保持核心节点内聚性的同时也增加来自外围节点潜在的市场机会和经济要素,这将有助于进一步释放海洋经济市场潜力和促进海洋科技创新的产生。

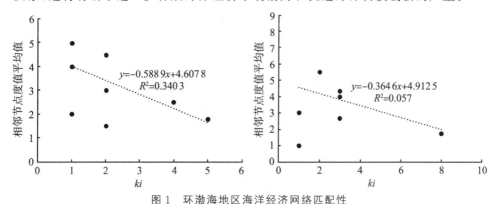

图 1　环渤海地区海洋经济网络匹配性

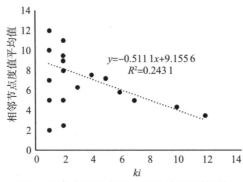

图 1　环渤海地区海洋经济网络匹配性(续)

2.2.3 城市层级波动变化

　　将环渤海地区海洋经济网络节点根据度值按自然断裂法进行分级(表 4)。由表 4 可知,环渤海地区海洋经济网络城市层级大致呈金字塔形。2010—2020年,大连市始终位于第一层级,青岛市逐级递增。这说明在环渤海地区海洋经济网络中,大连市和青岛市占据绝对优势地位,对海洋经济网络中的其他城市发挥着绝对的海洋经济控制、带动作用。第二层级变化较大,天津市退出此级别,威海市和沈阳市升入第二层级。这一层级的城市虽不具有对整个环渤海地区海洋经济网络绝对的控制优势,但发挥着海洋经济要素的中转、集聚功能。第三、四层级的城市是环渤海地区海洋经济网络中的重要组成部分,是环渤海地区海洋经济网络的构成主体,这些城市蕴含着发展海洋经济的巨大潜能,应当进一步激活这些城市更多生产要素向海洋生产要素转化。同时需要注意的是,环渤海地区海洋经济网络城市层级和城市海洋经济生产总值有一些出入,主要原因在于:城市层级的评价指标为节点的度值,即该节点与其他节点相连接的边的条数。这种评价指标忽略了城市本身的海洋经济属性值,将研究重点由城市内在属性转移到城市的对外关系上来,由城市对外海洋经济联系量的角度来对城市级别进行考量。如大连市海洋生产总值较低,但对外海洋经济联系高,而天津市海洋生产总值高,由于其多与上海市、深圳市等环渤海区域外的城市连接以及子公司多在其行政范围内布局,所以天津市在环渤海海洋经济网络中城市层级较低。

表 4　环渤海地区海洋经济网络城市层级

年份	层级	城市
2010	一	大连市
	二	天津市
	三	青岛市、沈阳市、阜新市
	四	营口市、唐山市、威海市、烟台市、济南市
2015	一	大连市
	二	青岛市、烟台市、威海市
	三	天津市、营口市
	四	沈阳市、鞍山市、丹东市、唐山市、锦州市、葫芦岛市、阜新市、济南市、潍坊市
2020	一	大连市、青岛市
	二	威海市、沈阳市
	三	天津市、济南市、烟台市
	四	鞍山市、葫芦岛市、潍坊市、丹东市、锦州市、营口市、唐山市、邯郸市、保定市、阜新市、张家口市、东营市、日照市、德州市、聊城市

3　讨论

3.1　海洋经济网络的发生机制

从环渤海地区海洋经济网络的演化来看,参与海洋经济网络的城市由原来的沿海城市逐渐向内陆地区扩展。在生产分割背景下,海洋产业的研究区域常常被扩展至所有拥有海岸线的城市或省份。在涉海企业的整理中发现,存在涉海 A 股上市公司与其子公司可能不同时涉海的情况。一些涉海企业将装备生产企业布局在港口附近以节省运输成本,而将销售企业布局在内陆城市中以充分利用其市场规模优势;或者逐步向产业链上下游合并,表现在空间上便是由海及陆;抑或者拓宽企业经营范围,通过投资房产、金融等方式助力增加企业收益。这之间均存在着涉海资本、技术、人才等的流动,便可在一定程度上将其抽象为海洋经济网络。通过这一现象也可以证明:陆海经济发展的地带不应局限在海岸带这一狭小的范围内,还应包括所延伸的更广阔陆域范围。

基于以上分析提出海洋经济网络的发生机制:第一,海洋经济网络存在的基础是陆海交通设施的连接。海上、公路、铁路、内河、航空等多样化的交通方式可使得沿海港口城市与其他内陆城市连接,充分发挥陆海双向联动的硬件支撑作用。第二,依托于硬件设施,海洋产品、海洋资本、涉海劳动力、海洋科技等基本生产要素可在海陆之间通过政府的调控与市场的配置作用流动。第三,依托于海洋资源流动,节点城市通过海陆产业融合、延长海陆产业链条等方式产生了涉海企业的空间扩张行为或者海洋产业的集聚与扩散。

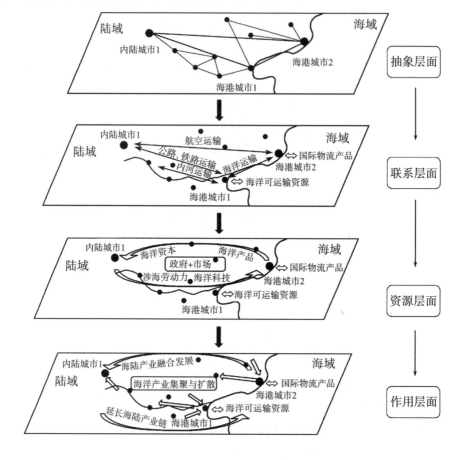

图 2　海洋经济网络发生机制

3.2 海洋经济网络的研究框架

根据以上研究提出海洋经济网络的研究框架。第一,海洋经济网络的构建可以有多样的形式。基于企业联系的经济网络能够较大程度表征城市之间的真实连接,重力模型虽未能较为精确地表征真实的海洋经济联系,但对与划定一种理想化的海洋经济区域发展边界具有重要参考意义。第二,对于网络结构的分析有助于对海洋经济网络的规模、数量等数理特征具有总体的把握,将其结合空间可视化技术能够在空间上对于城市参与网络的情况、网络分布情况等有总体的了解。第三,驱动因素的分析对于海洋经济网络来说至关重要,它是进行网络应用与治理的前提,找出网络的驱动因素,尤其是对于驱动因素的时空分异特征的研究是网络精确治理的基础。第四,在治理层面,需要找出网络的治理主体,如政府、产业与市场,三者进行统筹协调治理的过程中需要做出对区域海洋经济发展的总体空间规划、总体发展政策等,破除唯孤立的海洋经济属性制定海洋经济政策的方式,将海洋经济发展重点从研究节点的内部属性转移到研究节点的内部属性和节点对外关系相结合上来。第五,根据海洋经济网络的发生机制来看,不存在较为独立的海洋经济网络,需要运用陆海统筹的思想对海洋经济网络进行研究。

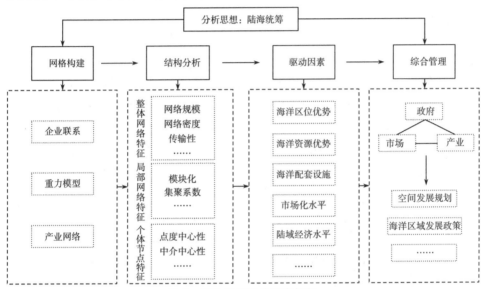

图 3　海洋经济网络研究框架

4　结论与建议

4.1　结论

（1）2010—2020 年,环渤海地区涉海 A 股上市公司及子公司数量加速增长,且 2015—2020 年增长速率高于 2010—2015 年增长速率。在空间层面来看,大连市在拥有涉海 A 股上市公司的总部上具有较大的数量优势,青岛市在总部数量上提升较快。青岛市与营口市拥有较多涉海 A 股上市公司的分支机构。

（2）环渤海地区海洋经济网络具有网络规模大,合作不紧密,择优连接明显和层级波动变化的特征。第一,环渤海地区 2010—2020 年参与海洋经济网络的城市由 23% 提升至 52%,超过一半的城市参与了海洋经济网络,但是城市之间的海洋经济联系并不紧密。第二,总体来看,海洋经济网络的拓展方式以择优连接为主,多以大连市和青岛市为中心展开。第三,环渤海地区海洋经济网络城市层级波动变化,除大连市为稳定的第一层级外,其他层级城市在 2010—2020 年均发生层级变化。另外,环渤海地区海洋经济网络的层级排名与其海洋经济产值具有较大出入,这主要与该城市是否与环渤海地区的城市建立海洋经济联系有关。

(3)海洋经济网络的发生机制表明,随着海洋产品、海洋资本、海洋人才等在陆域与海岸地带的循环流动,海洋经济的研究区域应由海岸地带向内陆地区更大范围扩展。海洋经济网络的研究重点内容包括网络构建、结构分析、驱动因素研究和综合治理研究等,应以陆海统筹的分析思想开展对海洋经济网络的研究。

4.2 发展建议

4.2.1 增强大连—天津—青岛的格局支撑

要强化大连—天津—青岛的海洋经济联系,构建环渤海地区的海洋经济格局支撑。加强三者之间的海洋经济联系,在加强联系过程中加强涉海资源流动,加强科技创新交流,推进资源互补与产业互动,充分释放海洋经济发展潜力。由于大连市与青岛市在环渤海地区海洋经济联系上具有量的优势,进而可以通过与其他城市联系带动整个环渤海地区海洋经济发展。

4.2.2 选择发展轴线与组团。

以大连—沈阳、天津—北京、青岛—济南为主要海洋经济发展轴线,并形成其相应的组团结构。该组团内经济要素联系紧密,可将多样化的交通廊道作为支撑,充分融合港口运输优势与内陆城市的工业、市场、科技等优势;以葫芦岛—锦州—沈阳、秦皇岛—唐山—天津—沧州、威海—烟台—青岛为二级海洋经济发展轴线,并相应形成其海洋经济发展组团结构,激活组团区域内涉海要素,释放生产潜力,推进海洋产业集聚。

4.2.3 鼓励涉海企业发展。

设立区域海洋基金,为区域海洋科研活动提供科研补助,为涉海企业的发展提供风险补偿等。运用政策金融+市场金融的方式,以杠杆效应撬动资金,设立海洋产业投资基金。另外,可鼓励城市中的涉海企业扩大空间规模,到其他城市设立或收购子公司,给予在本地设立的涉海子公司一定的税收优惠等,以提升城市在海洋经济网络中的控制地位。

参考文献

[1]王嵩,孙才志,范斐.基于共生理论的中国沿海省市海洋经济生态协调模式研究[J].地理科学,2018,38(3):342-350.

[2]马仁锋,候勃,张文忠,袁海红,窦思敏.海洋产业影响省域经济增长估计及其分异动因判识[J].地理科学,2018,38(2):177-185.

[3]孙才志,曹强,王泽宇.环渤海地区海洋经济系统脆弱性评价[J].经济地理,2019,39(5):37-46.

[4]李博,田闯,史钊源,韩增林.辽宁沿海地区海洋经济增长质量空间特征

及影响要素[J].地理科学进展,2019,38(7):1 080-1 092.

[5] 狄乾斌,於哲,徐礼祥.高质量增长背景下海洋经济发展的时空协调模式研究——基于环渤海地区地级市的实证[J].地理科学,2019,39（10）:1 621-1 630.

[6] FRIEDMANN J. The world city hypothesis[J]. Development and Change,1986,17(1):69-83.

[7] CASTELLS M. The informational city:Information technology, economic restructuring and the urban－regional progress[M]. Oxford, UK:Blackwell,1989.

[8] ARTHUR S A, BECKFIELD J. Power and position in the world city system[J]. American Journal of Sociology,2004,109(4):811-851.

[9] TAYLOR P, CATALANO G, WALKER D R. Measurement of the world city network[J]. Urban Studies,2002,39(13):2 367-2 376.

[10] 宋琼,赵新正,李同昇,等. 多重城市网络空间结构及影响因素:基于有向多值关系视角[J].地理科学进展,2018,37(9)1 257-1 267.

[11] 顾朝林,徐海贤.改革开放二十年来中国城市地理学研究进展[J].地理科学,1999(4):320-331.

[12] 王瑞莉,刘玉,王成新,李梦程,唐永超,薛明月.黄河流域经济联系及其网络结构演变研究[J].世界地理研究,2022,31(3):527-537.

[13] 李影影,黄琪,曹卫东,张宇.经济联系视角下泛长三角网络结构研究[J].世界地理研究,2019,28(1):68-78.

[14] 李苑君,吴旗韬,张玉玲,吴康敏,张虹鸥,金双泉.中国三大城市群电子商务快递物流网络空间结构及其形成机制研究[J].地理科学,2021,41(8):1 398-1 408.

[15] 朱艳硕,王铮,程文露.中国装备制造业的空间枢纽——网络结构[J].地理学报,2019,74(8):1 525-1 533.

[16] 胡国建,陆玉麒.基于企业视角的城市网络研究进展、思考和展望[J].地理科学进展,2020,39(9):1 587-1 596.

[17] 朱君.上市公司影响区域经济发展的作用机制研究[J].云南社会科学,2013(4):78-82.

[18] 都晓岩,韩立民.论海洋产业布局的影响因子与演化规律[J].太平洋学报,2007(7):81-86.

[19] 张耀光.中国海洋经济地理学[M].南京:东南大学出版社,2015.

基于暖光效应修正的海岛生物多样性价值评估
——以福建平潭为例

单菁竹[1]　李京梅[1,2]　邓云成[3]　许罕多[1,2]　殷伟[4]

（1. 中国海洋大学海洋发展研究院，青岛 266100；

2. 中国海洋大学经济学院，青岛 266100；

3. 自然资源部海岛研究中心，平潭 350400；

4. 中国海洋大学管理学院，青岛 266100.）

摘要：暖光效应使受访者表达的支付意愿更多反映"道德偏好"而非"经济偏好"，造成资源环境物品的估值偏差。以平潭海岛生态系统海洋生物多样性价值评估为例，分析受访者暖光效应的影响因素，运用两步法模型对支付意愿中的暖光效应进行识别并予以剔除，以获取更为真实反映受访者"经济偏好"的支付意愿，结果表明：① 暖光效应在我国 CVM 中开始具有普遍性，显著造成支付意愿高估。② 受访者对于保护海洋生物多样性的关注程度、受教育程度等变量与暖光效应存在显著相关性；对于海洋生物多样性的了解程度、年龄、收入等变量与支付意愿显著相关。③ 运用暖光效应修正方程对支付意愿进行估计，得平潭海洋生物多样性总价值为 7 371.09 万元/年。研究结论将为识别与修正暖光效应以提高 CVM 估值效度提供方法借鉴。

关键词：海岛生态系统；海洋生物多样性；暖光效应；条件价值评估法；平潭

1 引言

暖光效应（Warm glow），又称光热效应、温情效应，是指人们希望在做出符合社会期望的行动之时，能得到他人"赞许的、温暖的眼光"，从而获取心理或精神上的满足。CVM 研究者发现，在 CVM 调查中，受访者可能存在暖光效应，即在估值过程中基于非纯粹利他动机（Impure altruism），希望从对商品的支付行为本身获取道德或精神上的满足感、声誉或社会认可，因而无法表达其真实支付意愿。美国国家海洋与大气管理局（National Oceanic and Atmospheric Administration，NOAA）关于 CVM 的研究表明，在存在暖光效应的情况下，CVM 结果只能反映对于待评估环境物品的认同而不能作为对待评估环境物品的真实支付意愿，并指出应尝试从调查设计阶段对暖光效应进行修正。

由于暖光效应将造成表达的 WTP 与真实 WTP 产生偏离，造成 CVM 估值偏差，因此，国内外学者对暖光效应的影响及处理方法展开了大量研究。针对暖光效应产生的影响，Becker 等的研究均表明当面对公共物品时，暖光效应是影响受访者做出相应决策的重要因素。Hartmann 等研究表明暖光效应将对受访者的保护环境行为倾向、气候保护行为、绿色电力产品偏好等决策产生正向显著影响。然而，也有学者的研究表明暖光效应对受访者的支付意愿并未产生显著影响。针对暖光效应的处理与修正，Champ 等建议在解释受访者不熟悉的公共物品的支付意愿时，充分考虑暖光效应对于支付意愿的影响。Kahneman 等认为若存在暖光效应，则不能将支付意愿作为待评估物品经济价值的真实反映，建议通过道德满足感水平对支付意愿进行预测。Nunes 等通过在问卷中设计一系列反映受访者支付态度的问题，衡量受访者的暖光效应强度，并通过假设所有受访者均不持有"暖光效应"心理来计算剔除了暖光效应的支付意愿。另外，部分学者发现暖光效应与 CVM 中的其他偏差存在关联性，如嵌入效应、抗议性响应等 。国内学者也针对暖光效应进行了相关研究，许丽忠等认为暖光效应是影响 CVM 预测有效性的主要因素。廖雅梅等认为受访者在估值时为表现正面形象，可能会夸大支付意愿值，因此，在调查过程中，应多与受访者交流并向其阐明学术研究的严谨性，尽可能减少"暖光效应"造成的偏差。张翼飞的研究表明，居民对于城市内河生态系统服务的支付意愿存在范围效应，这一效应的存在可能因为受访者在表达支付意愿时，持有"道德上的满足感"。由此可见，国内学者对暖光效应的产生原因及影响进行了初步研究，并取得了一定成果，但目前研究仅限于理论探讨，侧重于将暖光效应作为解释估值异常现象的原因，而在实证层面上验证并修正暖光效应的研究尚不多见。

欧美等发达国家政府及环境保护组织在环境保护募捐、运营及管理机制都相对成熟完善，且居民经济收入较高、环保意识较强，CVM 估值过程中的暖光效应普遍存在。近年来，随着我国生态文明建设战略的实施，民众生态环境保护观念不断加强，这一方面为 CVM 在我国的研究提供了更好的调研实施条件，另一方面也对我国 CVM 研究提出了相应问题，即暖光效应是否在我国 CVM 调查中也普遍存在，受访者对于资源环境物品的估值究竟更多反映的是"经济偏好"还是"道德偏好"？鉴于此，本文以典型海岛生态系统——平潭海洋生物多样性价值评估为例，通过在问卷中增设题项识别受访者的暖光效应，分析受访者暖光效应的影响因素，并运用两步法模型对支付意愿中的暖光效应进行剔除，以获取更为真实反映受访者"经济偏好"的支付意愿。研究结论将为我国 CVM 中暖光效应的存在性增添经验证据，为识别与修正暖光效应以提高 CVM 估值效度提供方法借鉴，并为相关海洋生物多样性保护政策的制定提供数据支持。

2 研究区域与数据来源

2.1 研究区域概况

平潭位于闽中沿海,福建省东部,是典型的海岛生态系统,沿海岛礁星罗棋布,由以海坛岛为主的 126 个岛屿组成,岛屿面积共 324.13 平方千米,主岛海坛岛南北长 29 千米,东西宽 19 千米,面积为 267.13 千米,占平潭区总面积的 72%,是平潭众多海岛中资源比较丰富、开发利用程度较高的海岛,是福建省第一大岛,中国第五大岛。平潭岛优越的地理位置和独特的生态环境,孕育了丰富的海洋生物多样性。据调查,平潭海域有底栖生物 341 种、潮间带生物 144 种、浮游生物 266 种、游泳生物 98 种,是我国海域生物多样性最为丰富的地区之一。近年来,随着平潭综合实验区建设加快,海上风电、港口航运、滨海旅游等海洋产业的发展,用海需求不断增大,污水排海造成局部海域污染,使海洋生态系统与生物多样性受到威胁。本研究应用 CVM 方法研究平潭公众对保护海洋生物多样性的支付意愿,并运用两步法模型对支付意愿中的暖光效应偏差进行修正,以获取更为真实反映受访者"经济偏好"的支付意愿,对平潭海洋生物多样性价值进行评估,为政府海洋生物资源与生物多样性保护和管理提供理论依据。

2.2 数据来源

本文分析所用的研究数据来源于课题组在 2018 年 9 月—10 月对平潭岛居民开展的问卷调查。问卷共分为四部分:第一部分为问卷调查引导语,问卷通过图文并茂的方式对海洋生物多样性的背景知识进行介绍,并重点介绍了鱼类、虾蟹类等当地公众较为熟知的海洋生物,以加强受访者对于海洋生物多样性的认知;第二部分询问受访者对海洋生物多样性的熟悉、认知程度及其保护态度,包括受访者去海边频率,对海洋生物多样性的了解程度、关注程度等;第三部分调查受访者对保护海洋生物多样性的支付意愿,采用支付卡引导技术,核心估值问题为"为了保护平潭海洋生物多样性,您每年最多愿意为此支付多少费用?"同时,为了识别受访者的支付意愿是否受暖光效应影响,针对愿意支付的受访者进一步设问其愿意支付的最主要原因,根据愿意支付原因,将受访者进一步细分为受暖光效应群体与不受暖光效应群体,具体分类原则见表 1;第四部分为受访者基本信息,包括性别、年龄、受教育程度、收入等。问卷调查采用面访形式,调查人员由中国海洋大学研究生组成,于 2018 年 9 月—10 月进行实地调查,选取龙凤头沙滩、海坛步行街等平潭公共场所作为调查地点,在调查区域内随机抽样,共发放问卷 300 份,回收 288 份,剔除无效样本(如信息严重残缺、前后矛盾的问卷),得到有效问卷 221 份,问卷有效率为 76.74%。

表 1　暖光效应分类原则

愿意支付的最主要原因	类别
1. 愿意为保护平潭海洋中鱼类、虾蟹类、藻类等生物的存在贡献出自己的力量。 2. 保护物种不消失,生物的栖息地不被破坏,能让鱼类、虾蟹类等海洋生物繁衍生息,海滨环境洁净优美,使我感到非常欣慰。 3. 我有经济能力保护当地海洋生物多样性,而且为此类环保目的支付一定费用让我感觉自豪,何乐不为。	受暖光效应影响群体
4. 海洋中存在鱼类、虾蟹类、藻类等多种多样的海洋生物,能买到各种海鲜、观赏海鸟,对我来说是有价值的,有意义的。 5. 为了能让子孙后代也能拥有丰富的鱼类、虾蟹类、藻类等多种多样的海洋生物资源。	不受暖光效应影响群体

3　结果及分析

3.1　受访者基本特征描述性统计

对受访者基本特征进行分析,受访者中男性占 45.74%,男女比例相差不大;年龄以 19~30 岁的受访者比例最高,占 55.04%,其次为 31~45 岁,占 25.19%;受访者大专及以上学历水平占 51.16%;年收入以 5 万~10 万元最多,占比 31.01%,其次为 2 万~5 万元,占比 26.36%。可见样本特征基本包含了不同层次或水平的群体,分布范围较广,具有较强随机性和广泛代表性,基本符合本研究需要。

3.2　暖光效应影响因素分析

受访者是否受暖光效应影响可从其支付原因中体现,故本文通过增设题项(表 1)对愿意支付的群体进行设问,询问其愿意支付的最主要原因,并将此作为判断是否受暖光效应影响的依据。结果表明,在正支付意愿群体中,56.56%受访者受暖光效应影响,由此可见,暖光效应是本 CVM 调查中的普遍现象,因此,有必要对其影响因素进行进一步分析。由于暖光效应仅存在于正支付意愿受访者中,故本文回归样本仅限于具有正支付意愿的受访者。运用 LIMDEP7.0 对问卷数据进行处理,变量赋值方法如表 2 所列,为避免多重共线性问题,在对选择方程与支付方程进行回归时,依据 z 值绝对值不小于 1 的标准选取回归变量,具体回归结果如表 3 所列。从估计结果可知,受访者对于保护海洋生物多样性的关注程度、对于保护海洋生物多样性对环境福利提高的影响程度、受教育程度等变量在选择方程中表现出显著性,其中,受教育程度与是否表现出暖光效应显著正相关,究其原因,可能在于受教育程度较高的受访者,一般环保意识较高,在选择支付时,更多思考自然与全人类的福祉,相比而言较为忽略资源环境产品对自己效用的真实影响,因而更易受暖光效应影响。受访者对于海洋生物多样性的关注程度、对于保护海洋生物多样性对环境福利提高的影响程度与是否表现出暖光效应显著负相关,原因可能在于对海洋生物多样性的关注程度决定了其对海洋生物多样性提供服务的认知程度,对于关注海洋生物多样性、认为保护生物多样性对显著影响环境福利提高的群体,其对海洋生物多样性提供的服务及经济效用更为关注,其在进行选择支付时,更多出于对效用与福利提升的考虑,而非道德的满足感,故受暖光效应影响较小。

表 2　变量解释与说明

变量名	变量含义	赋值方法
FRE	去海边频率	经常＝4，偶尔＝3，很少＝2，从不＝1
SAT	对海洋生态环境状况满意程度	非常满意＝5，比较满意＝4，一般＝3，不太满意＝2，完全不满意＝1
KNOW	对海洋生物多样性了解程度	非常了解＝5，比较了解＝4，一般＝3，不太了解＝22 完全不了解＝1
CON	对海洋生物多样性保护关注程度	非常关心＝5，比较关心＝4，一般＝3，不太关心＝2，完全不关心＝1
WEL	保护海洋生物多样性对环境福利提高的影响	非常有影响＝5，比较有影响＝4，一般＝3，不太有影响＝2，完全没影响＝1
DON	是否有因为环境保护原因为相关组织捐款经历	是＝1，否＝0
GEN	性别	男＝1，女＝0
AGE	年龄	20 岁以下＝1，20～30 岁＝2，31～45 岁＝3，46～60 岁＝4，61 岁以上＝5
EDU	受教育情况	初中及以下＝1，职高/高中＝2，大专＝3，本科＝4，研究生及以上＝5
INC	月收入	2 万元以下＝1，2 万～5 万元＝2，5 万～10 万元＝3，10 万～20 万元＝4，20 万元以上＝5

表 3　暖光效应影响因素回归结果

变量	系数	标准差
常数项	2.728	0.958
SAT	0.178	0.128
CON	−0.760	0.180
WEL	−0.430	0.114
DON	−0.003	0.260
SEX	−0.394	0.241
EDU	0.353	0.100
AGE	0.095	0.155
INC	0.092	0.116

注：＊＊＊、＊＊、＊分别表示估计值在19％、5％、10％的水平下显著，下同。

3.3 支付意愿影响因素分析

本文运用两个模型，即经暖光效应修正方程与未经暖光效应修正方程，对受访者的支付意愿影响因素进行分析，回归结果如表 4 所列。从估计结果可知，受访者去海边频率、对海洋生态环境满意程度、对于海洋生物多样性的了解程度、性别、受教育程度及收入均在支付方程中表现出显著性。其中，受访者越经常去海边、对生物多样性的了解程度越高、受教育水平越高、收入越高，其支付意愿越高。究其原因，去海边频率可以反映海洋对受访者的重要性，经常去海边的受访者，海洋对其生产生活、娱乐休闲等方面的效用影响越大，其支付意愿越高；而对生物多样性的了解越多，其对海洋生物多样性在维持生态平衡、增进人类福祉等方面的重要作用越了解，对海洋生物多样性的需求越强烈，倾向于支付更高金额；收入越高，其对环境物品的实际支付能力越强，越倾向于提供更多支付，这与一般市场上的消费行为相近，符合经济学基本原理。另外，对海洋生态环境满意程度、年龄、性别与支付意愿显著负相关，对此的解释为：受访者对目前的海洋生态环境越满意，则其认为保护海洋生物多样性、进一步改善海洋生态环境的需求越低，反映在支付意愿方面，则越倾向于较低支付意愿；与年轻人相比，年长者收入预期下降，对于经济支付往往较为谨慎，因此在支付额方面多采取保留态度，这可能是造成年长者支付意愿相对较低的原因之一。

另外，从统计回归结果中可知，ρ 值显著为正，表明受访者的暖光效应显著影响了其支付过程，且影响为正，即暖光效应将使支付意愿明显高估，造成暖光效应估值偏差。因此,在进行 WTP 估值时,应充分修正暖光效应造成的偏差,以提高 CVM 估值有效性。

表 4　支付意愿影响因素回归结果

变量	经暖光效应修正模型		未经暖光效应修正模型	
	系数	标准差	系数	标准差
常数项	1.954***	0.722	2.773	0.481
FRE	0.438***	0.124	0.587***	0.088
SAT	−0.261**	0.114	−0.400***	0.070
KNOW	0.573***	0.129	0.336***	0.095
CON	−0.103	0.101	0.090	0.064
DON	−0.028	0.217	−0.072	0.141
SEX	−0.485***	0.168	−0.27**	0.124
EDU	0.271***	0.082	0.088*	0.052
AGE	−0.054	0.113	0.004	0.074
INC	0.233***	0.077	0.176***	0.061
σ	0.823***			
ρ	0.751***			

4.4 生物多样性保护支付意愿测算

由以上分析结果可知,受访者在支付过程中存在一定的暖光效应,因此,本文在进行 WTP 估值时,运用经暖光效应修正的支付方程估计结果,将暖光效应内生化,计算受访者支付意愿均值为 191.74 元。由于受访者中存在 14.34% 的零支付意愿,精确的平均支付意愿需要运用 spike 模型对 $E(WTP)_{正}$ 进行调整,即将正人均支付意愿值乘以正支付意愿占全部支付意愿的比例,得到保护福建平潭海洋生物多样性人均支付意愿为

$$E(WTP) = E(WTP)_{正} \times (100\% - 14.34\%) = 164.24 \text{ 元/(人·年)}$$

根据条件价值评估法原理,居民对于保护海洋生物多样性的总支付意愿,可用于估算海洋生物多样性的经济价值。由于本文研究区域为平潭综合实验区,故将平潭居民作为总人口范围,对海洋生物多样性价值予以评估。根据 2018 年平潭综合实验区统计公报相关统计信息,平潭总人口数为 44.88 万,将人均支付意愿与地区人口数相乘,计算得总支付意愿为 7 371.09 万元/年,即平潭海洋生物

多样性总价值为 7 371.09 万元/年。

5 结论与讨论

暖光效应是 CVM 受到质疑的一个重要原因。在暖光效应下,受访者的支付行为会出于道德的满足感,而非待评估物品对其产生的经济效用,由此造成 WTP 估值偏差,影响 CVM 有效性。本文以平潭海岛生态系统海洋生物多样性价值评估为例,运用考虑暖光效应的分组数据模型,对暖光效应偏差进行修正,以获取更为有效的估值结果,所得结论如下:

(1) 从统计结果来看,有超过一半的受访者表现出暖光效应,表明暖光效应在 CVM 具有普遍性;从回归结果来看,受访者的暖光效应显著影响了其支付过程,且影响方向为正,即暖光效应将使支付意愿明显高估,造成暖光效应估值偏差。因此,在进行 WTP 估值时,应充分考虑暖光效应造成的偏差,以提高 CVM 估值有效性。

(2) 通过增设题项,获取受访者支付的主要原因,并以此作为识别受访者暖光效应的依据。对暖光效应的影响因素进行分析,受访者对于保护海洋生物多样性的关注程度、对于保护海洋生物多样性对环境福利提高的影响程度、性别、受教育程度等变量与暖光效应存在显著相关性。同时,受访者去海边频率、对于海洋生物多样性的了解程度、对于保护海洋生物多样性的关注程度、收入等变量与支付意愿呈显著正相关,对海洋生态环境满意程度、是否有环保捐款经历、年龄与受访者支付意愿呈显著负相关。

(3) 运用暖光效应修正方程对支付意愿进行估计,得到保护福建平潭海洋生物多样性人均支付意愿为 164.24 元/(人·年),即平潭海洋生物多样性总价值为 7 371.09 万元/年。

暖光效应作为影响 CVM 研究效度的重要原因之一,其存在具有普遍性,本文只是对此的一个初步探讨。关于暖光效应的产生原因、如何在问卷设计层面对暖光效应进行修正,仍有待进一步研究。另外,本文使用的两步法模型具有普适性,可以进行变形以推广至其他偏差的修正研究中,如抗议性响应等。

参考文献

[1] 许丽忠,陈芳,杨净,等. 基于计划行为理论的公众环境保护支付意愿动机分析[J]. 福建师大学报(自然科学版),2013,29(5):87-93.

[2] NUNES P, SCHOKKAERT E. Identifying the warm glow effect in contingent valuation [J]. Journal of Environmental Economics and Management,2003,45(2):231-245.

[3] ANDREONI J. Impure altruism and donations to public goods: a theory of warm-glow giving[J]. The Economic Journal, 1990, 100(401): 464-477.

[4] BECKER G S. A Theory of Social Interactions[J]. Journal of Political Economy, 1974, 82(6): 1 063-1 093.

[5] ANDREONI J. Giving with Impure Altruism: Applications to Charity and Ricardian Equivalence[J]. Journal of Political Economy, 1989, 97(6): 1 447-1 458.

[6] CHILTON S M, HUTCHINSON W G. A note on the warm glow of giving and scope sensitivity in contingent valuation studies[J]. Journal of Economic Psychology, 2000, 21(4):343-349.

[7] HARTMANN P, EISEND M, APAOLAZA V, et al. Warm glow vs. altruistic values: how important is intrinsic emotional reward in proenvironmental behavior? [J]. Journal of Environmental Psychology, 2017, 52(11): 43-55.

[8] SCHLEICH J, SCHWIRPLIES C, ZIEGLER A. Do perceptions of international climate policy stimulate or discourage voluntary climate protection activities? A study of German and US households[J]. Climate Policy, 2017, 18(5): 1-13.

[9] MA C, BURTON M. Warm glow from green power: evidence from Australian electricity consumers[J]. Journal of Environmental Economics and Management, 2016, 78(7):106-120.

[10] GRAMMATIKOPOULOU I, OLSEN S B. Accounting protesting and warm glow bidding in Contingent Valuation surveys considering the management of environmental goods-an empirical case study assessing the value of protecting a Natura 2000 wetland area in Greece [J]. Journal of Environmental Management, 2013, 130(11): 232-241.

[11] CHAMP P A, BISHOP R C, BROWN T C, et al. Using donation mechanisms to value nonuse benefits from public goods. Journal of environmental economics and management, 1997, 33(2): 151-162.

[12] MEYERHOFF J, LIEBE U. Protest beliefs in contingent valuation: explaining their motivation[J]. Ecological Economics, 2006, 57(4):583-594.

［13］许丽忠，钟满秀，韩智霞，等. 环境与资源价值 CV 评估预测有效性研究进展［J］. 自然资源学报，2012，27(8):1 421-1 430.

［14］廖雅梅，黄远水. 厦门市海湾公园生态系统非使用价值评估［J］. 重庆师范大学学报:自然科学版，2014(2):94-99.

［15］张翼飞. 城市内河生态系统服务的意愿价值评估［D］. 上海:复旦大学，2008.

［16］张翼飞，刘宇辉. 城市景观河流生态修复的产出研究及有效性可靠性检验——基于上海城市内河水质改善价值评估的实证分析［J］. 中国地质大学学报(社会科学版)，2007，7(2):39-44.

［17］Bhat C R. Imputing a continuous income variable for grouped and missing income observations［J］. Economics Letters，1994，46(4):311-319.

［18］平潭综合实验区统计局. 平潭综合实验区 2018 年国民经济和社会发展统计公报［R］. 平潭:平潭综合实验区统计局,2019.

破解"卡脖子"难题　助推刺参产业优化升级

柯可　张金浩　曹亚男　姜作真　王田田　赵运星

（烟台市海洋经济研究院，山东烟台 264003）

摘要：刺参作为一种海产珍品，位列"海产八珍"之首。随着国内刺参市场持续升温，刺参独具的保健功效获得越来越多的民众认可，产业经济快速发展。本文针对刺参产业优化升级面临的"卡脖子"难题，运用文献分析法、调查研究法、比较分析法等，提出刺参产业提升发展的破解思路与应对措施，以期为刺参全产业链优化升级提供理论依据和重要参考。

关键词：刺参产业；"卡脖子"难题；应对措施；产业优化升级

1　引言

刺参是我国名贵的海产品，自古便有"海八珍"之首的美誉，是中国北方地区特有的海洋生物资源和名贵海水养殖品种，也是推动水产养殖业绿色发展和打造乡村振兴示范样板的重要养殖品种。2020 年，全国年产刺参苗种 550 亿头，商品参产量 19.65 万吨，养殖面积 364 万亩，养殖产值 291.7 亿元，全产业链产值 600 亿元，占全国渔业经济总产值的 2.2%。本文针对刺参产业优化升级面临的"卡脖子"难题，提出了产业提升发展的破解思路与应对措施，以期为刺参全产业链优化升级提供理论依据和重要参考。

2　刺参产业"卡脖子"难题

刺参是海水养殖的朝阳产业，但是，受刺参产业发展红利影响，有关刺参产业盲目投资、布局不够合理、产品加工工艺不够规范、低价倾销劣质产品、品牌不够响亮等实际问题日趋突出，在不同程度上制约着刺参产业发展。同时受苗种质量、饵料投喂、设施设备、滥用药物等影响，造成刺参体质下降、抗逆性减弱、病害频发，影响和制约了产业健康可持续发展。

2.1　产业供给风险犹存

在刺参养殖高收益驱使下，养殖业主盲目扩大单位面积养殖规模，造成刺参病害频发。同时在全球变暖的背景下，冰雹、暴雨、雷电、大风等灾害频发，引起养殖海区盐度分层、pH 降低、短暂缺氧、营养盐含量变化等，给刺参产业健康发展带来严重或不利的负面影响。

2.2　良种覆盖率偏低

在刺参苗种培育过程中，长期累代自繁导致刺参优良性状严重退化，刺参活力差、生长速度慢、抗逆性差、致畸死率高等问题凸显，刺参成活率远低于 5%，严重制约了刺参产业持续健康发展。据刺参原良种场建设和新品种推广应用情况测算,全国刺参良种覆盖率不足 40%,与农业农村部"十三五"渔业科技发展规划确定的 65%目标还有较大差距,打好刺参种业翻身仗任重而道远。

2.3 育养集约化程度不高

部分小、散户存在生产标准化程度低、养殖及配套设施落后、技术水平低下、养殖产量与效益不稳定等实际情况;育养企业规模化程度不够高,存在"多、小、散、弱"现象,"育繁推"一体化尚不完善,制约了产业的规模化生产和持续高效发展。

2.4 加工环节亟须规范

市场上主流刺参制品以盐渍、淡干和即食为主,产品附加值相对较低。全国刺参加工业户约有 80%为家庭作坊式个体户,质量安全意识相对薄弱,执行相关标准不够严格。部分加工户根据消费者设定的目标价位进行订单式生产,加工过程存在掺杂使假和以次充好的问题。部分企业自行开发的即食刺参、刺参片等产品,缺乏国家、行业、地方标准支持,加工工艺不规范。

2.5 保障机制有待完善

刺参上下游产业连接不紧密,产品质量追溯体系建设略显滞后,应对产品质量安全等突发事件处置能力有待提高,产业全过程生产标准化体系尚不健全,水产养殖保险品种与保障范围略显不足,相关保障机制尚不完善,应对风险时显得捉襟见肘。

3 刺参产业优化升级的对策与建议

虽然我国刺参人工育苗和增养殖均走在世界前列,发展速度快,潜力巨大,但仍要认真吸取 20 世纪 90 年代对虾和扇贝养殖盲目扩张而造成巨大损失的惨痛教训,进一步扩大刺参产业发展优势。

3.1 发挥科技创新引领,助推刺参产业转型升级

3.1.1 推进刺参良种攻关

整合技术资源和优势,加大对速生、耐温、耐盐等种质创制与开发利用。在传统育种的基础上,运用生物信息技术,定向研发高效、可控的数字化制种技术,创制品相优良、生长速度快、抗逆性强等多优势性状的刺参新品种。政府要设立水产种业创新专项引导资金,以种业龙头企业刺参良种繁育为示范,构建"育繁推"一体化刺参育种体系。

3.1.2 创建绿色养殖新模式

科学评估水产养殖的资源与环境承载力,建立基于生态系统的刺参养殖科学评估与综合利用系统。优化养殖空间,科学拓展刺参底播增养殖、池塘养殖、围堰

养殖、工厂化养殖、内湾网箱养殖、深水网箱养殖等分布。探索绿色低碳养殖新模式和相关配套技术设施研发,逐步实现陆基养殖精准化和海基增殖生态化。

3.1.3 提升加工综合水平

聚焦刺参主产区,加快刺参产地初加工设施设备建设,紧密联系服务刺参育苗养殖业户,进一步优化刺参加工业布局。集成生物工程等现代高新技术,加快功能食品、生物制药、生物化工等刺参精深加工新产品与新工艺的研发,推动刺参产品多元化开发和多环节增值。

3.2 优化发展方式,拓展刺参产业提升空间

3.2.1 高标准建设刺参产业园区

坚持优势互补、协同发展理念,规划建设以苗种培育、养殖、加工、流通等为特色的现代刺参产业园。通过3—5年的建设培育,形成一批在国内外有较强影响力的规模化、集约化、链条化、科技化、品牌化、生态化的新型刺参产业园区。

3.2.2 强化“政用产学研”融合

建立由政府部门牵头、以产业发展需求为导向、科研院所开展定向研究与专业人才培养、企业实现科研成果转化和市场需求适时反馈的良性循环创新合作机制。通过定期开展产业交流活动,加强种质提升、设施设备、疫病诊断、产品开发等刺参产业“卡脖子”难题定向攻关,打造一批具有国内领先水平的刺参科研成果示范应用基地。

3.2.3 打造刺参文旅产业

全世界刺参有1 200多种,可食用的有40多种,其中我国海域有100多种,可食用的有20多种,消费者对刺参种类、品质、饮食等知识知之甚少。要充分发掘刺参文化内涵,加快刺参文化创新,尤其注重刺参文化与现代生活相结合,赋予刺参产品包装新的文化价值,打造刺参品牌新亮点。鼓励有能力的企业积极参与刺参文旅产业建设,打造集刺参标本展示、知识普及、深度体验、旅游购物、文化研究于一体的刺参特色精品项目,更好地保护和传递刺参文化,推进刺参产业可持续发展。

3.3 突出标准化生产,全面增强刺参产业竞争优势

3.3.1 推进刺参标准化生产

制定、修订刺参苗种繁育、养殖技术和加工等各环节标准,建立健全刺参育苗、养成、加工、流通、仓储全过程标准化生产体系。严格落实养殖生产、用药和销售记录“三项记录”制度,实施刺参标准化养殖。加快刺参标准化示范区建设,引导企业按照产前、产中、产后严格控制生产全过程,制定涵盖环境要求、种参质量、

投入品管理、废弃物处置等标准,推进刺参产业标准化进程。

3.3.2 建立刺参品质评价体系

因养殖模式、养殖区域、加工工艺的不同,市场上刺参产品种类繁多。由于国内尚无统一的刺参品质评价标准和体系,对品质的优劣如何评价众说纷纭。当前急需组织专家制定刺参品质评价标准,在感官指标方面,围绕色泽、组织形态、气味、口感等因素,在化学分析方面,围绕蛋白质、多糖、不饱和脂肪酸、微量元素、拉力韧性、出肉率、复水干重率等指标,建立科学的品质评价体系,用严谨的标准和科学的数字来区分刺参品质的优良。

3.4 加大行业监管力度,规范刺参产业健康发展秩序

3.4.1 加强质量安全管理

坚持以生产绿色、优质、安全、生态的刺参产品为目标,紧盯育苗、保苗、养殖、加工、流通全过程各环节,构建最全、最高、最领先的刺参管理体系,确保刺参苗种纯正、养殖生态、加工规范、食用安全,使之成为消费者最可信赖、货真价实的好刺参;实行最严格的质量监管,建立健全联动机制,将刺参纳入重点监测对象,逐年加大检测频次和批次;完善水产品质量追溯平台,开展食用水产品合格证制度建设,实现刺参全产业链信息可查询、质量可追溯、责任可追究。发挥产业联盟、产业联合会作用,提高行业质量安全意识,把自律和他律结合起来,共同推动刺参质量安全水平稳步提升。

3.4.2 提升负面舆情应对能力

提高危机防范意识,做好产业舆情预警监测,建立舆情研判机制。加强与新媒体的沟通合作,加大信息公开力度,满足公众知情权。积极应对舆论质疑,防范食品安全事件等不利于刺参产业发展的负面舆情持续发酵,维护刺参产品生态安全的形象和声誉。

3.5 强化政策支撑,优化刺参产业提升发展环境

3.5.1 构建大数据信息平台

围绕产业运行、订单运营、质量追溯、安全监管、品牌培育等刺参产业大数据资源,突破刺参产业大数据的自动汇集、高效传输、海量存储、实时分析和智能服务等关键技术,高标准建设刺参产业智慧创新技术服务,实现刺参产业基础数据的信息共享、互联互通和业务协同,提高产业的综合竞争力和抵御风险能力。

3.5.2 健全保险兜底机制

加强政府、保险公司与投保者三方协作,探索传统型和气象指数型水产养殖保险试点,逐步扩大应对极端天气的刺参养殖保险品种和保障范围,破解查勘定

损和精算模型难题,推进保险制度在保障刺参产业安全提升发展中发挥的作用。

4 刺参产业发展前景广阔

我国海水产品养殖业始于 20 世纪 50 年代,先后经历了以海带为代表的藻类养殖、以对虾为代表的甲壳类养殖、以贻贝和扇贝为代表的贝类养殖、以网箱养鱼为代表的鱼类养殖、以海参和鲍鱼为代表的海珍品养殖等 5 次海水产品养殖浪潮。海参是我国正在兴起的第 5 次海水养殖浪潮中最活跃、发展最快的水产品种,发展前景广阔。

4.1 顺应国家政策导向

近年来,国家出台了一系列政策支持现代海洋产业发展。习近平总书记曾指出"坚持陆海统筹,加快建设海洋强国";党的十九大报告提出绿色发展战略;2019年 2 月 15 日,农业农村部、生态环境部等十部委联合印发了《关于加快推进水产养殖业绿色发展的若干意见》(农渔发〔2019〕1 号),明确提出要增加优质、特色、绿色、生态的水产品供给,对水产养殖提出了更高要求和更严标准。立足全国现代渔业发展实际,紧跟国家政策导向,进一步优化刺参产业结构,畅通刺参产业链供应链,为社会提供生态环保绿色产品,具有深远的重大意义。

4.2 满足人民美好生活需求

刺参自古就是名贵的海珍产品,素有"海中人参"的美誉。进入 21 世纪以来,随着人们生活水平和保健意识的全方位提升,刺参具有的调整机体免疫力、延缓衰老、改善睡眠、抗疲劳等多种保健功效获得越来越多的民众认可。2020 年中国工程院院士朱蓓薇团队发表了刺参硫酸化多糖对新冠病毒活性具有抑制作用的最新研究成果后,刺参被更多的消费者所熟知,逐渐成为越来越多消费者追求养生保健的首选产品。刺参消费群体已由北方沿海地区逐步覆盖全中国,并呈现出向中低收入群体和年轻群体扩展的趋势,市场前景广阔。目前,上海、武汉、西安、成都、长沙等地刺参消费均呈爆发式增长。刺参产业已成为促进消费升级、提升人民群众幸福感、助推健康中国战略的重要引擎。

4.3 符合生态文明建设需求

党的十九届五中全会把碳达峰、碳中和作为"十四五"乃至 2035 年国家战略目标。刺参作为海洋生态系统中典型的沉积食性动物,在物质循环和能量流动过程中起到了净化修复作用,是多营养层级养殖系统中的"清道夫"。另外,刺参具有生物固碳作用,可将沉积物中的碳吸收并储存在分散的骨片中。刺参养殖业尤其是浅海底播增养殖、深水网箱养殖等方式对于加快构建绿色产业体系、提高资源集约利用水平、助力"双碳"目标实现、优美水域生态环境具有很好的引领示范作用。

【基金项目】烟台市社会科学规划研究项目(YTSK-2022-193);山东省现代农业产业技术体系刺参产业技术体系建设项目(SDAIT-22-10)

参考文献

[1] 李成林,赵斌.山东省刺参产业提升发展的战略思考[J].中国海洋经济,2019(2):1-15.

[2] 杨秀兰,张晓峰,宋秀凯.刺参绿色养殖技术与模式[M].北京:海洋出版社,2018.

[3] 薛长湖.海参精深加工的理论与技术[M].北京:科学出版社,2015.

[4] SONG S,PENG H R,WANG Q L,et al. Inhibitory activities of marine sulfated polysaccharides against SARS-CoV-2[J]. Food & Function,2020,11(9):7 415-7 420.

[5] 公丕海.海洋牧场中海珍品的固碳作用及固碳量估算[D].上海:上海海洋大学,2014.

RCEP 协定对我国水产品出口的影响及对策研究

郇晓萌

(中国海洋大学管理学院，山东青岛 266000)

摘要：RCEP 区域是我国水产品出口的重要市场，明确 RCEP 协定给我国带来的机遇和挑战对于进一步推动水产品出口具有重要的战略意义。本文通过分析原产地规则、关税规则和新型跨境物流规则，说明了 RCEP 协定给我国水产品出口带来的机遇，同时从产品结构、国际竞争和质量要求三个方面提出中国在 RCEP 水产品贸易中面临的挑战。最后从水产品精深加工、推动品牌化发展、健全质量安全体系方面给出在 RCEP 背景下进一步推动我国水产品出口的对策建议。

关键词：RCEP；水产品出口；机遇；挑战；对策建议

1 我国水产品出口发展概述

1.1 我国水产品出口的发展阶段

我国是水产品出口大国，但在改革开放前，我国水产品出口总量很低。改革开放后，我国水产品出口发展迅速，可以将其分为三个阶段。第一阶段 1979—1985 年，是我国水产品出口的起步阶段。虽然当时我国水产品的国际化程度不高，但由于基本没有遇到国际上的贸易壁垒，所以出口额呈增长趋势，由 2.6 亿美元增长到 2.7 亿美元。第二阶段 1986—2000 年，是我国水产品出口的徘徊增长阶段。自 1985 年中央出台关于加速发展水产业的相关政策后，水产品出口量持续增加。1996 年以来，中国水产品对全球水产品的贡献率不断提高，呈相对稳定的上升趋势，但由于 1997 年亚洲金融危机的影响，主要水产品消费国如日本等国家消费低迷，我国水产品出口呈现波动和徘徊趋势。第三阶段 2001 年至今，是我国水产品出口的高速增长阶段。从 2001 年开始，我国水产品出口量持续增长，出口额突破 200 亿美元，连续多年位居世界第一。

1.2 我国与 RCEP 成员国水产品出口总体情况

RCEP 区域是我国重要的水产品出口市场，2010—2019 年，我国对 RCEP 区域水产品的出口量总体来说呈上升趋势，年均增长率为 5.13%，2018 年最高达 87.525 亿美元，占中国水产品出口总额的 40.43%。此外，我国对 RCEP 区域水产品的出口额占水产品出口总额的比例很高，常年在 40% 上下浮动，2011 年达到最高，占水产品出口总额的 42.72%，2012 年有所下降，占水产品出口总额的 38.18%，之后又慢慢回升(图 1)。

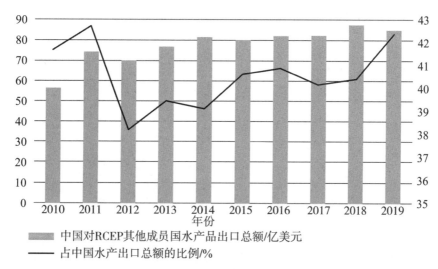

图 1 我国对 RCEP 其他成员国水产品出口变化图

2 RCEP 协定对我国水产品出口的影响

2.1 RCEP 带来的机遇

2.1.1 实行原产地规则,推动水产品贸易效率最优化

原产地规则是 RCEP 自贸协定中的亮点之一,能够使 RCEP 成员国海关根据其规则来确定进口货物的原产地,并给予原产国相应的海关优惠。原产地规则中的累计规则被视为最有特色的内容,将自贸区看成一个整体,把生产中使用的其他缔约国的原材料视为生产国自己的原材料,实质上降低了产品获得原产资格的门槛,享受优惠关税。

实施原产地规则后,中国从东盟、日本等 RCEP 成员国进口的水产品通过生产加工再进行出口也可以享受原产地的优惠关税,从而大大降低了水产品企业的生产成本,并且提高了企业的采购灵活性。在原产地累计规则的作用下,水产品企业可以进行生产资源配置,发挥不同地区的比较优势,深度融合产业链,推动我国水产品生产成本最小化,提高水产品的贸易效率。

2.1.2 逐步取消产品关税,降低水产品出口成本

RCEP 协定要求逐步免除产品关税,成员国中 90%以上的产品最终实现零关税,其中包括大部分水产品。2021 年,我国向 RCEP 其他成员国出口水产品金额高达 100.8 亿美元,占我国水产品出口总值的 48.2%。在我国水产品出口 RCEP 成员国的市场中,日本、韩国、泰国、马来西亚和菲律宾占前五位,出口额分别为35.3 亿美元、16.7 亿美元、14.9 亿美元、12.7 亿美元、9.9 亿美元(表 1)。

表 1　2021 年我国出口 RCEP 成员国水产品总值表

RCEP 成员国	出口总值/亿美元
日本	35.3
韩国	16.7
泰国	14.9
马来西亚	12.7
菲律宾	9.9
越南	4.3
新加坡	2.2
印度尼西亚	1.5
新西兰	0.5
其他	0.4

　　由表 1 可见,我国水产品出口 RCEP 成员国的市场巨大,逐步削减甚至免除水产品关税可以大大降低水产品的出口成本,企业充分利用关税方面的优惠政策,可以达到经济收益最大化。RCEP 协定的生效为我国水产品出口企业带来了难得的机遇,区域内各国企业和人民将获得更多的福利和实惠。

2.1.3 采用新型跨境物流,实现生鲜水产品快速通关

　　出口水产品对贸易效率的要求极高,但部分国家通关流程繁杂,导致企业向这些国家出口水产品的质量难以保证。RCEP 协定生效后采用新型跨境物流,对于易腐、鲜活产品简化了海关手续,争取在货物抵达后 6 小时内放行,实现了区域内各国水产品贸易的高水平开放。我国向 RCEP 成员国出口的水产品中以初级加工品为主,其中鲜活、冷冻鱼类占很大比例,这对于运输时间的要求远高于其他出口产品。这项措施出台后,大大提高了运输效率,缩短了运输时间,能够保证我国生鲜、冷冻水产品快速通关,保证产品质量,减少因长时间运输而造成的水产品贬值风险,同时减少不必要的浪费。

2.2 RCEP 带来的挑战

2.2.1 产品结构不合理,中国的水产品加工能力有待提高

　　一直以来,我国在水产养殖、水产品加工等行业中的科技水平低,这就使得在我国水产品出口中,以初级加工水产品为主,高附加值的水产品比重不高。从表 2 可以看出,中国对 RCEP 成员国出口的水产品中,以活鱼、冷冻鱼片、带壳或去壳的软体动物等初级产品为主,虽然近些年来鱼类制品、甲壳类制品也有出口,但

所占比重不高,依然是以出口初级水产品为主。

表 2   中国与 RECP 其他成员国水产品贸易种类

贸易伙伴	中国具有竞争优势的水产品类目	对方具有竞争优势的水产品类目
中国与东盟	活鱼;带壳或去壳的软体动物	未经加工的珊瑚贝壳、乌贼骨等或其废料;制作或储存的鱼、鱼蛋、鱼子酱;制作或储存的甲壳动物、软体动物等
中国与日本	活鱼;鲜、冷冻鱼片及其他鱼肉;制作或储存的鱼、鱼蛋、鱼子酱;制作或储存的甲壳动物、软体动物等	未分级、未加工的天然或养殖珍珠
中国与韩国	活鱼;鲜、冷冻鱼片及其他鱼肉;带壳或去壳的软体动物;制作或储存的鱼、鱼蛋、鱼子酱;制作或储存的甲壳动物、软体动物等	—
中国与澳大利亚	鲜、冷冻鱼片及其他鱼肉;制作或储存的鱼、鱼蛋、鱼子酱;制作或储存的甲壳动物、软体动物等	带壳或去壳的甲壳动物;未经加工的珊瑚贝壳、乌贼骨等或其废料
中国与新西兰	活鱼、制作或储存的鱼、鱼蛋、鱼子酱;制作或储存的甲壳动物、软体动物等	鲜、冷鱼;冻鱼;冷冻鱼片及其他鱼肉;带壳或去壳的甲壳动物;带壳或去壳的软体动物;未经加工的珊瑚贝壳、乌贼骨等或其废料;鱼等动物的油脂

2.2.2 竞争激烈化,中国的出口水产品面临更多挑战

RCEP 协定生效后,自贸区内的水产品流通更加自由便利。随着原产地规则和降低关税政策的实施,一些物美价廉的进口水产品大量进入国内市场,导致国内水产品市场竞争激烈。我国大部分地区的水产养殖品种以常规品种为主,名、特、优品种较少。养殖户缺乏正确的市场定位,导致养殖结构不合理,水产品国际竞争力弱。另外,价格优势一直是我国水产品出口的最大优势,各成员国调整了关税政策之后,价格在出口时的作用变小,面对其他成员国的优势水产品,中国水产品在出口时面临激烈的国际竞争。特别是在深加工水产品方面,我国水产品加工品牌无序竞争、内耗严重,与日本、韩国等水产品加工发达的国家相比,我国水

产品出口企业仍面临严峻的形势。

2.2.3 质量要求愈发严格,中国水产品质量安全体系不健全更加突出

RCEP 成员国之间采用的是一种公开透明、统一的水产品贸易标准,在实现贸易自由、公平的前提下,各国对进口水产品的质量标准也提出了更加严格的要求。尽管中国的出口水产品持续增长,但由于质量安全问题导致许多出口水产品被拒收,日本、韩国等国家对于水产品的安全标准有一套严格的体系,是他们进行水产品出口时的竞争优势之一。近年来,我国在水产品质量安全监管方面也逐步建立起相关的法律法规,但相关体系不健全,并且水产品质量问题的预警措施仍不能够完全有效地运行。此外,我国在食品添加剂使用水平、检测技术、毒理学评价和风险评估等方面与日本、韩国等先进国家仍有较大差距。中国的水产品质量安全体系不健全这一问题更加突出,使中国的出口水产品在与 RCEP 其他成员国的竞争中处于不利地位。

3 对策建议

3.1 调整水产品结构,水产品加工往精深发展

目前,我国的出口水产品仍以粗加工为主,精深加工品仅占水产品加工的10%,调整水产品的出口结构、提高水产品的附加值是新背景下我国水产品出口的突破所在。首先,要把相对低级的原料型水产品出口提升为成品、半成品出口,延长水产品生产的产业链,使产品结构更加合理完善,促使我国的水产品出口企业向高附加值、高技术行业迈进。另外,要将我国已经突破的新工艺、新技术不断应用于生产。我国在海洋活性物质的开发研究、贝类净化加工技术等方面都已经达到国际水平,紫菜等即食水产品的加工技术也已经相当成熟,把成果转变为水产品加工品,提高精深加工品在出口产品中的比例是当前任务。

除此之外,还要通过加强产学研合作来促进水产品精深加工的发展。在知识密集型经济时代,科学技术在经济发展中发挥着重要作用。首先是加强水产品深加工基础研究。其次,应改进技术在水产品深加工中的应用。加工企业应尽最大努力使用先进的食品加工设备,优化配置,创建高效、合理、经济的生产线。一定程度的机械化、连续性和自动化可以避免直接手动操作可能对产品质量造成的负面影响。再次,公司应积极引进和使用各种人力资源,并与学院和其他研究机构建立合作关系。要培养好人才,建立好科技创新体系。此外,可以成立跨学科研究或工作组来加强合作与交流。

3.2 推动品牌化、差异化发展,提高水产品的国际竞争力

在 RCEP 自贸协定的背景下,面对更开放却也竞争更激烈的世界,我国的出

口水产品也应该打造具有竞争力的国际品牌。推进水产品国际品牌的建设,是中国水产品出口的必然要求,以国际市场需求为导向,在开发常规养殖品种的同时,加快开发高附加值水产品,满足多层次的国际市场消费需求。支持水产企业争创中国驰名商标、国家地理标志和无公害水产品。除了对品牌进行创新管理,更要注重高效、生态的绿色品牌建设,与时俱进,满足其他国家对进口水产品的要求,提高我国出口水产品的国际竞争力。

另外,我国与东盟、新西兰等国家和地区都存在竞争优势重叠的水产品,所以要重视水产品的差异化发展。应该利用区域差异性资源禀赋、技术、经济水平的差异,重点打造不同于其他成员国的优势出口水产品,打造一批具有区域特色的优质品牌,着力应对国际市场的差异化需求,提高我国优势水产品的核心竞争力,才能在水产品出口竞争中处于有利地位。

3.3 健全质量安全体系,加强对出口水产品的监督管理

我国水产品资源丰富,水产品出口市场潜力巨大,水产品的质量是产品占据稳固市场份额的根本保证。但在水产品出口的标准上与日本、韩国等国家还有一定距离,所以要健全水产品的质量安全体系,为水产品出口创造更良好的条件。首先,政府部门可以借鉴国外先进的水产品检验标准,结合本国现状,建立一套科学、合理的质量安全体系,从根本上做好出口水产品的质量控制工作。并且加大执法力度,对水产品生产的全过程实施监督,不断发现水产品质量安全体系中存在的漏洞,进行不断完善。其次,出口企业可以通过监测安全生产和经营,以及通过检测产品质量和安全,建立自检制度。这样做将确保每批水产品都符合出口市场标准。同时在资金和政策支持、技术培训和指导、支持出口认证援助、执行政府检验和测试、执行水产养殖法规、提供水产品出口市场信息等方面,需要更多的政府支持,以成功实施企业自检。最后,由于受全球新冠疫情的影响,国际水产品贸易安全风险加大,尤其是在冷链物流方面,应该结合对进出口水产品的消杀工作,进一步完善水产品安全体系,加强对水产品全链条的监管,促进水产品出口健康发展。

4 总结

RCEP 自贸协定签署后,中国和 RCEP 其他成员国都进入了水产品出口的新时期,在此背景下,我国的出口水产品迎来了更多新机遇,同时也面临诸多新挑战。未来我国应该采取措施抓住对外开放新机遇,增进与其他成员国的互信,加强合作,充分利用原产地规则、零关税政策,推进水产品贸易自由化,建立更加完善的水产品出口机制,化挑战为机遇,共创共享 RCEP 红利。

参考文献

［1］朱坤萍,周义娇.CAFTA 视角下中国与东盟水产品贸易发展趋势研究［J］.中国物价,2022(5):53-56.

［2］徐金梦,王兆华.中国与"一带一路"沿线国家水产品贸易竞争性与互补性分析［J］.湖北农业科学,2022,61(6):165-170.

［3］刘辰洋,王馨瑶,蔡玉秋.RCEP 框架下中国对东盟水产品出口边际影响因素的实证研究［J］.价格月刊,2021(4):34-42.

［4］赵海军,王紫娟,李志佳,王伟,陈奕恺,杨志龙,邝留奎.2020 年我国水产品出口情况分析及对策研究［J］.质量安全与检验检测,2021,31(4):47-52.

［5］杨逢珉,张宁.中国水产品对日韩市场出口现状的比较［J］.世界农业,2015(6):112-119＋220.

［6］蔡甜甜.东北亚地区五国水产品贸易优势比较研究［J］.沈阳农业大学学报(社会科学版),2021,23(4):404-410.

环境规制、外商直接投资与海洋经济发展

郑晓欣

（广东海洋大学经济学院，广东湛江 524000）

摘要：利用 2008 至 2018 年中国 11 个沿海省份数据构建中介模型，实证分析外商直接投资在环境规制对海洋经济发展的影响下的中介效应。研究结果表明，环境规制增强、海洋科技发展水平提高、海洋产业规模扩大以及海洋产业结构优化对海洋经济发展有明显的促进作用；同时，环境规制通过增加沿海省份 FDI 促进海洋经济发展的中介效应显著。为更好地推动我国海洋经济发展，各沿海省份应在引入 FDI 的同时充分利用环境规制防止成为投资母国的"污染天堂"，实现海洋经济高质量发展。

关键词：环境规制；外商直接投资；海洋经济发展；中介效应

1 引言

党的十九大报告提出"坚持陆海统筹，加快建设海洋强国"战略，海洋经济的发展受到越来越多的重视与关注。海洋经济的发展有赖于海洋资源的丰裕程度，海洋资源又与海洋环境系统息息相关，海洋环境一旦被破坏和污染，对其治理和恢复难度较大，这也意味着合理的环境规制对于海洋经济发展有着重要的作用。

随着"引进来"战略的不断推进，中国吸纳的外商直接投资数额逐渐增多，现已成为国外直接投资的主要目的地之一，截至 2020 年底，中国实际使用外来资金累计达 1 443.69 亿美元，同比增长了 4.32%。FDI 的流入引入了投资母国先进的技术和充裕的资金，通过东道国资源配置效率和增加资本积累，有效地促进了东道国的经济发展。但在东道国经济发展的同时，环境污染和资源浪费现象也屡见不鲜。学者对于 FDI 是否影响东道国经济绿色发展提出两种假说：一部分学者支持 FDI 引起的"污染天堂"假说，认为投资母国会把高污染产业通过在东道国投资建厂的方式，把污染源头转移；另一部分学者则支持 FDI 带来的"污染光环"假说，认为 FDI 的引进会带来先进的清洁技术，通过合理应用技术促进东道国经济绿色可持续发展。由此可见，FDI 对于环境规制和海洋经济发展具有重要作用，可能通过转移污染源的方式抑制海洋经济发展，也可能通过技术溢出促进海洋经济发展。基于此，本文实证研究环境规制对海洋经济发展的作用是否有一部分来自 FDI，以通过实证结果为促进海洋经济发展提供参考。

2 文献综述

近年来中国经济快速增长，2020 年经济总量超过 100 万亿元，同比增长 3%。

但随着经济发展环境污染问题也日益凸显,由此催生出对环境保护的各项管理制度,但环境的公共属性决定了在处理环境保护和经济发展的关系中单独的市场手段很难达到预期效果,这种情况下,政府干预就变得尤为重要。不同学者就环境规制对经济发展的影响持不同的观点。陈浩、罗力菲利用 2009—2018 年 10 年间中国 30 个省级行政区的面板数据考察环境规制对经济高质量发展的影响,发现研究期间内环境规制对高质量发展有促进作用,且二者存在 U 形动态关系,中国平均环境规制强度已经处在 U 形曲线的上升阶段。武云亮等先是采用熵值法测度了 2005—2018 年 14 年间长三角地区 41 个城市环境规制和经济高质量发展的综合水平,并进一步考察环境规制、绿色技术创新与高质量发展三者之间的关系,发现环境规制对长三角城市经济高质量发展呈先促进后抑制的倒 U 形非线性影响。

随着"一带一路"项目的不断深化,作为重要项目的"引进来"战略使得中国成为 FDI 主要目的地之一,FDI 作为中国获得投资母国创新技术和外部资金的重要手段,其对中国经济发展的影响也成为学者讨论的话题。文淑惠、张诒博认为在金融发展对经济增长的促进过程中,FDI 引发的技术溢出效应和资本积累效应会作为中介变量起作用,但两种效应的溢出效果取决于金融发展的效率,FDI 溢出效应会在金融发展效率低下的国家受到限制,在金融发达国家则会起促进作用。周琦通过构建双向固定效应模型,发现 FDI 与一国经济发展存在正相关关系,同时以技术创新作为中介变量构建中介效应模型,发现技术创新可以作为 FDI 推动经济增长的一部分原因。邹志明、陈迅通过构建中介效应模型,考察 FDI 对经济增长的影响中发现,在环境规制作用下 FDI 技术溢出效应显著,能通过技术创新促进经济高质量发展。郑慧、王双使用面板门槛模型探究 FDI 对海洋绿色经济效率影响,并以人力资本水平为门槛变量,发现只有人力资本水平越过最低门槛值时,FDI 才能对海洋绿色经济效率的提升起显著的促进作用,且当人力资本水平越过第二个门槛值后,FDI 的促进作用有所增强。

对海洋资源的利用和海洋环境的保护对"加快建设海洋强国"战略提供了保障,严格的环境规制一方面会通过提高涉海企业生产成本,降低资金利用效率,进而抑制海洋经济发展;另一方面,根据"波特假说",会通过促进涉海企业进行技术创新,提高涉海企业生产效率,进而促进海洋经济发展。同时外资的引入,一方面,根据"污染天堂假说",会吸纳投资母国高污染、高耗能产业,污染东道国环境的同时拖慢该国经济发展;另一方面,根据"污染光环假说",东道国会吸纳投资母国先进生产技术,即所谓的技术溢出效应,促使企业创新发展,进一步促使东道国经济增长。针对以上不同观点,本文利用 2008 至 2018 年中国 11 个沿海省份数据进行研究,实证考察环境规制对海洋经济发展的作用关系,并以外商直接投资作为中介变量构建中介效应模型,分析外商直接投资是否对环境规制对海洋经济发展的影响产生推动作用。

3 理论机制与研究假设

3.1 环境规制与海洋经济

随着中国对环境保护相关战略的不断优化,海洋环境保护政策与相关法律法规日趋完善,对污染海洋的责任明确以及法律惩戒日益严格,这为海洋环境的保护提供了保障。对海洋环境进行保护的目的在于践行可持续发展政策,促使海洋经济高质量发展,然而不同学派学者对环境规制对经济发展的影响提出了不同看法。

新古典经济学派学者认为,环境规制措施的增加使得企业增加生产环节污染情况的关注,进而提高其生产成本,降低企业竞争力,抑制经济发展。原因在于为达到环境规制要求,相关涉海企业会将部分资源应用于环境治理中,增加其成本费用,降低涉海企业资金利用效率。同时,涉海企业可能会通过增加环保支出、减少污染物排放的方法维护和提升企业环保形象。但 Porter 与 Vender Linde 等学者对此持不同观点,并就环境问题对一国经济增长情况提出了著名的波特假说。该假说提出一国政府合理的环境规制会促进被规制企业进行产品的技术创新,通过创新提高企业生产效率,以抵消环境保护所带来的成本,进而促进经济发展,即所谓的创新补偿效应。基于以上分析,本文提出如下研究假设。

假设一:在其他条件不变的情况下,环境规制促进海洋经济发展。

3.2 环境规制、FDI 与海洋经济之间的关系

随着"一带一路"项目的不断深化,"引进来"和"走出去"建设内容也日渐深化,对于"引进来"外资,FDI 能为东道国带来技术溢出效应和资源积累效应,以此带动海洋经济的高质量发展。在中国对外资利用逐渐增加的同时,不同学者对于FDI 的利用提出不同看法。部分学者认为,外资引入可能会导致东道国环境恶化,影响东道国地方自然资源,进而抑制该国高质量发展经济,即"污染天堂假说"。这部分学者认为,投资母国会把高污染、高耗能产业通过投资的方式转移至东道国,以降低投资母国环境成本。而东道国可能会为获得更大的竞争优势,主动降低环境标准,吸引外资流入,最终导致东道国环境恶化,沦为"污染天堂"。另一部分学者持相反观点,他们认为 FDI 具有技术溢出效应,会引入投资母国先进技术,通过对技术的引用,促进高新技术和环保节能领域的发展,即所谓的"污染

光环假说"。而且近年来中国注重高质量外资的引入,同时对涉海企业环境规制措施逐渐严格,对此该类企业会受到 FDI"污染光环"的影响,进而促进海洋经济发展。基于以上分析,本文提出如下研究假设。

假设二:在其他条件不变的情况下,FDI 会对环境规制促进海洋经济发展起推动作用。

4 研究设计

4.1 样本选取及数据来源

根据沿海城市相关数据的可得性,本文选取中国沿海 11 个省份作为研究对象,以 2008 至 2018 年作为研究期间,被解释变量选取各沿海省份历年海洋生产总值作为代理变量,反映海洋经济发展(GOP_{it})。核心解释变量选取各沿海省份工业污染治理投资额作为代理变量反应环境规制强度(ER_{it})。中介变量以当年人民币汇率计算各沿海省份外商投资企业投资总额,并以此表示当年外商直接投资(FDI_{it})情况。控制变量有以科研机构数量作为代理变量的海洋科研发展水平(INS_{it})、以各沿海省份海洋生产总值占该地区生产总值比重作为代理变量的海洋产业规模(ISC_{it})、以各沿海省份海洋第三产业总产值与第二产业总产值的比例作为代理变量的海洋产业结构(IST_{it})。为克服异方差,除海洋产业规模(ISC_{it})和海洋产业结构(IST_{it})外,本文对其他变量均作自然对数处理,各变量数据来源如表 1 所列。

表 1 各变量含义及数据来源

变量	单位	具体含义	预期符号	数据来源
GOP_{it}	亿元	表示 t 年 i 省份海洋经济发展		历年《中国海洋统计年鉴》
ER_{it}	亿元	表示 t 年 i 省份环境规制强度	+	历年《中国海洋统计年鉴》
FDI_{it}	亿元	表示 t 年 i 省份实际使用外商投资额	+	历年《中国统计年鉴》
INS_{it}	个	表示 t 年 i 省份海洋科研发展水平	+	历年《中国海洋统计年鉴》
ISC_{it}	%	表示 t 年 i 省份海洋产业规模	+	历年《中国海洋统计年鉴》
IST_{it}	%	表示 t 年 i 省份海洋产业结构	+	历年《中国海洋统计年鉴》

4.2 模型设定

中介效应回归模型近年来被广泛应用于实证分析中,因为其可以分析变量之间影响的过程与机制,因此中介效应分析相较于普通的回归可以得到更为深入的实证结果。该模型原理是,若环境规制能对海洋经济发展产生直接影响的同时,还能通过 FDI 对海洋经济发展产生间接影响,则可以将 FDI 称为中介变量。本文根据温忠麟、叶宝娟关于中介效应模型的研究,将模型构建如下三式。

模型一:$\ln GOP_{it} = \alpha_0 + a_1 \ln ER_{it} + \alpha_2 \ln INS_{it} + \alpha_3 ISC_{it} + \alpha_4 IST_{it} + \varepsilon_{it}$ (1)

模型二:$\ln FDI_{it} = \beta_0 + \beta_1 \ln ER_{it} + \beta_2 \ln INS_{it} + \beta_3 ISC_{it} + \beta_4 IST_{it} + \theta_{it}$ (2)

模型三:$\ln GOP_{it} = \gamma_0 + \gamma_1 \ln ER_{it} + \gamma_2 \ln FDI_{it} + \gamma_3 \ln INS_{it} + \gamma_4 ISC_{it} + \gamma_5 IST_{it} + \varphi_{it}$ (3)

三个模型中,α_1 表示环境规制对海洋经济发展水平影响的总效应;β_1 表示环境规制对中介变量 FDI 影响的效应;γ_2 表示在控制环境规制的作用后,中介变量 FDI 对海洋经济发展的效应;γ_1 表示在控制了中介变量 FDI 对海洋经济发展水平的影响后,环境规制对海洋经济发展水平影响的直接效应;$\varepsilon_{it}, \theta_{it}, \varphi_{it}$ 分别表示三个模型的回归残差。

本文使用软件 stata16,运用 Baron 和 Kenny 的逐步法对模型进行回归,用 Bootstrap 法对模型进行检验。参考温忠麟、叶宝娟的文献,对中介效应检验的流程总结如下:第一步,检验模型一中系数 α_1,若结果通过显著性检验则表示中介效应存在,否则则认为存在遮掩效应。第二步,检验模型二和模型三中系数 β_1 和系数 γ_2,若二者均通过显著性检验,则证明存在间接效应。若系数中至少一个未通过显著性检验,则使用 Bootstrap 检验法直接检验 $\beta_1\gamma_2$,若结果显著则证明存在间接效应,否则停止分析。第三步,检验模型三中系数 γ_1,若不显著则证明模型仅存在中介效应,若显著则证明存在直接效应。

根据中介效应模型,若环境规制会在 FDI 的作用下对海洋经济发展水平产生进一步影响,那么此时系数 β_1 和 γ_2 将通过显著性检验。其次,若 β_1 和 γ_2 二者乘积的符号与 γ_1 符号一致,则认为存在中介效应,即环境规制对海洋经济发展的影响有部分来源于 FDI;相反,若 β_1 和 γ_2 二者乘积的符号与 γ_1 符号不一致,则认为存在遮掩效应,即认为 FDI 在环境规制对海洋经济发展的影响中起部分抑制作用,其中中介效应和遮掩效应所占比例根据回归得出的系数,代入公式 $|\beta_1\gamma_2/\alpha_1|$ 中计算可得。中介模型示意图如图 1 所示。

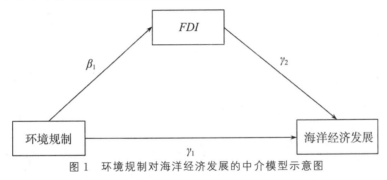

图 1　环境规制对海洋经济发展的中介模型示意图

5 实证结果及分析

5.1 逐步法结果分析

OLS 回归之前,除了对部分数据进行对数化处理外,本文为检验变量间是否存在明显的多重共线性,故采用方差膨胀因子法对样本数据进行进一步的检验,发现结果均小于 10,说明不存在明显的多重共线性问题。具体的回归结果如下:

如表 2 所列,列(1)中环境规制强度每提高 1%,我国海洋经济发展就会提高 0.484%。环境规制系数为 0.485>0,且在 1% 的显著性水平上通过检验,证明加强环境规制能够显著地促进海洋经济发展,假设一成立。通过观察各控制变量均在 1% 的显著性水平下通过检验,且海洋科研发展水平、海洋产业规模和海洋产业结构对我国海洋经济发展均为正向促进作用。因此,仍需进一步提高海洋科研发展、扩大海洋产业的规模、优化海洋产业结构,以推动我国海洋经济的不断发展。

如表 2 所列,列(2)和列(3)是纳入中介变量 FDI 后,环境规制对海洋经济发展的影响。模型(2)中系数 β_1 为 0.283>0,且通过显著性水平检验,模型(3)中系数 γ_2 为 0.389>0,且通过显著性水平检验,证明存在中介效应。模型(3)中系数 γ_1 为 0.375>0,且通过显著性水平检验,证明环境规制对海洋经济发展有直接效应。同时,系数 β_1 与 γ_2 的乘积符号与 γ_1 一致,证明环境规制对海洋经济发展的促进作用有一部分来自 FDI,经计算结果为 22.70%,说明在环境规制对海洋经济发展的促进作用中有 22.70% 是通过 FDI 来实现的,假设二成立。

表 2 环境规制、海洋经济发展与 FDI 的中介效应回归结果

	(1) $lnGOP_{it}$	(2) $lnFDI_{it}$	(3) $lnGOP_{it}$
$lnER_{it}$	0.485***	0.283***	0.375***
	(9.62)	(2.90)	(10.86)
$lnFDI_{it}$			0.389***
			(12.27)
$lnINS_{it}$	0.740***	0.866***	0.403***
	(8.49)	(5.14)	(6.31)
ISC_{it}	36.68***	17.44*	29.89***
	(7.01)	(1.72)	(8.54)
IST_{it}	0.238***	0.313**	0.116**
	(3.11)	(2.11)	(2.26)

	(1) $lnGOP_{it}$	(2) $lnFDI_{it}$	(3) $lnGOP_{it}$
_cons	−0.537	3.027**	−1.715***
	(−0.89)	(2.61)	(−4.20)
N	121	121	121

注：*、**、***分别表示10%、5%、1%的显著性水平。

5.2 Bootstrap 检验

在逐步检验回归系数的存在的基础上，为使文章更具合理性和说服力，本文采用 Bootstrap 检验的方法对中介效应的存在与否进行进一步的验证。具体步骤如下：先对原有样本进行 500 次随机抽样，利用抽取出的样本进行上述中介效应方程组检验，得到 $\beta_1\gamma_2$、γ_1 的估计值 500 组并对其按照从小到大的顺序进行排列，以在序列值 2.5% 和 97.5% 分位处的估计值作为判断中介效应是否显著的 95% 置信水平的上、下界限。若置信区间不包含 0，说明间接或直接效应显著；反之则说明间接或直接效应不显著。

最终结果见表 3，根据 Bootstrap 检验得出的结果可以进一步确定外商直接投资在环境规制和海洋经济发展关系中起中介作用。可以看出，环境规制的间接效应区间[0.028 321 5,0.192 161 9]和直接效应区间[0.307 76,0.442 714 3]都没有包含 0。证明环境规制对海洋经济发展既有直接的正向影响，同时通过 FDI 对海洋经济发展产生间接正向的影响，FDI 在环境规制和海洋经济发展的关系中发挥了部分的中介作用。采用 Bootstrap 检验克服了逐步回归系数检验统计效力弱的问题，使得实证检验结果更可靠，同时进一步证明了假设二成立。

表 3　环境规制、海洋经济发展与 FDI 的中介效应回归结果

效应	z	$p>\lvert z\rvert$	置信区间(95%)	
间接效应	2.64	0.008	0.028 321 5	0.192 161 9
直接效应	10.90	0.000	0.307 76	0.442 714 3

6　结论及建议

6.1 结论

本文基于 2008—2018 年中国 11 个沿海省份的统计数据，实证检验了环境规制对海洋经济发展的关系，同时检验了 FDI 对环境规制和海洋经济发展的中介效应。实证结果表明：① 研究期间内，沿海省份的环境规制会对海洋经济发展产生影响，且具有促进作用；② FDI 的流入有助于促进环境规制对海洋经济发展的正

向作用,这也说明了 FDI 对沿海省份发挥了"污染光环"效应,东道国企业对 FDI 的流入进行正确管理和引导,能避免成为投资母国的"污染天堂"。

6.2 建议

6.2.1 加强环境治理能力,促进海洋经济高质量发展

环境规制对沿海省份海洋经济发展具有重要的促进作用,在对环境规制政策的合理性考察的同时,应积极引导各涉海企业树立海洋保护意识。一方面,可以通过严格的法律法规促使涉海企业配合转变;另一方面,可以通过激励和支持措施,引导涉海企业主动配合治理海洋污染。通过两种手段促使涉海企业投身于海洋环境保护中,最终实现海洋经济绿色高质量发展。

6.2.2 引入高质量外资,防止成为"污染天堂"

各沿海省份在坚持对外开放的前提下,不仅要注重外资引入的规模,更要对投资企业的质量进行严格把关和审查,防止成为投资母国的"污染天堂",促使东道国投资企业能充分利用 FDI 的技术溢出,促进本国海洋经济实现高质量发展。此外,东道国涉海企业应结合环境规制对海洋经济发展的促进作用,对投资母国转移的产业进行环境污染程度以及对本国技术创新领域的提升进行优劣对比,引导发挥"污染光环"效用。

6.2.2 提升科技创新,共筑绿色海洋经济发展

科技创新能力对一国能否践行绿色经济发展起到至关重要的作用,特别是针对海洋经济发展问题,善用高科技清洁技术,突出科技创新在保护海洋生态环境,促进海洋经济绿色发展的重要性,并予以重视。一方面,注重科研类创新型人才培养,关注涉海类高校在促进海洋经济绿色健康发展中的作用,把海洋教育摆在突出地位;另一方面,针对已研发出的清洁技术成果,对比环境规制方案,找出方案与实际情况存在的差距,总结出制约海洋经济绿色健康发展的要素,抓住关键缓解并逐一击破。

参考文献

[1] 熊彬,李瑞雪,周博雅.环境规制、产业结构升级与经济增长——基于东盟国家的实证检验[J].科技和产业,2022,22(3):23-30.

[2] 陈浩,罗力菲.环境规制对经济高质量发展的影响及空间效应——基于产业结构转型中介视角[J].北京理工大学学报(社会科学版),2021,23(6):27-40.

[3] 武云亮,钱嘉兢,张廷海.环境规制、绿色技术创新与长三角经济高质量发展[J].华东经济管理,2021,35(12):30-42.

[4] 文淑惠,张谐博.金融发展、FDI 溢出与经济增长效率:基于"一带一路"

沿线国家的实证研究[J].世界经济研究,2020(11):87-102+136-137.

　　[5]周琦.外商直接投资、技术创新与经济发展的关系研究[J].质量与市场,2021(22):175-177.

　　[6]郑慧,王双.外商直接投资对海洋绿色经济效率的人力资本门槛效应研究[J].中国海洋大学学报(社会科学版),2021(3):50-58.

　　[7] PORTER M, LINDE C V D. Toward a New Conception of the Environment Competitiveness Relationship [J]. Jounrnal of Economic Perspect,1995,9:97-118.

　　[8] PORTER M, LINDE C V D. Toward a new conception of the environment competitiveness relationship[J]. Journal of Economic Perspect,1995,9(4):97-118.

　　[9]温忠麟,叶宝娟.中介效应分析:方法和模型发展[J].心理科学进展,2014,22(5):731-745.

　　[10]江永洪.收入水平、城镇化与汽车市场需求——基于中国省级面板数据的实证(2000—2019)[J].陕西行政学院学报,2022,36(2):104-109.

　　[11]王艳明,王余琛,丁梦琦.共建"一带一路"对海洋经济增长的影响机制研究[J].价格理论与实践,2021(5):53-56+139.

　　[12]俞静,蔡雯.高管激励对企业创新影响的实证分析——基于分析师关注的中介效应研究[J].技术经济,2021,40(1):20-29.

综合性渔港经济区建设形势分析及对策建议
——以烟台市为例

黄超[1]　赵运星[2]

（1．烟台市海洋与渔业监督监察支队，山东烟台 264003；

2．烟台市海洋经济研究院，山东烟台 264003）

摘要：综合性渔港经济区是在建设现代化渔港基础上，密切结合乡村振兴和渔业产业聚集，形成以渔港为龙头、城镇为依托、渔业产业为基础，集渔船避风补给、鱼货交易、冷藏加工、冷链物流、休闲观光、渔家体验于一体的综合性渔港经济区。党的十九大报告指出"坚持陆海统筹，加快建设海洋强国"，这标志着我国经济社会发展将从陆域为主到陆海统筹的战略性转变，综合性渔港经济区成为陆海统筹发展的重要支撑。近年来，国家和省、市加大了综合性渔港经济区建设力度，相继安排了部分中心渔港和一级渔港等升级修护项目，渔港配套设施、服务功能和防灾减灾能力有了一定提升，带动三次产业融合发展，成为海洋经济发展新的增长极。

关键词：综合性渔港经济区；渔港经济；对策建议

1　综合性渔港经济区发展趋势

目前，综合性渔港基础设施建设普遍落后，配套设施不完备，管理体制不健全，监督管理不到位，渔港经济辐射带动能力不强。综合性渔港基础设施建设，要围绕综合性渔港经济区发展定位，实施"陆海统筹""三产联动""港城融合"的发展战略，全力打造区位优势明显、产业结构平衡、产业层次较高、辐射效应明显的渔港经济区。

1.1　渔港基础建设逐步完善

近年来，国家和省、市加大了渔港基础建设投入，以传统渔港的改造、扩建和升级改造为依托，重点完善渔港基础设施、防台避风、防灾减灾功能，科学合理设置船舶靠泊、卸货补给、船舶维修等泊位，配套物资补给、鱼货交易、水产品加工和灭火器、消防船、视频监控和海上救生等设施设备，提高渔港综合保障能力，打造成海陆连接桥头堡，为综合性渔港经济区发展奠定基础。近年来，烟台市先后投资 3.6 亿元，推进养马岛渔港、三山岛渔港、顺鑫渔港、东海渔港和北隍城渔港等的升级维护，设立渔港综合服务大厅、便民服务窗口，配备消防船 3 艘，新建和维修渔用航标灯（塔）、浮标等 46 处，为 53 处渔港配备手抬式消防泵 82 台，大大提升了渔港基础保障能力。

1.2 因地制宜发展渔港经济

烟台市根据渔港区位优势、建设基础、渔业经济发展现状和趋势,综合考虑渔港资源条件、经济发展现状和旅游业发展前景。积极响应国家发展现代渔业的要求,合理利用渔港资源,重点发展了渔港小镇、商业街、旅游观光、渔家乐、休闲垂钓等渔港经济,带动了当地渔区经济社会发展。莱州三山岛渔港将蛤蜊小镇、海洋牧场、陆海接力、冷链物流等项目纳入统筹建设,形成以渔业高效养殖、水产品加工、水产品冷链物流、休闲旅游等为特色的渔港经济区;牟平养马岛渔港重点实施"五个建设"(即智慧、平安、产业、清洁和美丽渔港),建成以渔业生产为基础,集渔业全产业链和第三产业于一体的现代渔港经济区,带动了周边沿海渔区城镇化发展。

1.3 延长渔港经济产业链

烟台市依托现代化渔港经济区建设,延伸渔港经济产业链,促进商贸交易、冷链物流、餐饮旅游等相关产业的发展,逐步实现了渔港经济和城镇一体化协调发展格局。部分成规模渔港吸引了众多社会企业、个体业户到港区从事物资补给、鱼货交易、水产品加工、渔船修造、休闲娱乐等建设和经营,有效延伸了渔港经济产业链条,促进了渔港第二、三产业的发展。吸引了大批农村劳动力就业和创业,为繁荣渔区经济社会发展、促进渔民群众致富增收发挥了重要作用。

1.4 发展绿色环保渔港经济

烟台市综合性渔港经济区开发注重生态环境、社会环境的和谐统一。其在产业升级的过程中,充分考虑地理位置、海洋潮流、环境保护等因素,注重与地理环境、保护自然、人文文化等相衔接,统筹渔港经济效益、社会效益和环境效益建设,保证渔港生态和谐,促进渔港经济可持续发展。加强渔港环境综合整治,对渔港港容港貌、港池、码头环境卫生进行清理整顿。为渔港配备生活污水、含油污水收集处理设备,环保厕所和垃圾箱等设备,环境卫生得到彻底清理。目前,烟台市已完成63处渔港环境整治任务,已配备的生活污水、含油污水处理设备,环保厕所、垃圾箱等均投入使用,环境卫生得到有效清理,为发展绿色环保渔港经济奠定了基础。

1.5 发展多元化投资渠道

综合性渔港经济区建设投入大,涉及渔港基础设施、道路交通、休闲旅游等多个领域。建立了政府重点投资公益性项目,对防波堤、护岸、码头,以及道路交通、水产品交易、渔港服务保障设施等进行建设;让社会积极参与物资供应、冷链物流、船舶维修、休闲旅游、海上观光等经营服务性基础建设。在渔港经济区总体规划的前提下,积极引导民间企业及资本合理布局,强化服务性管理,实现渔港经济区和谐有序发展。

1.6 大力推进港长负责制

建立了以政府领导和渔港经营单位负责人为总港长、港长,相关部门为成员的渔港港长组织体系。着力推进渔港经济区建设,强化"以港管船、伏季休渔、渔港环境"等措施落实。固化了渔船母港制、信用评价等管理制度,为渔民提供一站式服务和综合配套服务,提高了渔港经济区的建设管理水平。烟台在全市 174 处人工渔港、自然港湾和渔船停泊点设立渔港港长,创新"港务公司＋渔业合作社＋渔船"管理模式。规范了渔船信用评价、台账管理、进出港报告等制度。对渔船实行"母港"管理,建立了渔港视频监控系统,在渔港码头安装了视频监控设备,为渔船配备了 AIS 防碰撞、北斗船载终端和小型定位设备等,打造"智慧渔港",提升渔港精细化、信息化管理水平。

2 发展综合性渔港经济区存在矛盾问题

2.1 规划布局不完善

国家出台了《全国渔港建设规划(2018—2025)》,但是,渔港经济区规划建设存在布局不平衡,等级结构不合理。渔港经济区建设预留空间普遍偏小,仍存在各自为战、无序发展的现象。个别渔港建设未经充分论证,未经海洋与渔业部门审批,未经环境监测部门的评估,私自开工建设。有的渔港规模非常小、利用率极低,资金、岸线资源浪费很大,影响了渔港经济区整体效能的发挥。

2.2 基础设施建设滞后

部分渔港基础建设水平较低。存在渔港码头护岸和防波堤长度不达标、有效掩护水域面积不足、码头停船泊位严重短缺、港池航道淤积严重、消防通信救生等设施设备配备不齐等问题,不能满足渔船靠泊和避风避险需要。另外,部分渔港缺乏良好视频监控、渔港管理、港区道路及供水供电设施等。配套的渔需物资补给、鱼货交易、加工、流通、餐饮娱乐等设施建设滞后,制约了渔港多功能的发挥及渔港经济区的快速发展。

2.3 投融资渠道单一

多元化投融资机制尚未完全形成。渔港基础性设施建设,如渔港防波堤、码头、护岸等升级维护,港池航道疏浚等工程,以及陆域部分的道路、水电、通信导航等公益性基础设施建设,主要是通过中央财政专项补助和省、市、县三级政府财政投入的方式获取建设资金。而渔港的供油、供冰、水产品交易、加工、餐饮、休闲、渔民新村等经营性投资,经济效益和社会效益显著,主要是私营企业、个体工商户投资建设。没有充分发挥市场调解作用,吸引社会资金投入建设。由于各级财政对公益性基础设施的投资不足,影响社会资金投资建港的积极性,导致单纯依赖财政支出的模式难以为继,多功能渔港经济区建设困难较大,经营性投资资金量大,回收周期长,且存在较大收益风险,个人和企业参与建设的积极性不高。

2.4 管理体系不完善

由于历史原因和相关法律法规不完善,渔港的所有权、使用权、监督权缺乏法律保障,渔港码头、港池水域、配套基础设施缺乏专门的管理维护机构和经费。渔港防灾减灾、水域污染防治、渔船管理等具体管理制度不健全。渔港经济规模较大、产业门类较多,涉及海洋发展和渔业、发改、财政、自然资源和规划、文化和旅游、交通运输等部门,但是,目前尚未形成一个强有力的专门机构牵头统筹协调,在渔港济区规划建设过程中存在诸多矛盾问题。

2.5 产业聚集能力不强

目前渔港配套陆域面积小,渔港配套功能不齐全,功能较为单一,限制了渔港经济及产业链向深度拓展。渔港内水产品交易、冷藏加工、商贸物流、休闲渔业等产业层次比较低、规模小、布局散、产业链条不完善,在水产品深加工、商贸拓展方面缺少龙头企业支撑和大品牌带动,与其他产业发展、区域经济发展、海洋经济发展等缺乏紧密联系和有机结合,制约了临港加工、休闲旅游等第二、三产业的融合发展。

3 振兴综合性渔港经济区建议

综合性渔港经济区建设是推动乡镇振兴、海上粮仓建设的需要,是延伸渔业产业链条、提高产业集聚、拓展渔业发展空间、促进渔业经济增长方式转变的需要,是渔业产业健康、可持续发展的需要。现阶段综合性渔港经济区建设尚处于粗放型发展阶段,产业化及城镇化水平不高、产业集聚功能不强、渔港基础设施薄弱、政策性支持较少。结合渔港经济区建设实际情况,现提出以下几点建议。

3.1 强化规划引领

一是结合沿海区市自然条件、渔船数量、港点港位、作业区域以及经济和社会发展需求,编制符合实际的渔港经济区规划,将渔港经济区规划与《全国沿海渔港建设规划(2018—2025)》、城市发展规划、土地利用规划、海洋功能规划、小城镇建设规划和资源环境保护规划相衔接。二是由于渔港经济区规划具有很强的陆地、海域使用约束性,要严格按照渔港经济区规划组织实施,不得随意变更、更改或者发生不落实规划的行为。

3.2 加强基础建设

一是提升公共服务功能。港区建设渔业综合服务中心,试行"一站式"管理,为渔民提供政务服务、技术培训、就业指导、医疗保险等公共服务事项。建立渔民服务中心、渔民之家等公益性服务设施；为船员提供休息、就餐、活动场所，建立集生产经营、公共服务、安全监管于一体的渔港综合服务平台。二是强化渔船渔港信息化建设。对现有监控设施进行升级换代，安装具有统一标准的高清视频监控设备，再试点渔港配备视频监控设备及射频基站，建立渔港视频监控中心，实现渔港实时监控管理，逐步建成统一的渔港监控平台。加快互联网与渔业管理公共服务体系的深度融合，推动公共数据资源开放，建立渔业管理大数据，打造"智慧渔港"，提升渔业生产、经营、管理和服务水平。

3.3 加大资金投入

一是结合中央基本建设投资、油价补助政策调整等产业发展扶持政策，有计划、有步骤地将综合性渔港经济区基础设施建设纳入各级公共财政支持体系，为渔港经济区提供基本资金保障。二是出台渔港经济区建设投融资办法，放开国有渔港经营权，充分调动社会力量参与渔港经济区建设的积极性。三是坚持开发与保护相结合，利用开发收入补充渔港经济区建设，形成循环发展、相互促进发展模式。

3.4 理顺管理体制

一要进一步认识渔港经济区建设的重要意义。思想上高度重视，由所在县（市、区）领导牵头，组建专门的工作专班或建设指挥部，相关镇街的主要领导直接参加，形成一个强有力的工作班子。渔港经济区建设靠政府，维护运营靠企业，渔港经济区特别是渔港建设的公益属性较强，政府应该扮演好投资者、筹资者和规划者三重角色。二要对渔港功能和产业布局进行长远规划。也可通过转让部分经营权的方式调动社会资本参与渔港经济区建设的积极性。三要加强运营和管理。在后期的运营和管理中，政府应该逐步淡出资金投入、人员保障等具体事务，让更多市场主体发挥作用，形成"谁使用、谁维护、谁受益"的良性循环。

3.5 拓展产业链条

一是强化渔港招商能力。靶向对接，定向引资，以捕捞、水产养殖为依托，通过优惠政策引入中下游渔业加工、物流仓储、渔需服务（渔船修造、制冰、燃油供应等）等企业，带动休闲、餐饮、旅游、金融、医疗、保险等行业的发展，推进三次产业深度融合。二是调整海洋经济结构。通过产业政策建设一批规模化、标准化、集约化的渔业港口，尽力做到区域化布局、专业化生产、规模化经营。

3.6 推动绿色持续发展

在推动渔港经济区建设过程中，强化可持续发展和生态意识，实现"在保护中开发,在开发中保护",提高资源利用效率,增强渔港经济的可持续发展能力。一是开展渔港环境综合整治。加强含油污水、洗舱水、生活污水和垃圾等清理整治,推进渔港污染防治设施建设,提高渔港船舶污染物接收处置能力。二是加强对污染物偷排漏排行为的监督检查,坚决打击违法违规行为。三是积极探索休闲渔业、生态渔业、海上牧场的质量效益渔业新模式,把生态效益与生产效益、经济效益结合在一起,推动渔港经济区高质量发展。

参考文献

[1] 国家发展改革委,农业农村部关于印发全国沿海渔港建设规划(2018—2025 年)的通知[EB/OL]. (2018-04-19)[2022-9-14]. http://www. ndrc. gov. cn/xxgk/zcfb/ghwb/201805/t20180502. 962249. html.

[2] 山东省农业农村厅关于印发〈山东省渔港经济区规划(2021—2025 年)〉的通知[EB/OL]. (2021-10-22)[2022-9-14]. http://www. shandong. gov. cn/art/2021/10/22/art. 100152-10296479. htmL.

海洋可持续发展视域下蓝色金融发展路径探析

魏雨晴　曲亚因

（大连海洋大学海洋法律与人文学院，辽宁大连 116000）

摘要：蓝色金融作为新型经济投资手段正在兴起，发展蓝色金融对促进我国海洋产业结构优化升级、海洋环境保护、发展对外涉海经济、实现海洋可持续发展具有重要作用。目前我国蓝色金融的发展面临较多现实困境，如政府政策扶持力度有待加大，蓝色金融法律保障制度有待完善，涉海金融服务体系有待进一步构建。可以通过完善涉海金融法律保障制度，丰富涉海金融产品品种，积极融入国际金融市场等方式促进蓝色金融的发展。

关键词：蓝色金融；法律保障；可持续发展

1　蓝色金融发展概述

1.1 蓝色金融的内涵

蓝色金融是从"绿色金融"演变而来的，是指面向海洋，服务于海洋生态环境保护、海洋经济发展的金融活动。通过使用保险、债券、信贷等金融工具，对海洋产业进行投融资，起到获得更多的资金来源、转移市场风险、优化市场资源配置的作用。运作模式主要是通过信贷、投资等给予融资支持，通过保险业务对海洋产业进行风险转移。通过集合多方参与主体，提供多种涉海金融产品的方式助推海洋可持续发展。以国家的投融资政策为引导，发挥金融市场对海洋经济资源优化配置的作用，以实现最终的目标。蓝色金融将绿色理念引入海洋环境治理及产业发展之中，是推动海洋经济可持续发展的重要手段。

1.2 我国发展蓝色金融的可行性、必要性

1.2.1 我国发展蓝色金融有足够的经济基础

首先，就金融手段而言，我国金融市场的发展逐渐成熟，股票、债券、信贷、保险以及各种金融衍生品应运而生，通过多重组合搭配运用，能够实现经济效益最大化目标。金融机构金融业务成熟，互联网的应用、大数据系统的广泛使用能够有效地捕捉各种市场信息，尽可能地降低市场交易风险。其次，将金融手段应用于海洋经济，不仅能够为实现海洋环境保护拓宽融资渠道，也能够根据海洋经济产业不同的特点达到促进海洋经济转型升级的目的。运用适当的金融工具能够有效应对海洋经济产业投资季节性强、建设周期长、市场需求变化大等风险。

1.2.2 为促进我国经济进一步发展，有必要发展蓝色金融

目前，世界蓝色金融理论及蓝色金融实践已经兴起，各国借助蓝色金融的经济

模式助推经济发展,效果有目共睹。为适应经济全球化,提高自身经济实力,发展对外经济,我国有必要以发展蓝色金融的方式融入世界发展潮流。对外经济投资如"一带一路"项目的实施,包括海洋装备制造、海洋产业开发管理在内的涉海产业需要足够的资金支持。不同项目有不同的发展特点及不同的融资方式,这就表明需要更高的海洋金融做支撑,才能保障项目的顺利开展,我国才能更好地发展对外经济。从国内市场来看,2021年我国海洋经济生产总值已经高达9万亿元,通过产业优化等手段,我国海洋经济发展势头较好,为实现海洋经济更上一个台阶,促进产业结构升级,推动我国经济更好地走出去,发展国内国际双循环的经济模式,要发展与之匹配的海洋金融,蓝色金融就是切实有效的重要支撑手段。

1.3 可选择的蓝色金融工具

首先是银行提供的金融支持。我国许多银行开展了海洋金融业务,对符合条件的海洋产业建设给予贷款,按照规定接受涉海产业作为抵押物等。其次是证券业提供的投资方式,且通过发布海洋经济主题指数的方式,提供更多的海洋经济发展走势,投资者可以选择不同的投资目标。最后是保险业提供的各种保险,险种涵盖海洋产业发展各个环节,包括航运险、农业险、人身险、财产险(油污责任险)等,除此之外还包括基金、各种金融衍生产品。

2 发展蓝色金融对实现海洋可持续发展的意义

2.1 拓宽投融资渠道,促进海洋产业转型升级

根据2021年《中国海洋生态环境状况公报》,我国海洋环境状况良好,这离不开我国对海洋环境治理的资金、技术、人力的投入。但是,我国海洋环境情况依旧严峻,海洋污染源众多,海洋环境治理需要大量资金的投入,发展蓝色金融拓宽了投融资渠道,既发挥政府的主导作用,又能吸引更多的参与主体投入资金。此外,发展蓝色金融还能带动我国海洋经济产业转型升级。我国正在推动海洋第一产业——海洋渔业转型升级,推动绿色智能深海养殖,这必然需要金融的支持。无论是提高海洋第二产业核心竞争力,增强海洋船舶制造、海洋矿产资源勘探与开发,还是大力发展海洋旅游与开发等第三产业,毫无疑问需要金融资金的投入。发展蓝色金融,能够获得更多的投融资,促进海洋产品创新发展,提高市场份额,发展蓝色金融是促进我国海洋经济高质量发展,提高海洋经济价值的动力源泉。

2.2 助推"一带一路"涉海项目实施,探索国外合作发展新模式

我国提出构建21世纪海上丝绸之路,与沿线的26个国家在海洋渔业、船舶制造工业、海洋油气业、港口合作等领域开展深入的合作。在海洋渔业方面,养殖

基地的选择、运营,水产养殖品种的成本,需要大量的资金;在海洋油气业方面,海上油气资源勘探开发、运输船的制造与运输,都需要大量成本;中国通过多种方式参与沿线国家港口码头、跨海大桥的建设,需要雄厚的资本投入。因此,为保障我国海上丝绸之路的建设,以蓝色金融为支撑是重要手段。借助蓝色金融获得的投融资资金,不仅可以为传统海洋产业合作做充足的资金保障,还能鼓励探索新型海洋产业建设。如承建风电项目,合力开发潮汐能、波浪能等新兴清洁能源,参与高端海洋装备的开发研究,进一步深化国际合作,促进对外经济贸易的发展,提高国际竞争力与话语权。

2.3 为建设海洋强国,推动"海洋命运共同体"提供经济支持

习近平总书记提出我国要加快建设海洋强国,推动构建"海洋命运共同体"。建设海洋强国需要雄厚的海洋经济实力,通过采取对海洋产业投入金融资产以发展海洋经济的方式,不仅能够促进资源优化配置,海洋科技技术的研发与进步,增强我国海洋科技实力,提高我国综合实力,还能够增强海洋国防力量。因此,海洋强国战略目标的达成,离不开完善的金融体系的支持。

3 我国发展蓝色金融的现实困境

3.1 涉海金融法律保障制度有待完善

我国专门针对涉海金融保障的法律制度还没有完全建立。这使得金融机构自身的权益缺乏保障,影响对涉海产业的金融支持力度。对涉海产业的投融资标准、产业的处置、涉海金融业务的行为规范等都没有建立有效明确的标准,对金融机构提供金融手段的行为缺乏及时有效的监管。对海洋经济提供金融服务过程中产生的纠纷与摩擦,没有专门的法律规范来解决,对海洋知识产权等没有提供专门的法律保护。

3.2 涉海金融服务体系有待健全

首先,缺乏专门的涉海金融服务平台。涉海金融服务的提供,目前是我国政策性银行及商业银行、保险业等行业的兼有业务,我国还未设立专门的涉海金融服务平台通过研究海洋经济发展现状、海洋产业的特点给予专业性金融建议,提供专门性金融产品。缺乏专门的产权交易平台、海洋产业价值评估平台以对海洋产业做充足的金融服务。

其次,涉海金融产品种类有待增加,提供金融产品的行为应得到保障。海洋经济涉及众多的海洋产业,各个产业的投资发展周期、需要的资金数额不尽相同,需要针对不同的海洋产业海洋产品的特点进行分析,从而提供具有高度适应性、匹配性、灵活性的金融产品。而目前面向海洋经济提供的金融手段支持,不够细

化、具体化。现在金融市场的涉海金融产品有限,金融产品的供给量有限,且涉海企业寻求金融手段支持的积极性有待提高。此外,海外融资难度较大,中国的蓝色金融发展模式还停留在发展阶段,吸引外国资本的数量有限。涉海金融抵押质押缺少明确的价值评估机制,没有完善公平的定价体系,这也为供给金融产品带来一定的阻碍。

最后,市场具有滞后性。政府和金融机构之间会出现信息不对称的情况。政府发布相关政策或海洋经济发展计划,金融机构获取信息不及时,无法及时分析其中透露的经济信息、海洋产业的发展目标、涉海企业的经营现状,从而无法对海洋经济提供针对性的金融服务。

3.3 政府政策支持力度有待加大

针对促进海洋经济发展,我国发布了一些政策。在实践中,针对海洋经济发展的政策保障还需要加强。例如,对给涉海企业提供融资贷款、海洋产业提供保险的金融机构给予一定的政策支持,如财政补贴或税收优惠等。运用财政手段发挥宏观调控的作用。

4 发展蓝色金融可采取的路径探析

4.1 以政策为指引,构建完善的蓝色金融法律保障体系

政府要加强政策引导,将海洋经济政策与金融政策联系起来,引导金融机构以全面的、联系的观点看问题。通过采取税收优惠、财政补贴等方式加大对金融机构发展涉海金融的补贴力度,建立有效的沟通协调机制。通过政策鼓励海洋产业债券、金融衍生品往海洋经济发展倾斜。鼓励更多的金融机构纳入涉海金融业务,根据自身优势发布金融产品,为海洋经济发展提供更多的金融支持手段。在政策性金融带动下,鼓励更多的社会资本面向海洋经济领域。通过政府、金融市场私营资本的加入,共同分担可能面临的市场风险。

在我国现有海事法律制度、金融制度基础上积极与国际涉海金融制度接轨。相关部门应根据涉海金融发展现状、海洋经济发展特点,积极与国际蓝色金融法律制度接轨,学习国外对发展蓝色金融有利的法律保障及监管制度,取其精华。根据我国国情,建立专门的具有高度专业性的适合我国海洋经济发展的蓝色金融法律规范体系。通过有效的法律来规范金融机构的投融资、信贷等交易行为,对金融机构信贷、保险等行为进行监管。在现有框架内,积极制定蓝色金融各项标准。

4.2 完善涉海金融服务体系,打造良好的蓝色金融生态圈

创新涉海金融产品,多种类多方式推动海洋经济可持续发展。涉海企业通过

抵押质押、融资租赁方式获得资金,应该明确产业价值评估标准、资产登记手续、建立公开透明的定价机制。通过细化海洋产业,鼓励保险公司增加海洋产业对应险种,提供更优质的保险服务。将金融衍生品应用到海洋渔业生产、船舶资产等产业之中,丰富金融产品品种。鼓励债券、基金、保险、信贷业加强沟通与合作,组合金融产品,降低市场风险,追求更高的经济效益,共同致力于海洋经济发展。

积极构建完善的涉海金融机制,包括构建涉海信息共享机制、沟通协调机制、有效的监管机制等,能够更好地了解国家政策和海洋产业发展状况。政府与金融机构之间应积极建立有效的沟通协调机制与涉海信息共享机制,搭建合作交流平台。以平台为中介,及时传递国家战略方针及海洋经济政策,为融资提供者更好地提供金融服务。为涉海企业与金融机构搭建合作平台,双方就海洋产业资金使用情况、投资方向、投资周期、可能面临的风险及时做好沟通与交流。此外,构建有效的监管平台必不可少,及时监控可能会发生的金融风险,及时做好应对措施。完善涉海金融担保制度,涉海企业要具有较强的信用来保障金融产品提供者的合法利益,以达到获得融资的目的。

建立专业涉海金融机构,培养涉海金融人才。专门的涉海金融服务平台必不可少,一方面,鼓励现有的金融机构成立专门的海洋经济金融服务业务部,另一方面要建立专门的海洋经济金融服务机构,为海洋经济提供高质量、高精度的金融服务。通过法治手段为涉海金融机构创造良好的蓝色金融营商环境。运用金融科技作为支撑,运用区块链技术梳理、细化海洋产业供应链,提高对海洋产业的金融服务水平,对不同的产业进行精确定位。也要持续培养涉海金融人才,完善涉海人才培育体系。这些人才需要具有国际视野,也有较强的金融专业技能,能够紧跟海洋经济发展潮流,抓住海洋经济发展脉搏。积极引进涉海金融高层次人才,以"政府+市场+人才"等要素的聚集促进海洋经济的发展。

4.3 积极与国际金融市场接轨,发展具有国际影响力的蓝色金融

我国提出构建海洋强国,以蓝色金融支持海洋经济发展,增强竞争力是重要途径。我国更是提出了推动构建"海洋命运共同体"的理念,这说明不能仅仅局限于国内海洋产业的开发,更要着眼于全世界海洋产业的开发与投资。发展蓝色金融,对于国内市场、国外市场都具有重要作用。国外蓝色金融的发展已经走上正轨,具有包含蓝色债券、蓝色基金在内的多种金融产品,如日本建立第一个以海洋渔业为对象的海洋信托基金、美国推行海洋产业巨灾保险等。且已经采取多种措施为蓝色金融的发展保驾护航,如建立强制有效的法律保障制度,政府引导社会融资,开拓国际市场获得外部融资。这些方式中国可以借鉴学习运用。中国也要推动本国蓝色金

融产品"走出去",提高本国的蓝色金融产品竞争力,提高海洋金融市场的国际话语权,获得更多国际资本的投入,才能更好地带动我国海洋经济的可持续发展。

5 结语

蓝色金融以较为成熟的金融手段为海洋经济的可持续发展提供丰富的资金,降低产品市场交易风险,优化海洋资源配置,丰富金融产品要素,在一定程度上有利于我国金融市场的成熟,也起到促进海洋产业结构优化升级、推动我国经济"走出去"的作用。虽然我国蓝色金融还处在发展阶段,但是各地已经开始进行实践。我国政府采取合理手段统筹规划,通过政策性金融和商业金融齐头并进的方式,丰富我国蓝色金融产品品种,提高涉海金融机构专业水平,培育涉海金融专业人才,鼓励社会各方投融资,采取完善蓝色金融法律保障体系,构建海洋金融信息共享、政府—涉海企业—金融机构沟通交流机制等措施为我国蓝色金融的发展保驾护航,实现建设海洋强国、建设"海洋命运共同体"的目标。

参考文献

[1] 郭栋. 海洋策略:蓝色金融的规则演进与蓝色债务互换的债务治理[J]. 债券,2022(2):31-38.

[2] 朱孟进,刘平,郝立亚. 海洋金融——宁波发展路径研究[M]. 北京:经济管理出版社,2015.

[3] 何丹. 蓝色金融国际实践研究及对中国启示[J]. 区域金融研究,2021(1):34-41.

[4] WABNITZA C, BLASIAK R. The rapidly changing world of ocean finance[J]. Marine Policy, 2019, DOI:10.1016/j.marpol.2019.103526.

[5] KEEN M R, SCHWARZ A M, Simeon L W. Towards defining the Blue Economy:practical lessons from pacific ocean governance[J]. Marine Policy, 2018, DOI:10.1016/j.marpol.2017.03.002.

[6] 陈哲,高维新. 中国的海洋发展与金融发展路径研究[J]. 经济师,2019(6):43-46.

[7] 胡金焱,赵建. 新时代金融支持海洋经济的战略意义和基本路径[J]. 经济与管理评论,2018(5):12-17.

[8] 樊兢. "21世纪海上丝绸之路"海洋产业合作研究——基于中国与26个沿线国家的实证分析[J]. 改革与战略,2018(11):93-101.

[9] 苏国强,吴诗祺. 海洋强国战略下我国海洋产业金融支持效率研究[J]. 佛山科学技术学院学报(社会科学版),2022(1):34-41.

[10] 张承惠. 我国海洋金融事业发展的启示与建议[J]. 海洋经济,2021(5)：68-75.

[11] 王伟,陈梅雪。金融支持海洋产业发展的国际经验及启示[J].浙江金融,2019(4):23-28.

高质量发展背景下中国沿海地区海洋经济系统优化分析

张少芳　孙才志

(辽宁师范大学海洋可持续发展研究院,辽宁大连 116029)

摘要:国务院《"十四五"海洋经济发展规划》的批复肯定了海洋经济高质量发展方向,其中海洋经济系统优化问题备受关注。本文通过耦合协调度模型和三角图法对中国沿海省份海洋资源—经济—生态系统间的耦合协调性及其发展优势进行分析,为沿海各省份海岸带规划建设提供参考依据。结果表明:① 中国沿海 11 个省份海洋系统间的协调发展均处于失调状态,尚未达到协调发展水平。② 相对于海洋双系统之间的耦合协调发展,三维复合系统的协调程度更差,区域尺度上表现为泛珠三角地区>长三角地区>环渤海地区。③ 2006—2016 年,除上海和天津之外其他沿海省市的海洋资源、经济和生态三者间的内部变化随时间推移明显趋向均衡中心。

关键词:海洋资源;海洋经济;海洋生态;耦合协调度;三角图法

1　引言

第二次世界大战之后,世界各国将竞争目标投向了海洋,全球丰富的海洋资源和辽阔的海洋空间为世界沿海国家和地区的资源开发利用以及经济发展提供了良好的基础条件。随着科学技术和社会的进步,海洋资源得到了充分开发,以海洋经济的形式助力国民经济发展,真正实现了人类社会经济从陆到海的演变,但海洋资源的脆弱性、稀缺性和不可再生性,以及海洋经济的无限度索求式发展使得海洋生态环境逐渐恶化,蓝色资源的保护问题成为海洋经济地理领域内研究热点之一。就中国而言,2012 年"海洋强国"战略的提出使得"科学用海""生态用海"成为我国走向海洋世纪、建设海洋强国的必行之路,这强调在保护蓝色星球的基础上更注重海洋资源利用、海洋经济发展和海洋生态环境三者之间的平衡协作关系,维持海洋复合系统的动态平衡,从而进一步实现 21 世纪海洋经济高质量发展的目标。

海洋成为社会经济发展的新基点早已得到了国内外广大学者的密切关注,他们大多对海洋双系统到三系统再到多系统之间的关系进行了深入研究:就双系统而言,学者运用计量检验方法、DEA—TOPSIS、PVAR 等模型对海洋资源与经济之间、海洋经济与环境之间以及海洋资源与生态之间的关系进行了深入研究;而对于海洋资源、海洋经济和海洋生态环境三者之间的复合关系,学术界也已有用三元协调发展模型和 Logistic 模型分别进行了协调测度和拟合分析;且通过 BP

神经网络模型的构建,进一步诠释了海洋复合系统与海洋文化建设、海洋制度管理等外界多维系统间的关联。但以上研究中均未对海洋系统要素两两之间的协调性进行系统分析,且学术界尚未对海洋三维系统之间的优劣关系进行过探讨,因此本文在利用耦合协调模型对中国沿海 11 个省份海洋资源—经济—生态进行协调分析的基础上,采用三角图法对沿海各省份海洋资源、经济、生态三维系统之间的优劣关系和变化规律进行深入研究,并对各地区的海洋发展属性进行初步判别,这有利于各省份明确各自海洋资源经济的发展方向,从而促进海洋经济的高质量可持续性发展,同时为中国各沿海省份进行下一步海岸带规划和针对性地制定海洋开发利用模式提供理论依据。

2 研究方法和指标体系

2.1 研究方法

2.1.1 熵值法

本文对指标数据进行无量纲归一化处理后利用(1)、(2)两式确定各指标的权重。

$$e_j = -\frac{1}{\ln m} \times \sum_{i=1}^{m}(Y_i \times \ln Y_i) \tag{1}$$

$$W_j = \frac{1-e_j}{\sum_{j=1}^{n}(1-e_j)} \tag{2}$$

2.1.2 耦合协调度模型

耦合协调度模型是用来反映和分析事物间的动态关联关系和相互协调水平的,其中耦合度公式如下:

$$C = 3 \times \frac{\left\{\dfrac{f(x) \times g(x) \times h(x)}{[f(x)+g(x)+h(x)]^3}\right\}^{1/3}}{2 \times \left\{\dfrac{f(x) \times g(x)}{[f(x)+g(x)]^2}\right\}^{1/2}} \tag{3}$$

式中,C 为耦合度;$f(x)$,$g(x)$,$h(x)$ 分别代表海洋资源、海洋经济、海洋生态的评价值。耦合度反映了研究对象之间的相互作用程度,但不能反映出这种耦合是高水平上的促进,还是低水平的制约,因此需要用耦合协调度来进一步建模分析,公式如下:

$$D = \sqrt{C \times T}, T = (aF + bG + cH)/(aF + bG) \tag{4}$$

式中,D 为耦合协调度;C 为耦合度;F,G,H 代表综合评价值;a,b,c 为待定系数,文本认为海洋综合体系中三者同等重要。

2.1.3 三角图模型

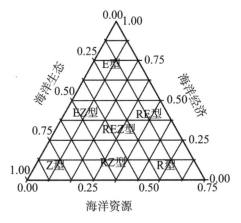

图 1　分类三角图

采用综合指数法构建三角图模型。海洋资源模型:$V_R = \sum_{i=1}^{6}(W_2 \times X_i)$,海洋经济模型:$V_E = \sum_{i=7}^{13}(W_2 \times X_i)$,海洋生态模型:$V_Z = \sum_{i=14}^{19}(W_2 \times X_i)$。以上公式中的 V_R、V_E 和 V_Z 分别代表海洋资源、海洋经济和海洋生态系统的综合评价值,W_2 代表每种指标的权重,X_i 为每种指标的标准值。再根据三角图法 $V_T = V_R + V_E + V_Z$,分别计算 V_R、V_E 和 V_Z 在 V_T 中的比例 V_E'、V_R' 和 V_Z',最后将其作为三角分类图的终值投入图 1 中,依据图 1 可将沿海省份分为 7 类:海洋资源型(R 型)、海洋经济型(E 型)、海洋生态型(Z 型)、海洋资源经济型(RE 型)、海洋经济生态型(EZ 型)、海洋资源生态型(RZ 型)和海洋均衡型(REZ 型)。

2.1.4 划分标准

耦合协调度的取值范围为[0~1],主要分为失调发展和协调发展两个方向,在已有研究的基础上结合本研究实际状况,本文将海洋资源—经济—生态三维系统的耦合协调度划分为 5 个等级,如表 1 所列。

表 1　耦合协调度等级划分标准

耦合协调度 D 值区间	协调等级	耦合协调程度
[0.2~0.3)	3	中度失调
[0.3~0.4)	4	轻度失调
[0.4~0.5)	5	濒临失调
[0.5~0.6)	6	勉强协调
[0.6~0.7)	7	初级协调

2.2 指标体系建立和数据来源

2.2.1 指标体系建立

海洋是一个涉及资源、经济、生态环境等要素的复杂综合体,本文以已有研究中海洋资源、海洋经济和海洋生态评价指标体系为基础,结合系统层次性、可操作性和数据可获取性的原则,构建了 6 个准则层共 19 个指标的海洋资源—经济—生态三维系统耦合协调度评价指标体系(表 2)。通过归一化法对各项原始指标数据进行初步处理,并运用熵值法计算各指标的权重 W_1,再将海洋资源、经济、生态看成 3 个独立的评价体系,求出每个独立系统内相应指标的权重 W_2。

表 2 海洋资源-经济-生态三维指标体系及权重

系统层	准则层	指标层	正/负	权重 W_1	权重 W_2
海洋资源 R	直接资源	确权海域面积/公顷 X_1	正	0.079	0.173
		海水养殖面积/公顷 X_2	正	0.056	0.123
		人均水资源量/立方米/人 X_3	正	0.052	0.114
		海盐产量/万吨 X_4	正	0.121	0.265
	间接资源	近海与海岸湿地面积/千公顷 X_5	正	0.025	0.056
		海洋原油产量/万吨 X_6	正	0.123	0.269
海洋经济 E	经济效益	海洋生产总值/亿元 X_7	正	0.032	0.151
		海水养殖产量/万吨 X_8	正	0.046	0.215
		海洋捕捞量/万吨 X_9	正	0.035	0.163
	经济结构	国际标准集装箱吞吐量/万标准箱 X_{10}	正	0.055	0.258
		海洋生产总值贡献率/% X_{11}	正	0.025	0.120
		海洋生产总值中第三产业比重/% X_{12}	正	0.010	0.045
		海洋生产总值中第二产业比重/% X_{13}	负	0.010	0.048
海洋生态 Z	环境压力	海洋工业废水排放量/万吨 X_{14}	负	0.030	0.089
		一般工业固体废物倾倒量/万吨 X_{15}	负	0.079	0.410
		海洋自然保护区数量/个 X_{16}	正	0.056	0.173
		海洋海岸自然生态系统/个 X_{17}	正	0.052	0.171
	生态响应	污染治理竣工项目/个 X_{18}	正	0.121	0.121
		环境污染治理投资占 GDP 比重/% X_{19}	正	0.025	0.036

2.2.2 数据来源

本文以中国11个沿海省份为研究区,选取 2006—2016 年间《中国海洋统计年鉴》《中国统计年鉴》《中国环境统计年鉴》以及 11 个沿海省份相关的统计年鉴中的相关数据,构成本文海洋资源—经济—生态三维指标体系的原始数据,通过多重插值法补齐各指标中的缺失数据,合理选取优化数据形成本文最终的研究面板数据。

3 结果分析

3.1 耦合协调度分析

本文运用耦合协调度模型计算出 2006—2016 年 11 个沿海省份海洋资源—经济—生态三维系统的耦合协调度,并求出 11 个省份各自的耦合协调度均值,判断其耦合程度和协调类型,如表 3 所列。由表 3 可知,可将沿海 11 个省(区、市)按其协调度均值的大小划分可为三类:第一类:属于中度失调的河北、上海、广西、江苏和海南,它们的耦合协调度均在 0.3 以下,说明其海洋资源利用协调程度不够;第二类:属于轻度失调的浙江、天津、辽宁和福建,其协调度均在 0.4 以下;第三类:属于濒临失调的广东和山东,两者的平均耦合协调度均大于 0.4,即相对来说,广东和山东两省的海洋资源、海洋经济和海洋生态三者之间的关系协调较好,两省以海洋资源为基础,在维护海洋生态环境的前提下稳步发展海洋经济。总而言之,中国 11 个沿海省份的耦合协调度均低于 0.5,都处于一种发展失调的状态,这意味着虽然临海的区位优势大幅度增加了各省份社会经济的发展,但均未充分利用海洋这一自然资源,未正确处理海洋资源、海洋经济和海洋生态三者之间的关系和利用规律,这对海洋资源的长期开发利用是不利的,海洋资源的浪费和海洋生态环境的局部恶化都会制约海洋综合系统向更高层次的协调方向演进。

表 3　中国沿海省(区、市)海洋资源-经济-生态三维系统的耦合协调度

年份	天津	河北	辽宁	上海	江苏	浙江	福建	山东	广东	广西	海南
2006	0.299	0.205	0.330	0.236	0.310	0.301	0.351	0.445	0.428	0.241	0.279
2007	0.305	0.209	0.335	0.242	0.321	0.314	0.356	0.449	0.424	0.249	0.301
2008	0.300	0.204	0.360	0.232	0.315	0.310	0.343	0.453	0.430	0.270	0.301
2009	0.326	0.175	0.374	0.225	0.283	0.308	0.320	0.435	0.418	0.236	0.300
2010	0.323	0.208	0.353	0.220	0.278	0.304	0.331	0.415	0.376	0.216	0.289
2011	0.279	0.284	0.307	0.215	0.300	0.300	0.309	0.428	0.397	0.235	0.291
2012	0.325	0.224	0.321	0.216	0.280	0.311	0.338	0.444	0.406	0.259	0.287
2013	0.328	0.232	0.303	0.232	0.274	0.317	0.338	0.457	0.402	0.256	0.296
2014	0.328	0.232	0.303	0.232	0.274	0.317	0.338	0.457	0.402	0.256	0.296
2015	0.323	0.233	0.316	0.236	0.276	0.317	0.352	0.447	0.410	0.256	0.256

续表

年份	天津	河北	辽宁	上海	江苏	浙江	福建	山东	广东	广西	海南
2016	0.316	0.235	0.300	0.234	0.264	0.315	0.369	0.468	0.402	0.248	0.291
均值	0.314	0.222	0.327	0.229	0.289	0.310	0.340	0.445	0.409	0.247	0.290
类型	轻度失调	中度失调	轻度失调	中度失调	中度失调	轻度失调	轻度失调	濒临失调	濒临失调	中度失调	中度失调

3.2 箱线图分析

为了更直观地表现出沿海省份 2006—2016 年海洋系统两两之间及三者之间的耦合协调度的变化情况,图 2 采用箱线图的形式突出了各省份每种协调度的平均水平和离散情况。由图 2 可知,沿海地区海洋资源—经济—生态耦合协调度的均值为 0.312,而资源—经济、经济—生态、资源—生态三种协调度的均值依次为 0.558,0.615 和 0.671,这表明:相较于双子系统的协同发展,三个子系统之间协调程度更差,但其数据波动程度较小,较为集中,发展较为稳定,其中福建、山东和广东三省份的海洋资源—经济—生态的耦合协调程度远高于全国平均水平。从区域的尺度来看,泛珠三角地区中只有广西的各种协调度均未超过全国平均水平,特别是在海洋资源—经济协同发展上最为显著;长三角地区中,上海市海洋复合系统之间的协调度较差,结合图 2(c) 可知,其海洋资源与生态环境之间的协调度最差,发展严重失调,远远低于平均协调水平,原因在于过于重视经济的繁荣发展,导致部分海洋环境指标表现不佳,环境效益降低;环渤海地区中,山东作为环渤海经济圈中经济实力最强的省份,不管是双系统之间的耦合,还是三系统之间的协调,其耦合协调度均远大于平均水准。总而言之,海洋资源—经济—生态三维复合系统的耦合协调程度方面表现出泛珠三角地区>长三角地区>环渤海地区,总体上呈现失调态势,均未达到协调发展状态。

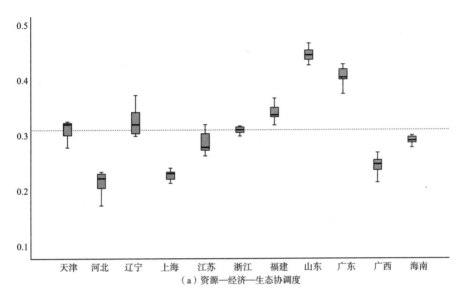

（a）资源—经济—生态协调度

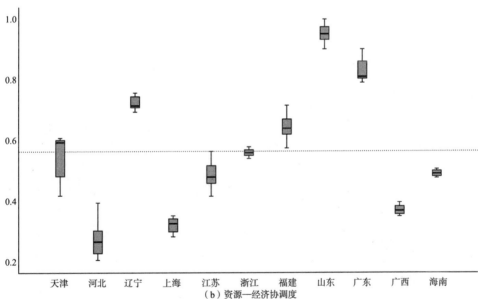

（b）资源—经济协调度

图 2　2006—2016 年中国沿海地区海洋系统间耦合协调度变化图

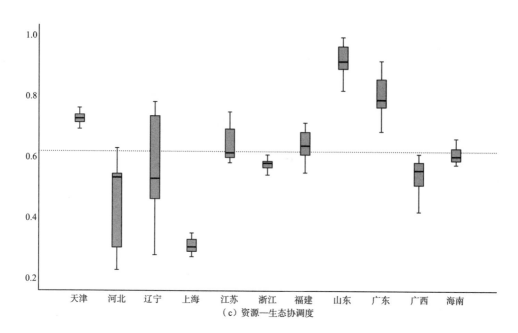

（c）资源—生态协调度

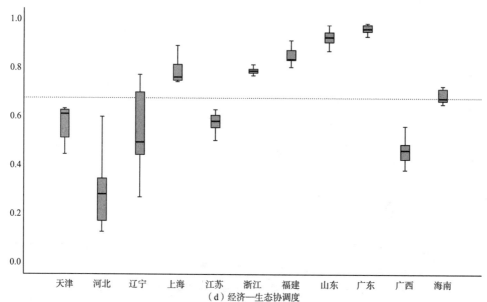

（d）经济—生态协调度

图 2   2006—2016 年中国沿海地区海洋系统间耦合协调度变化图(续)

3.3 三角图分析

依据本文的三角图模型计算出沿海 11 个省份 2006 年和 2016 年的 V_R，V_E 和 V_Z 综合评价值，再分别计算 2006 年和 2016 年的 V_R，V_E 和 V_Z 在 V_T 中的比例

V_E'，V_R'和V_Z'，并将其作为终值投入三角图中绘制出图3。如图3可知，从2006年到2016年近十年间，中国沿海省份海洋资源、海洋经济和海洋生态三者之间的内部变化较为明显，除上海、福建、浙江和天津之外其余7个沿海省份都向三角图的中心发生了明显移动，集中趋向三角形的中心位置，这说明中国沿海省份的海洋资源、海洋经济和海洋生态三者之间的发展随着时间的推移趋向均衡，即以海洋均衡型（REZ型）省份为目标，达到海洋资源—经济—生态相对平衡的状态；其中河北和广西的变化最为明显，两省份均从2006年的Z型变成了2016年的RZ型，而浙江、上海和天津十年来变化不大，其中上海属于海洋经济型（E型）地区，其生态系统和资源系统均有相对提升，但并没有改变上海属于经济型地区的状态，即在海洋资源—经济—生态三维系统内部作用中并未发生根本的转型，这说明上海海洋经济发达，经济的快速发展必然对海洋生态环境的动态平衡产生影响，因而在海洋资源和海洋生态方面的综合处理还不到位，还有很大的提升空间；天津海洋生态系统较弱，属于一种海洋资源型省份，而浙江海洋资源系统较弱，属于一种经济生态型省份，二者的三维综合系统发展均不协调，应朝着海洋资源—经济—生态的均衡方向发展。

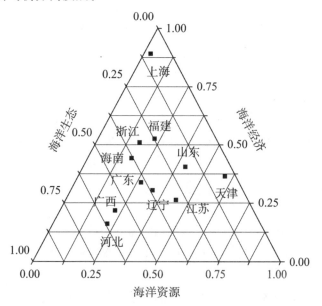

图3 2006年(上)和2016年(下)沿海省份海洋资源—经济—生态三角图

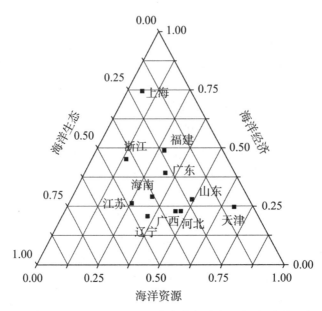

图 3　2006 年(上)和 2016 年(下)沿海省份海洋资源-经济-生态三角图(续)

上述分析结果表明,我国丰富的海洋资源为沿海地区海洋经济的发展提供了条件,而海洋经济的过度发展打破了海洋生态环境的动态平衡,同时海洋生态环境的恶化反过来造成海洋资源的破坏和锐减,制约海洋经济的可持续发展,可见海洋资源的利用、海洋经济的发展和海洋生态的保护之间是一个相互影响、相互制约的综合循环体系,是一个水乳相融的有机整体。不同地区海洋系统的发展模式随时间发生了很大转变,多数是从双维型向三维平衡型演变,体现了对海洋资源环境和生态保护的重视,即三者间的动态均衡发展才是实现海洋经济高质量发展的基础,是推动 21 世纪蓝色经济可持续发展的重要推力。

4　结论与建议

4.1 结论

本文运用耦合协调模型梳理了我国沿海地区海洋资源、经济与生态之间的协调机制,并借助三角图法进一步探究了各省份海洋系统发展的优势,主要研究结论如下。

(1)中国沿海 11 个省份海洋系统间的协调发展均处于失调状态,按协调度均值大小划分可分为三类:第一类,河北、上海、广西、江苏和海南属于中度失调;第二类,浙江、天津、辽宁和福建属于轻度失调;第三类,广东和山东属于濒临失调。

(2)沿海各省份海洋双子系统之间的耦合协调等级均处于勉强协调及以上,

但三个子系统之间的协调程度更差;从区域尺度上看,各区域复合系统的耦合协调程度均不高,具体表现为泛珠三角地区>长三角地区>环渤海地区,均未达到协调发展状态。

(3)从三角图看,2006—2016 年中国沿海省份海洋资源、海洋经济和海洋生态三者之间的内部变化较为明显,且随时间的推移趋向均衡;除上海、福建、浙江和天津之外其余 7 个沿海省市都向三角图的中心发生了明显移动,而上海和天津均应以海洋均衡型省份为发展目标,以达到海洋资源—经济—生态三者有机整体的动态平衡。

4.2 建议

随着"海洋强国"战略的推进,海洋经济活动不断对海洋综合系统产生压力,而海洋生态环境作为承压载体,在海洋资源恢复弹力的平衡调节下,可使得该三维复合系统在一定生态阈值内克服外界干扰性因素,不断进行自我修复和调整,维持一种良好的动态平衡状态,而为了维持这种平衡的可持续性,必须加强我国海洋资源、海洋经济、海洋生态三者之间的耦合协调作用,改善三者之间的失衡发展现状,促进海洋复合系统的均衡动态发展。

(1)科学合理地利用海洋资源。海洋资源的均衡开发和利用必须遵守科学合理的原则,利用海洋技术拓宽对海洋资源开发利用的装备和手段,逐渐实现从浅海到深海资源的综合开发,充分利用沿海省份的区位优势以及海洋自然资源。

(2)创新海洋经济发展模式,实现海洋产业绿色集聚发展。在海洋经济增速放缓的基础上创造出更高质量的海洋经济效益,实现海洋产业绿色升级,打造各省份独特的海洋经济发展模式,促进海洋经济的高质量、可持续发展。

(3)加强海洋环境修复与污染治理。海洋生态环境的修复应结合自然特色因地制宜,根据各省份海岸带自然恢复弹力,坚持海洋生态红线,充分发挥政府监督和管理作用,实施海洋生态环境保护规划,并以行政手段向社会群体宣传环保意识,做出正向引导。

(4)建立海洋数字信息系统,加强海洋资源—经济—生态的监测和管理。各沿海省份根据自身的海洋发展条件因地制宜,加大海洋科技投入和研发,建立海洋数字化信息管理系统,成立地方海洋委员会协作互动机制,对海洋资源的开发利用、海洋经济的稳步发展以及海洋生态环境的改善进行有效的宏观管理和总体指导。

参考文献

[1] 盖美,何亚宁,柯丽娜.中国海洋经济发展质量研究[J].自然资源学报,

2022,37(4):942-965.

[2] 赵玉杰.基于生态文明建设的海洋经济发展研究[J].生态经济,2020,36(1):211-217.

[3] 孙才志,王甲君.中国海洋经济政策对海洋经济发展的影响机理——基于 PLS-SEM 模型的实证分析[J].资源开发与市场,2019,35(10):1 236-1 243.

[4] CAO Q, SUN C, ZHAO L, et al. Marine resource congestion in China: identifying, measuring, and assessing its impact on sustainable development of the marine economy[J]. Plus One, 2020, DOI: 10. 1371/journal. pone. 0227211.

[5] YAO H. Marine human resources and the ability of innovation to develop the marine economy: a coupling and coordination－based study[J]. Journal of Coastal Research, 2020, 106(SI): 25-28.

[6] ZHU X, ZHAO Z, YAN R. Coupling coordinated development of population, marine economy, and environment system: a case in Hainan province, China[J]. Journal of Coastal Research, 2019, 98(SI): 18-21.

[7] 王泽宇,卢雪凤,韩增林.海洋资源约束与中国海洋经济增长——基于海洋资源"尾效"的计量检验[J].地理科学,2017,37(10):1 497-1 506.

[8] 宋泽明,宁凌.基于 DEA-TOPSIS 模型的我国沿海地区海洋经济与海洋环境耦合协调发展分析[J].海洋经济,2021,11(3):20-32.

[9] 杜军,寇佳丽,赵培阳.海洋环境规制、海洋科技创新与海洋经济绿色全要素生产率——基于 DEA-Malmquist 指数与 PVAR 模型分析[J].生态经济,2020,36(1):144-153＋197.

[10] 宋丹凤,原峰,鲁亚运.海洋资源要素对海洋经济增长的影响研究[J].海洋开发与管理,2021,38(4):40-47.

[11] 王泽宇,卢函,孙才志.中国海洋资源开发与海洋经济增长关系[J].经济地理,2017,37(11):117-126.

[12] 张晓,白福臣.广东省海洋资源环境系统与海洋经济系统耦合关系研究[J].生态经济,2018,34(9):75-80.

[13] 韩增林,胡伟,钟敬秋,等.基于能值分析的中国海洋生态经济可持续发展评价[J].生态学报,2017,37(8):2 563-2 574.

[14] ZHANG X, BAI F C. Study on the coupling relationship between marine resources environment system and marine economic system in

Guangdong Province[J]. Ecological Economy，2018，34(9)：75-80.

[15] 黄华梅,谢健,陈绵润,等.基于资源环境承载力理论的海洋生态红线制度体系构建[J].生态经济,2017,33(9):174-179.

[16] 彭勃,王晓慧.基于生态优先的海洋空间资源高质量开发利用对策研究[J].海洋开发与管理,2021,38(3):78-83.

[17] 何颖,黄炎.海洋资源开采中保护海洋环境的意义[J].中国市场,2018(1):233-234.

[18] 汪永生,李宇航,揭晓蒙,等.中国海洋科技-经济-环境系统耦合协调的时空演化[J].中国人口•资源与环境,2020,30(8):168-176.

[19] 刘国锋,琚望静,冶建明,等.资源利用-生态环境-经济增长耦合协调发展分析与预测——以丝绸之路经济带沿线省份为例[J].生态经济,2021,37(11):191-200.

[20] LIN X, CHEN C. Research on coupled model of the marine energy－economic－environment system[J]. Journal of Coastal Research，2020，106(SI)：89-92.

[21] 盖美,宋强敏.辽宁沿海经济带海洋资源环境经济系统承载力及协调发展研究[J].资源开发与市场,2018,34(6):759-765.

[22] 宋泽明,宁凌.我国海洋资源环境经济复合系统演化研究——基于Logistic模型的实证分析[J].海洋科学,2021,45(8):21-33.

[23] 孙剑锋,秦伟山,孙海燕,等.中国沿海城市海洋生态文明建设评价体系与水平测度[J].经济地理,2018,38(8):19-28.

山东海洋强省建设进展评估与政策建议

李大海[1]　朱文东[2]　宋海涛[3]　陈丹[4]　郭安辉[2]

(1. 中国海洋大学海洋发展研究院,山东青岛 266100;

2. 中国海洋大学管理学院,山东青岛 266100;

3. 青岛海洋科学与技术国家实验室发展中心,山东青岛 2662344;

4. 青岛市高新技术产业促进中心,山东青岛 266101)

摘要:基于对山东海洋强省建设相关各部门、沿海七市有关单位实地调研,对海洋强省建设各项行动推进情况进行评估。"十大行动"取得诸多成果,但也存在海洋科技的引领作用仍不突出、海洋生态环境治理制约多、海洋经济发展质量不高等问题。下一步应进一步转变思想观念,强化海洋科技创新行动主线,完善海洋生态环境治理体制,加快推进港口整合,"一业一策"模式培育壮大海洋新兴产业,聚焦海洋传统产业提升主攻方向,增强海洋强省建设的全局统筹和组织推进能力。

关键词:山东;海洋强省;评估;政策建议

2018 年 5 月,山东省委、省政府印发《山东海洋强省建设行动方案》(以下简称"《方案》"),计划实施"十大行动"推进海洋强省建设,提出了 2022 年建设目标。本文以山东省直相关部门和 7 个沿海市开展调研为基础,评估山东海洋强省"十大行动"建设进展,分析存在问题,提出对策建议。

1 海洋强省建设的研究基础与方法选择

海洋强省建设是山东省为响应和落实党中央"坚持陆海统筹,加快建设海洋强国"重大决策的积极行动。海洋强国主要包括海洋经济发展、海洋科技创新、海洋生态环境保护和海洋权益维护等方面。这成为山东布局海洋强省建设"十大行动"的政策依据。

从已有成果来看,王诗成(1994)提出实施"海洋经济强县带动战略"建设海洋经济强省。刘修德(2003)分析了国际海洋经济发展形势,提出我国发展海洋经济、建设海洋强省的重要意义。伍长南(2007)结合福建省的自然资源、区位条件、产业基础系统地论述了福建省建设海洋强省的优势条件、任务目标及对策建议。从海洋强省内涵界定来看,大致可归纳为海洋经济综合实力、海洋产业竞争能力、海洋科教创新能力、海洋生态保护能力、海洋综合管理能力等五方面指标,还有学者将海洋产业结构、海洋文化、海防等纳入海洋强省建设内容。从海洋强省发展影响因素来看,有学者认为海洋科技创新是海洋经济发展的第一动力,发挥科技对海洋经济发展的支撑引领作用尤为重要。有学者认为海洋生态系统退化与环境污染正在成为制约海洋强省建设的重大障碍,应坚持绿色发展理念,注重海洋环境污染防治和海洋生态环境的保护。还有学者提出依法治海、提升海洋综合管理能力、坚持海陆联动发展等建设举措。

2　海洋强省建设进展

2.1　海洋科技创新行动

推进青岛海洋科学与技术试点国家实验室和中科院海洋大科学中心建设。设立总规模 50 亿元的"中国蓝色药库开发基金",创建山东省海洋药物制造业创新中心。省"渤海粮仓"科技示范工程在盐碱地试种藜麦 1300 多个品种,研发的"海燕"水下滑翔机首次在北极海域成功组网观测,均系全国首创。建设"山东省海洋科技成果转移转化中心"创新创业共同体和"山东省海洋生物医药技术创新中心",实施优惠政策。

2.2　海洋生态环境保护行动

组织完成了渤海、黄海区域入海排污口排查,基本摸清全省入海排污口底数。组织召开"三区三线"评估调整工作座谈会,根据生态红线保护制度,对现有陆地与海洋生态红线进行优化。《山东省长岛海洋生态保护条例》经省人大通过后实施。青岛、威海、日照入选国家"蓝色海湾整治行动"城市。以海洋化工业、临港工业为重点,建设循环经济产业园,降低临海工业排放。

2.3　世界一流港口建设行动

2019 年 8 月成立山东省港口集团,实现青岛港、日照港、烟台港、渤海湾港"四港合一",确立了"以青岛港为龙头,以日照港、烟台港为两翼,以渤海湾港为延展,以众多内陆无水港为依托"的一体化发展格局。青岛港集装箱海铁联运完成量居全国沿海港口第一位。建成运营青岛港物流电商云服务平台,开展国际航行船舶保税油供应等试点,打造自贸区青岛片区航运物流平台。

2.4　海洋新兴产业壮大行动

海洋新兴产业快速发展,海洋生物医药产业、海洋电力业增加值继续保持全国第一。海洋药物 GV-971 获批上市,BG136 抗癌药物进入临床申报阶段。制定《山东省新材料产业发展专项规划(2018—2022 年)》,推动中船七二五所等机构建设国家先进海工与高技术船舶材料生产示范应用平台。青岛财富管理金融综合改革试验区加快建设,涉海金融业规模不断扩张。涉海融资租赁业初见端倪。

2.5　海洋传统产业升级行动

海洋渔业、海洋盐业、海洋交通运输业增加值已位居全国第一。全省国家级海洋牧场示范区占全国的 40%。南极磷虾项目取得突破,两艘南极磷虾船获批建造。加快建设威海荣成等五大水产品精深加工和冷链物流集群。颁布实施《山东省建造中船舶抵押融资办法》,解决融资难问题。对化工项目实行分类分级管理,加快推进园区改造提升,对园区内新建项目加快联审进程。

2.6 智慧海洋突破行动

支持海洋科学与技术试点国家实验室建设海洋大数据中心,支持中科院海洋大科学研究中心建设海洋人工智能与大数据协同创新平台,加快整合多源异构海洋数据。建设国家北斗导航位置服务数据中心山东分中心,开展北斗导航、卫星通信、卫星遥感数据融合接入和应用。加快推进海洋牧场观测网建设,初步实现"可视、可测、可控、可预警"。

2.7 海洋文化振兴行动

持续推进青岛、威海、东营、日照等沿海市的公共文化云平台建设。荣成海洋文化生态保护实验区申报国家级文化生态保护区,加快莒文化生态保护实验区非遗工坊建设,重点打造崂山特色文化活动品牌。烟台邱家庄遗址等 7 处沿海文物点公布为第八批全国重点文物保护单位。支持栖霞古镇等全省文化旅游重点项目建设,推进精品民宿建设,举办游艇帆船周活动,开展山东文化和旅游宣传营销。

2.8 海洋开放合作行动

中韩(烟台)产业园获国务院批复,乌拉圭、斐济、加纳等海外远洋渔业基地稳步推进。成功举办世界海洋科技大会、东亚海洋合作平台青岛论坛、东北亚海委会第六届年会等活动。"一带一路"青岛航运指数成为山东与沿线国家经贸往来的风向标。高标准建设青岛中国—上海合作组织地方经贸合作示范区和中国(山东)自由贸易试验区。

2.9 海洋治理能力提升行动

制定海洋经济统计核算标准,完善海洋经济运行监测与评估体系,对海洋经济形势进行系统分析。修订《山东省海域管理条例》,编制实施《山东省海岸带保护利用规划》,实现对海岸带的分类分段精细化管控。完善全省海洋防灾减灾体系和海洋监测体系,提升海洋监测、预报预警和防灾减灾等基础能力。

3 存在问题

3.1 海洋科技的引领作用仍不突出

海洋科技创新对海洋经济拉动作用仍不显著。① 科研活动与市场脱节的问题依旧突出。山东省海洋科技资源高度集中在科研院所,企业科技研发能力较弱的局面仍未得到根本改变。以省重大科技创新工程涉海项目为例,企业牵头申报的不到 40%,在企业优先的导向下,最终立项企业占 50% 左右。而其他领域最终立项项目中企业牵头的占 80% 左右。② 大学和科研院所不少应用型研究成果与市场需求存在着较大差距,大量成果停留在论文和专利水平上,无法转化为现实生产力。研究人员离岗创业的积极性不高,在岗推动成果转化的机制不顺。

3.2 海洋生态环境治理仍存在诸多制约

山东省海域与陆域面积基本相当,海洋生态环境监管任务很重。监管能力不足,已经成为山东省海洋环境保护的重要制约因素。① 海洋环境监管体制增大了监管协调难度。机构改革后,省、市、县三级海洋环境监测机构及技术人员均未划归生态环境部门,2019 年起省级层面以委托形式开展海洋环境监测,2020 年在市、县两级建立类似委托机制。海洋执法调查也以委托管理形式开展。行政管理、监测、执法调查分属不同部门,增加了海洋环境管理的难度。② 基层海洋环境监测能力薄弱。市、县两级能够从事海洋环境监测机构和人员少,监测手段以现场采样为主,无法做到实时、动态和全覆盖。《方案》提出的建设海洋环境实时在线监测网络系统,因受技术、体制等因素限制进展缓慢。

3.3 海洋传统产业转型升级面临较大困难

① 在全球市场不景气、全国产能过剩的背景下,山东省船舶海工产业提升市场竞争力、提高盈利率的方向不明确、办法不多。② 海洋渔业在资源环境约束下走向高质量发展的方向明确,但措施不力。推动深远海养殖、深远海捕捞资源开发的力度有待加大,增殖放流、减船转产等工作有弱化的趋势,海洋水产品冷链物流和精深加工能力薄弱的问题仍未引起足够重视,水产品质量安全监管体系仍比较薄弱。③ 滨海旅游小而散的格局仍未改观,旅游景点同质化竞争、低水平重复的问题仍然存在,具有区域带动力的综合性旅游项目缺失,滨海旅游对区域经济发展的带动作用依然不强。

3.4 海洋新兴产业对海洋经济的带动作用尚未显现

① 一些新兴产业虽发展较快,但体量太小,经济拉动力有限。海水淡化、海洋生物医药等产业虽增加值增长较快,但占全省海洋经济比重仍比较低。② 一些新兴产业发展面临制约。海洋药物市场化周期长、风险大,配套金融支持机制一直未能建设好。受制于技术制约和安全因素,海洋能始终未能实现产业化;海洋风能发电和入网成本仍然较高。海水淡化大规模发展受淡化水成本和市政管网建设等因素的制约。

3.5 "智慧海洋"推进机制不明确

《方案》提出了建设海洋超算和大数据平台、推进海洋信息技术装备国产化和构建海洋综合立体观测网三大任务,并提出 2022 年建成全球海洋大数据中心,在沿海各市培育一个海洋行业云平台。目前,虽已结合青岛海洋科学与技术试点国家实验室建设启动全球海洋大数据中心建设,但对于运营模式、市场需求、数据来源等重要问题,似尚未给出明确思路。除部分科学应用外,市场化应用几乎未开展,产业化应用前景很不明朗。沿海各市海洋行业云平台建设大多未启动。海洋信息技术装备国产化和构建海洋综合立体观测网也未给出明确的目标和实施路径。

4 问题成因分析

4.1 海洋科技创新行动的顶层设计缺失

山东省海洋科技实力出现相对下降的趋势,既有投入方面的因素,也与山东省海洋科技发展缺少明确的、统领性的顶层设计有关。各重大项目推进统筹不够,难以形成更大的集聚效应。这在一定程度上影响了山东省对海洋科技优势的巩固和强化,使南方省份有机会进一步缩小差距。与北京、上海、广东、安徽比较,山东省缺少对重大科技平台建设的更高层级的统筹,各重大平台和重大项目建设的主次、时序、耦合关系不清楚,省内有限资源难以实现最优配置。深层原因在于山东省对海洋科技发展的目标定位不清晰,缺少一条主线,使各单位、各项具体工作处于各自为战的状态,没有形成合力。

4.2 科技支撑海洋经济发展的机制不完善

海洋科技与海洋经济结合不紧密,既有山东省海洋科技力量以基础研究为主的客观原因,也与促进科技与经济结合的机制不完善有关。① 海洋科技项目支持产业技术创新的机制薄弱。省重大科技创新工程等科技计划在项目选择和评价中过于强调技术领先性、前沿性,对技术产业应用价值重视不够。② 金融支持技术成果转化的机制不顺。最大的短板在于金融支持新技术工程化、产业化环节。虽然山东省已经设立了产业发展基金,且大力支持各类风险投资进入上述领域,但由于风险控制、绩效考核等原因,出现了基金大量闲置和企业筹资难并存的问题。

4.3 海洋环境保护并未真正实现陆海统筹

受传统的环境保护陆海分割的行政管理体制影响,陆域水体治理对海洋环境的影响考虑的比较少,在很大程度上影响了海洋环境治理效果。由于陆地和海洋在环境监测、执法等工作性质的差异性,真正实现监测管理执法体系的整合仍有一定难度。特别是把陆海统筹思想转化为规制和措施,还需要做出较大努力。机构改革确定的海洋环境监测、管理和执法检查分属不同部门的新体制,为深化陆海统筹带来了新的不确定因素。

4.4 海洋产业新旧动能转换的发力点偏少

山东省海洋开发历史较长,传统海洋(相关)产业在海洋经济中占比较高,海洋第二产业在海洋经济中占比较高。因此,仅仅依靠推动几个战略性新兴海洋产业加快发展,很难从根本上实现海洋经济发展方式转变。必须进一步在海洋渔业、海洋船舶、海洋化工、滨海旅游、海洋交通运输等具有较大规模的海洋传统产业上做好文章,认真研究海洋产业发展规律,在每一个产业中找到具有较大潜力的新的增长点,尽快开展对智慧物流、云旅游、智能码头、无人船舶、智能制造等新技术产业化的研究,制定相关规划和支持政策,培育海洋产业新模式、新业态、新产业,增加海洋经济新旧动能转换的发力点。

4.5 智慧海洋建设的相关理论研究滞后

智慧海洋建设行动中存在"先行动、后思考""边行动、边思考"的现象,理论研究滞后于实践的问题十分突出。行动中出现的发展方向不明确、应用效果不明显、运营模式不清晰、建设步调不一致等问题,均与没有科学理论指导存在较大关系。例如,从数据来源看,现存的观测平台分属于不同部门、不同系统、不同性质单位。如果没有汇集不同来源数据的管理协调机制和激励机制,各平台各自为战,必将导致有限的资源重复配置和浪费。

5 改进和提升建议

5.1 调整优化海洋科技创新工作格局

① 提出建设"海洋科技强省"的发展目标,构建"海洋国家实验室——海洋特色综合性国家科学中心——全国海洋科技创新中心"的发展主线,将《方案》中所有重大创新平台、重大科技工程、科技要素集聚、体制机制创新的有关工作,都纳入这一主线下展开,建立统筹协调机制。② 调整省重大科技创新工程设置,将之划分为两类。第一类以基础研究和前沿技术为资助方向,将技术领先性作为评价标准,主要资助科研院所和大学;第二类以应用技术为资助方向,将市场化应用作为评价标准,主要资助涉海企业,评审专家主要从企业界筛选。③ 加快"海洋科技成果转移转化中心"建设,以降低科技成果交易成本为目标,促进成果从科研院所向企业转移。

5.2 将机制建设和能力建设作为海洋生态环境保护的重点

① 完善海洋环境管理机制。基于机构改革后新形成的管理、监测、执法分设的管理体制,探索构建生态环境主管部门指导、监督海洋监测和执法调查的新体制,逐步提高管理效能。② 进一步完善全省海洋环境监测网络。③ 加强各项生

态环境管理制度的对接。进一步完善沿海市、县协同开展海洋生态环境保护的机制,提升海洋生态环境治理区域统筹能力。将排污总量作为入海河流、排污口污染防控的重点,建立以海洋污染物承载量倒推陆地污染物入海控制量的机制。

5.3 实施"一业一策",培育壮大海洋新兴产业

① 在明确概念内涵和外延基础上,根据国内外市场和山东省产业发展基础,对海洋高端装备制造业分类施策,制定定向支持政策。② 海洋生物医药业要针对其研究转化周期长的产业特点,重点在金融支持和风险防控上做好文章。③ 海水利用业要重点研究规模化发展的市政配套政策,建立机制督促沿海市加大管网建设力度。④ 夯实海洋高端服务业发展基础,加快推进海洋产权交易市场、现货期货交易市场、使用权租赁市场等平台建设。

5.4 找准主攻方向,优化提升海洋传统产业

① 滨海旅游业主要针对同质化、碎片化问题,加强全省统筹,鼓励引进和建设大型综合性旅游项目,推动各地结合自身优势,积极发展特色文旅产品。② 海洋渔业以远洋渔业和深远海养殖为重点,推动渔业产品结构和空间结构调整,提高生产效益和生态效益。③ 水产品加工业要把握国内水产品消费升级和水产品进口扩大的趋势,重点发展进口、高档水产品冷链物流和精深加工。④ 船舶工业要基于全球产能过剩长期化的趋势,大力推动船舶制造绿色化、智能化,加大船用装备制造创新型企业引进力度,增强产业链条整体竞争力。

5.5 开展智慧海洋建设相关研究

① 加强智慧海洋建设的顶层统筹,围绕智慧海洋建设的关键性问题搞好研究。② 加强智慧海洋需求侧研究,搞清楚全球海洋大数据中心"干什么、给谁用"的问题,确定商业化运营或公益运营模式。③ 下大力气解决智慧海洋数据来源问题,结合海洋立体综合观测网建设,研究建立数据共享机制,打破目前数据"碎片化"格局。建立高效数据管理模式,建立面向应用的数据保密机制,实现数据安全、可用。

参考文献

[1] 沈满洪,余璇.习近平建设海洋强国重要论述研究[J].浙江大学学报(人文社会科学版),2018,48(6):5-17.

[2] 刘明福,王忠远.习近平民族复兴大战略——学习习近平系列讲话的体会[J].决策与信息,2014(Z1):8-157+2.

[3] 孔涵.以海洋强省战略助推山东现代化强省建设[J].山东干部函授大学学报(理论学习),2019(9):29-32.

[4] 谢慧明,马捷.海洋强省建设的浙江实践与经验[J].治理研究,2019,35(3):19-29.

[5] 王诗成.实施"强县带动战略"建设海洋经济强省[J].中国人口·资源与环境,1994(4):81-83+80.

[6] 刘修德.建设福建海洋强省的战略思考[J].海洋开发与管理,2003(5):54-58.

[7] 伍长南.福建建设海洋经济强省研究[M].北京:中国经济出版社,2007:12-46.

[8] 翟仁祥,李敏瑞.江苏省建设海洋经济强省的测度与评价[J].江苏农业科学,2011,39(5):541-543.

[9] 林存壮,李大海,郭永超.海洋经济强省评价体系研究[J].科技促进发展,2013(5):97-102.

[10] 杨黎静,钱宏林,李宁.广东:海洋强省建设策略[J].开放导报,2016(6):89-93.

[11] 高兴夫.打造增长极 引领新发展 合力推进海洋强省和国际强港建设[J].浙江经济,2017(7):6-7.

[12] 方莉萍,潘潇,杨广青.福建省海洋强省指标体系构建与政策建议[J].福建省社会主义学院学报,2014(5):80-86.

[13] 谢安,邹宇静.广东海洋强省战略背景下发展海洋文化产业的思考与对策建议[J].中国集体经济,2016(18):109-111.

[14] 孙巨传.加快江苏海洋经济强省建设[J].唯实,2019(2):47-49.

[15] 王春娟,刘大海,等.国家海洋创新能力与海洋经济协调关系测度研究[J].科技进步与对策,2020,37(14):39-46.

[16] 姜勇,党安涛,等.加强海洋科技创新支撑山东海洋强省建设的战略研究[J].海洋开发与管理,2019,36(9):38-42.

[17] 韩立民,孔冬冬.山东海洋强省建设的目标分析与对策建议[J].科技促进发展,2013(5):84-89.

[18] 习近平.发挥海洋资源优势建设海洋经济强省——全省海洋经济工作会议的讲话[J].浙江经济,2003(16):6-11.

[19] 郑伟仪.海洋行政管理是建设海洋强省的有力保障[J].新经济,2011(11):66-68.

[20] 李洪彦.论建设海洋经济强省战略[J].中国渔业经济,2002(4):81-83+80.

碳交易政策对海洋产业结构升级的影响研究

徐胜[1,2] 陈景雪[1]

（1. 中国海洋大学经济学院，山东青岛 266100；

2. 中国海洋大学海洋发展研究院，山东青岛 266100）

摘要：为实现双碳目标，我国推广碳排放权交易政策，这是经济发展的一次重要改革，也给资本市场带来了一定的影响。从 2013 年开始，我国陆续开启碳排放交易试点，现阶段我国碳排放交易政策已逐渐向全国推广，那么在碳交易政策的推广下，海洋经济又会受到怎样的影响？本文采用双重差分法，对 2010 年—2018 年我国沿海各省份的海洋产业结构的数据进行研究，发现碳交易政策促进了海洋产业结构升级，并进一步检验了碳交易政策影响的空间异质性是否存在。本文的实验结论将为我国实现碳中和目标、实现海洋强国提供借鉴。

关键词：碳交易政策；海洋产业结构；双重差分法

1 引言

在第七十五届联合国大会上，习近平总书记提出双碳目标，即我国要在 2030 年前实现碳达峰，2060 年前实现碳中和。中国于 2011 年 10 月下发了《关于开展碳排放权交易试点工作的通知》，并公布未来将在 7 个省市开展碳排放权交易试点，包括北京、上海、天津、重庆、湖北、广东、深圳等。2013 年深圳率先启动碳排放权交易试点，2021 年全国碳排放权交易市场开市，这也意味着碳交易政策在我国全国范围内的推广与实施。推广碳交易政策是经济发展的一次重要变革，会带来一定的影响。

在当前的经济发展中，海洋经济是不可或缺的重要组成部分，也是拉动国民经济增长的新动力。根据自然资源部《2018 年中国海洋经济统计公报》，中国海洋生产总值在 2018 年达到 83 415 亿元，占全国 GDP 总量的 9.3%。因此，我们有必要关注海洋经济这一领域的发展态势。本文将就我国碳交易政策对海洋产业结构升级的影响进行研究，为推进碳排放交易政策及实现碳中和提供建议和支持。

2 文献综述

产业结构升级是指生产要素如资本、劳动力、技术等，从低附加值、低效率、高消费的生产部门或产业链环节流向高效、低耗的高附加值产业的过程。目前，学术界对海洋产业结构的研究主要集中在海洋产业的升级方向、产业变化对海洋经济的贡献、海洋产业结构变化的驱动因素等方面。

关于海洋产业的升级方向等方面,Wang Yixuan 等(2019)指出,海洋产业结构随时间的推移发生巨大的变化,海洋第一产业在下降,其中海洋渔业的产值占比在下降,第二、第三产业在上升,第三产业中沿海旅游业的产值占比在上升。

关于海洋产业结构变化的驱动因素等方面,秦琳贵等(2020)指出,科技创新可以促进海洋经济产业结构升级。蒋晗等(2021)研究了环境规制这一驱动因素,验证了环境规制可以促进海洋产业结构升级。纪建悦等(2020)指出海洋科教对海洋产业结构升级具有显著的促进作用。Chen Xuan 等(2019)则指出各类海洋环境规制与污染产业转移和产业结构升级有关系。那么,在提出双碳目标之后,碳交易政策会不会对海洋产业结构升级产生一定的影响呢?

碳排放交易政策作为一种环境政策,会对经济发展产生影响。关于碳排放交易政策的影响,早有学者进行了研究。周朝波等(2020)指出碳交易试点政策促进了中国低碳经济发展,并发现西部地区的转型效果好于东部和中部地区。任松彦等(2015)通过 CEG 模型模拟了实施碳排放权交易的效果,并指出碳排放权交易不仅能有效降低广东省的二氧化碳排放量,还可以对广东省的经济发展起到显著促进作用。张丽(2021)指出碳排放权交易可以通过技术创新和外商直接投资两个方面显著促进广东省产业结构优化。贾云赟(2017)发现碳排放权交易可以显著促进当地的产业结构优化,但是对三次产业有不同的影响。谭静等(2018)验证了碳排放权交易对中国产业结构优化升级的促进作用,同时指出,这种影响存在地区之间的差异。胡忠世(2021)指出碳排放权交易政策明显促进了试点地区受影响行业的产业集聚程度,并且政策的影响存在地区和行业异质性。

综上所述,现有文献虽然讨论了碳排放权交易政策对经济发展的影响,但是并没有涉及对海洋产业结构的影响。本文从碳交易政策入手,研究其对海洋产业结构升级的促进作用。

3 理论与研究假设

从实施碳排放权交易政策开始,任何经济实体都不能再随意地进行碳排放,碳排放量的多少决定了经济实体的环境成本的大小。碳排放权的交易使其具有了商品化性质。碳排放超额的企业需要通过市场交易来获得碳排放权,而拥有多余碳排放额度的企业则可以出售碳排放权。

波特假设认为,合理的环境调控可以促使企业积极地将外部环境费用内部化,鼓励企业开展技术革新,以达到提高生产效率与产出的目的,从而部分或完全抵消环境成本,产生创新补偿效应。碳交易政策带来的环境规制使得企业增加了环境成本,那些因此受到发展制约的海洋产业中,有能力进行创新的企业会积极进行低碳技术创新,来逐渐抵消环境成本,同时促进自身的绿色转型,转变生产方式;没有能力进行创新的企业可以在碳市场上购买配额,推动其他低碳排放海洋产业的发展,而当环境成本过高时,高排放的企业也有可能放弃生产、退出市场。

根据以上分析,本文提出假设 1。

H1:碳交易政策可以促进海洋产业结构升级。

政策的效应会不会存在区位间的"宏观异质性"呢?在国内已经有大量学者得出各经济变量会存在空间异质性的结论。孙亚男等(2016)发现经济发展的空间相关性对区际经济差异具有显著影响。万坤杨等(2010)指出本地区的技术创新会受到相邻地区技术创新正方向的影响。张晓旭等(2008)指出中国经济确实存在空间异质性,并表示在省级地区水平上,劳动力和资本流动以及知识溢出是显著存在的。基于前人的研究,本文认为在省级地区水平上,劳动力和资本以及知识会出现空间溢出。那么,碳交易政策对试点省份海洋产业结构升级的促进作用,就会因为空间溢出的存在,也对试点省份的周边省份和相距较远的省份产生不同的影响,即碳交易政策对省级地区的影响上也具有空间异质性。

根据以上分析,本文提出假设 2。

H2:碳交易政策对海洋产业结构升级的影响具有空间异质性。

4 模型设定与数据处理

4.1 基准的 DID 模型

在政策评估效应研究中,现有文献大多使用双重差分法。这种方法通过比较进行政策试点的实验组和没有试点的对照组在政策实施前后的差别来评估政策实施的效应。双重差分法目前被广泛应用在贸易政策、西部大开发、环境规制、排污权交易机制等政策评估领域。因此本文采用双重差分法,构建碳交易政策对海洋产业结构升级的影响模型:

$$MTI_{it} = \alpha_0 + \alpha_1 pilot_i \times post_t + \alpha_2 X_{it} + \mu_i + \gamma_t + \mu_i \times \gamma_t + \varepsilon_{it} \tag{1}$$

式中,下标 i 表示省市,t 表示时间。MTI_{it} 是本文的被解释变量;$pilot_i$ 反映的是碳交易政策试点虚拟变量,试点省市取 1,非试点省市取 0;$post_t$ 表示的是碳交易政策试点实施时间的虚拟变量,本文以 2013 年为政策试点实施节点,$post_t = 1$ 表示的是政策实施后($t \geqslant 2013$),$post_t = 0$ 表示政策实施前($t < 2013$);X_{it} 表示影响海洋产业结构升级的控制变量;μ_i、γ_t 分别表示省份固定效应、时间固定效应;$\mu_i \times \gamma_t$ 表示省份时间趋势项;ε_{it} 表示的是受时间变化影响的随机误差项。

式(1)的模型只是检验了碳交易政策对于海洋产业结构升级的平均效应,但是考虑到政策实施的影响可能会存在着时间滞后性,本文建立如下模型,进一步检验政策实施之后每一年的动态效应。

$$MTI_{it} = \alpha_0 + \sum \alpha_n did_{it}^n + \alpha_2 X_{it} + \mu_i + \gamma_t + \mu_i \times \gamma_t + \varepsilon_{it} \qquad (2)$$

为简化表达,我们把式(1)中双重交乘项用 did 表示。式中的 did_{it}^n 表示政策实施至第 n 年,碳交易政策对海洋产业结构升级的影响。

4.2 样本的选择和指标的选取

4.2.1 样本选择

本文以中国 2010—2018 年 11 个沿海省份为样本进行实证。数据来源于历年《中国统计年鉴》《中国海洋统计年鉴》和 EPS 数据库以及 incoPat 专利数据库。

4.2.2 指标选取

(1) 被解释变量。关于海洋产业结构升级水平,任海军等(2018)将第三产业增加值与第二产业增加值之比作为衡量产业结构优化程度的指标。陈生明等(2017)、谭燕芝等(2019)将海洋第二、三产业生产总值之和与海洋产业生产总值的比值作为衡量海洋产业结构升级的指标。本文借鉴蒋晗等(2021)的做法,采用海洋第三产业生产总值与海洋生产总值的比值衡量海洋产业结构升级水平。

(2) 控制变量。海洋产业结构的变化还会受到其他因素影响。所以,本文选取海洋经济发展水平、资本投入、海洋科技水平、低碳技术创新水平作为控制变量。其中,采用海洋生产总值衡量海洋经济发展水平;采用全社会固定资产投资占地区 GDP 的比值来表示资本投入;采用海洋科研机构从业人数衡量海洋科技水平;借鉴王为东(2020)的做法,用欧洲专利局和美国专利局联合颁布的合作专利分类法的 Y02 类下的专利数量对低碳技术创新水平进行测度。

表 1 控制变量表

指标类型	指标名称	指标代码	指标计算
被解释变量	海洋产业结构升级	MTI	海洋第三产业生产总值与海洋生产总值的比值
解释变量	碳交易政策	did	$did = treat \times post$
	低碳技术创新	$Y02$	对 $Y02$ 类别下的专利数取对数
控制变量	海洋经济发展水平	$lngmp$	对海洋生产总值取对数
	资本投入水平	$Capital$	固定资产投资与 GDP 的比值
	海洋科技水平	T	对海洋科研机构从业人数取对数

5 实证检验与分析

5.1 描述性统计

被解释变量为海洋产业结构升级水平 MTI,即海洋第三产业生产总值与海洋生产总值的比值。由表 2 可知,MTI 在 11 个沿海省份的 8 年数据间的均值为 0.513,最小值为 0.313,最大值为 0.673,标准差为 0.082 1,表明在各省份海洋第三产业比重在 51% 左右,最多可达 67.3%,且大部分数值和其平均值之间差异较小。

表 2　描述性统计

变量	样本数	均值	标准差	最小值	最大值
MTI	99	0.513	0.082 1	0.313	0.673
$Y02$	99	8.255	1.276	4.615	10.37
$lngmp$	99	8.290	0.884	6.308	9.869
$Capital$	99	0.643	0.221	0.228	1.107
T	99	7.358	0.890	5.220	8.826

5.2 基准 DID 回归

表 3 揭示了双重差分模型的回归结果。表 3 之(1)列平均效应的结果表示,在固定省份效应和时间效应后,did 的回归系数在 10% 的水平上显著为正,系数为 0.020 3,说明碳交易政策可以促进海洋产业结构升级,验证了本文的假设 1。另外,低碳技术创新、海洋经济发展水平、资本投入水平、海洋科技水平等控制变量也是会对海洋产业结构升级起到显著影响的。

由表 3 之(2)列可以看出,动态效应检验的结果在试点之后的第一年和第二年效果并不显著,第三年开始显著为正。这就表明,碳交易政策发挥作用具有时间滞后性。从回归系数上分析,碳交易政策的影响力从试点之后开始逐渐变大,第三年开始起到显著作用,第四年的影响力达到最高点,之后有小幅下降,但仍然保持正向的显著促进作用。

表 3　回归结果

变量	(1) 平均效应 MTI	(2) 动态效应 MTI
did	0.020 3*	—
	(0.010 7)	—
did^1	—	0.017 5
	—	(0.018 3)

变量	(1) 平均效应 MTI	(2) 动态效应 MTI
did^2	—	0.024 2
	—	(0.017 5)
did^3	—	0.033 0*
	—	(0.017 0)
did^4	—	0.039 9*
	—	(0.020 3)
did^5	—	0.039 1**
	—	(0.019 5)
Y02	0.053 4***	0.050 8***
	(0.016 5)	(0.017 9)
$lngmp$	−0.309***	−0.320***
	(0.039 4)	(0.036 2)
$Capital$	0.193***	0.199***
	(0.031 9)	(0.031 0)
T	0.026 6**	0.030 0***
	(0.010 1)	(0.010 2)
$Constant$	2.310***	2.391***
	(0.266)	(0.240)
$Observations$	99	99
$R\text{-}squared$	0.937	0.943

注：＊＊＊、＊＊、＊分别代表在1%、5%和10%的显著性水平下显著。下同。

5.3 稳健性检验

5.3.1 平行趋势假设检验

表4展现了平行趋势假设检验的结果，其中 pre_3，pre_2，pre_1 分别表示碳排放交易试点之前的第三年、第二年、第一年。为了避免出现多重共线，将 pre_1 作为基准组。如表4和图1所示，在碳排放交易试点之前，回归系数都不显著，说明在碳排放交易试点之前，实验组和控制组的海洋产业结构无明显差异。但是在碳排放交易试点之后，回归系数逐渐开始显著，实验组和控制组的海洋产业结构出现了明显差异，表示平行趋势检验假设通过，之前的双重差分回归结果可信。

表 4　平行趋势结果

变 量	MTI
pre_3	0.026 3
	(0.021 2)
pre_2	−0.006 80
	(0.021 5)
current	0.008 64
	(0.0187)
post_1	0.017 5
	(0.018 3)
post_2	0.024 2
	(0.017 5)
post_3	0.033 0*
	(0.017 0)
post_4	0.039 9*
	(0.020 3)
post_5	0.039 1**
	(0.019 5)
Y02	0.050 8***
	(0.017 9)
lngmp	−0.320***
	(0.036 2)
Capital	0.199***
	(0.031 0)
T	0.030 0***
	(0.010 2)
Constant	2.391***
	(0.240)
Observations	99
R-squared	0.943

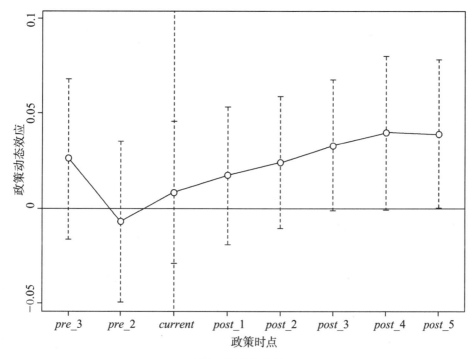

图 1　平行趋势图

5.3.2 替换被解释变量指标的稳健性检验

本文借鉴徐德云(2008)描述产业结构的方式,用各海洋产业产值加权平均的值 M 衡量海洋产业结构,代替之前海洋第三产业产值的占比。计算公式如下,其中 y_i 表示海洋各产业的产值占比。

$$M=\sum_{i=1}^{3}y_i\times i=y_1\times1+y_2\times2+y_3\times3 \qquad (3)$$

表 5 显示了稳健性检验的结果。在固定了时间和省份效应之后,did 的回归系数在 10% 的水平上显著为正,系数为 0.022 0,说明碳交易政策确实可以促进海洋产业结构升级,再次验证本文的假设 1。

表 5　稳健性检验结果

变量	M
did	0.022 0[*]
	(0.012 0)
Y02	0.062 3[***]
	(0.018 5)

续表

变量	M
lngmp	-0.298^{***}
	$(0.042\ 4)$
Capital	0.192^{***}
	$(0.034\ 6)$
T	$0.033\ 1^{***}$
	$(0.012\ 0)$
Constant	4.019^{***}
	(0.289)
Observations	99
R-squared	0.949

5.3.3 安慰剂检验

本文通过虚构处理组进行了安慰剂检验,随机选取 4 个省份作为虚构的政策试点省份,即处理组,将该虚构过程重复 500 次,最后观察"伪政策虚拟变量"的系数是否显著。

图 2 报告了安慰剂检验的结果,图中垂直虚线是双重差分模型的真实估计值0.020 3。由图 2 的结果可以看出,估计系数大都集中在零点附近;大多数估计值的 p 值都大于 0.1;落在图中垂直虚线上的点不多,再次证明了本文结果的稳健性。

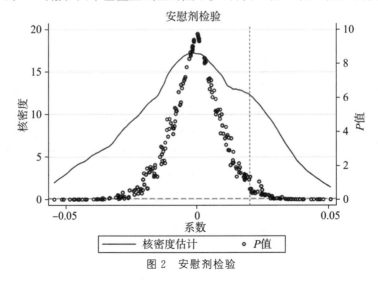

图 2 安慰剂检验

6　进一步分析

在第五部分,本文得出了碳交易政策会对试点省份的海洋产业结构起到促进作用的结论,那么进一步,本文继续分析该政策效果会不会存在空间异质性。

本文借鉴王雄元和卜落凡(2019)的做法,建立如下模型来研究碳交易政策对海洋产业结构升级的促进作用的空间异质性。

$$MTI_{it} = \alpha_0 + \alpha_1 pilot_i \times post_t + \sum_{s=160}^{960} \sigma_s N_{it}^s + \alpha_2 X_{it} + \mu_i + \gamma_t + \mu_i \times \gamma_t + \varepsilon_{it}$$

（4）

式(4)在式(1)的基础上加入了一组新的控制变量 N_{it}^s。其中,参数 s 代表省份间的地理直线距离(单位为 km, $s \geq 160$)。在沿海省份之间,最近两省份之间的地理距离在 160 km 左右,所以本文以 160 km 为间隔进行空间异质性检验。如果在第 t 年距离省份 $i(s-160,s]$ 的空间范围内存在着开始碳交易试点的沿海省份,那么 $N_{it}^s=1$,否则 $N_{it}^s=0$。

表 6 和图 3 报告了空间异质性的结果,我们可以从图像上看出,碳交易政策的影响随着距离的增加呈现先变小后负向变大的趋势。

在试点省份周边 160 km 范围内,碳交易政策对周边省份海洋产业结构同样具有显著的正向促进作用,但是政策的影响系数会逐渐减小,也就是空间溢出。当距离增加到试点省份周边 160～320 km 范围内,碳交易政策对该范围内的省份的海洋产业结构就没有显著促进作用了。随着距离增加到试点省份周边 320～960 km 时,碳交易政策对该范围内省份的海洋产业结构的影响转为负向显著,验证了假设 2,即碳交易政策对海洋产业结构升级的促进作用具有空间异质性。

表 6　空间异质性结果

变量	MTI
$did0$	0.069 1**
	(0.027 1)
$did160$	0.056 2***
	(0.019 5)
$did320$	0.022 7
	(0.027 6)
$did480$	−0.089 2***
	(0.027 2)
$did640$	−0.027 8*
	(0.015 0)

续表

变量	MTI
*did*800	$-0.068\ 0^{***}$
	(0.019 4)
*did*960	$-0.074\ 6^{***}$
	(0.024 6)
Y02	$0.042\ 4^{**}$
	(0.017 7)
lngmp	-0.273^{***}
	(0.041 8)
Capital	0.176^{***}
	(0.032 9)
T	$0.027\ 6^{***}$
	(0.010 0)
Constant	2.129^{***}
	(0.286)
Observations	99
R-squared	0.959

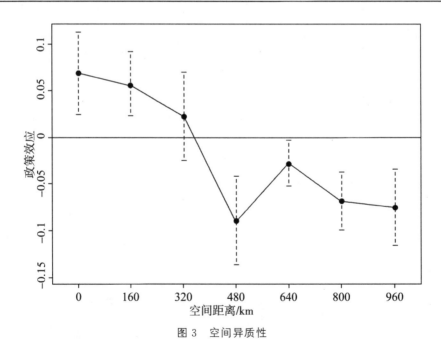

图 3　空间异质性

7　结论与政策启示

　　本文搜集了沿海地区 2010 年到 2018 年的相关数据,采用双重差分模型进行实证研究。结果通过了平行趋势检验、替换被解释变量指标的稳健性检验以及安慰剂检验等,实证结果具有可信度。本文得出碳交易政策可以促进海洋产业结构升级,以及政策影响存在空间异质性的结论。

基于实证得到的结论,本文的政策启示如下:

(1)碳排放权交易政策的实施必然会影响经济发展的方方面面,而经济实体也要根据实际情况和自身发展状况,及时做出改变,适应当前绿色发展的趋势,向低碳经济的方向转型。

(2)在"建设海洋强国"的战略下,国民经济的发展不可能绕过海洋经济,而碳交易政策可以促进海洋产业结构的升级。因此,碳交易政策在全国范围内推行是有重要意义的,值得我们积极践行。

(3)试点的周边省份要积极适应试点省份的产业结构升级的步调,把握住资本、人力、知识流动的机会;那些与试点省份距离较远的省份,要积极主动地采取行动破除地域壁垒,减小区域发展的差异。另外,从空间异质性的角度考虑,在全国范围内推行碳交易政策是有重要意义的,可以实现海洋经济发展的协同性,避免各地区之间差异过大。

参考文献

[1] WANG Y X, WANG N. The role of the marine industry in China's national economy: an input-output analysis[J]. Marine Policy, 2019, 99(1): 42-49.

[2] 秦琳贵,沈体雁. 科技创新促进中国海洋经济高质量发展了吗——基于科技创新对海洋经济绿色全要素生产率影响的实证检验[J]. 科技进步与对策, 2020, 37(9): 105-112.

[3] 蒋晗,许瑞恒. 环境规制、产业结构与海洋经济绿色转型[J]. 海洋经济, 2021, 11(2): 20-30.

[4] JI J Y, GUO H W, LIN Z C. Marine science and education, venture capital and marine industry structure upgrading [J]. Science Research Management, 2020, 41(3): 23-30.

[5] CHEN X, QIAN W. Effect of marine environmental regulation on the industrial structure adjustment of manufacturing industry: an empirical analysis of China's eleven coastal provinces[J]. Marine Policy, 2020, DOI: 10.1016/j. marpol. 2019. 103797.

[6] 周朝波,覃云. 碳排放交易试点政策促进了中国低碳经济转型吗?——

基于双重差分模型的实证研究[J]. 软科学,2020,34(10):36-42+55.

[7] 任松彦,戴瀚程,汪鹏,赵黛青,增井利彦. 碳交易政策的经济影响:以广东省为例[J].气候变化研究进展,2015,11(1):61-67.

[8] 张丽. 碳排放权交易对试点省市产业结构优化的影响及作用机制研究[D].兰州:兰州大学,2021.

[9] 贾云赟.碳排放权交易影响经济增长吗[J].宏观经济研究,2017(12):72-81+136.

[10] 谭静,张建华.碳交易机制倒逼产业结构升级了吗? ——基于合成控制法的分析[J].经济与管理研究,2018,39(12):104-119.

[11] 胡忠世. 碳排放权交易政策对产业集聚的影响研究[D].大连:辽宁大学,2021.

[12] PORTER M E, LINDE V D. Toward a new conception of the environment-competitiveness relationship[J]. Journal of Economic Perspectives,1995,9(4):97-118.

[13] 孙亚男,刘华军,崔蓉.中国地区经济差距的来源及其空间相关性影响:区域协调发展视角[J].广东财经大学学报,2016,31(02):4-15.

[14] 万坤扬,陆文聪. 中国技术创新区域变化及其成因分析——基于面板数据的空间计量经济学模型[J].科学学研究,2010,28(10):1 582-1 591.

[15] 张晓旭,冯宗宪. 中国人均 GDP 的空间相关与地区收敛:1978—2003[J]. 经济学(季刊),2008(2):399-414.

[16] 刘瑞明,赵仁杰. 西部大开发:增长驱动还是政策陷阱——基于 PSM-DID 方法的研究[J]. 中国工业经济,2015(6):32-43.

[17] 刘和旺,向昌勇,郑世林. 环境规制是否倒逼了创新驱动的地区产业转型升级?[J]. 科研管理 2022,43(9):67-75.

[18] 白重恩,王鑫,钟笑寒. 出口退税政策调整对中国出口影响的实证分析[J]. 经济学(季刊),2011,10(3):799-820.

[19] 涂正革,谌仁俊. 排污权交易机制在中国能否实现波特效应?[J]. 经济研究,2015,50(7):160-173.

[20] 任海军,赵景碧.技术创新、结构调整对能源消费的影响:基于碳排放分组的 PVAR 实证分析[J].软科学,2018,32(7):30-34.

[21] 陈生明,张亚斌,陈晓玲.技术选择、产业结构升级与经济增长:基于半参数空间面板向量自回归模型的研究[J].经济经纬,2017,34(5):87-92.

[22] 谭燕芝,彭积春.金融发展、产业结构升级与包容性增长:基于民生与发展视角的分析[J].湖南师范大学社会科学学报,2019,48(1):76-86

[23] 王为东,王冬,卢娜.中国碳排放权交易促进低碳技术创新机制的研究[J].中国人口·资源与环境,2020,30(2):41-48.

[24] 徐德云.产业结构升级形态决定、测度的一个理论解释及验证[J].财政研究,2008(1):46-49.

[25] 王雄元,卜落凡.国际出口贸易与企业创新——基于"中欧班列"开通的准自然实验研究[J].中国工业经济,2019(10):80-98.

坚持实干创新　深耕蓝色经济

青岛英豪集团

近年来,青岛发力经略海洋,加快建设全球海洋中心城市,推动海洋技术与海洋经济深度融合,发展海洋新兴产业已成为青岛经济发展的战略重点之一。一个城市的经济繁荣离不开企业的助力,一个城市经济的活力离不开企业的创新。在新的时代发展趋势下,坚持实干创新、深耕蓝色经济已成为青岛英豪集团的使命之一。

坐落于青岛西海岸新区的青岛英豪集团,成立于 2002 年,在国内外拥有近30 家全资、控股或实际控制人公司,拥有"古郡""盛豪""华夏蓝""绅蓝"等多个国家、省、市著名商标。集团现有博士以上研发人员 220 余名,员工总数约 3 000 人,拥有发明专利 298 项、实用新型专利 158 项。集团主营海洋光电、空气净化、海洋苗种、生物医药、生物制品、食药保健及化妆品等领域的技术研发、推广和生产销售。

集团下设蓝色经济、大健康、装备智造、青春美(美妆)四大事业部。

蓝色经济事业部集海洋生物引种、遗传改良、育种、育苗、增养殖、精深加工、科研及技术推广于一体,是按照国家标准建设并进行基因育种、生态育苗、绿色增养殖及高端加工全产业链的现代化高科技海洋生物重点企业,是国家双无公害认证单位、农业部健康养殖示范企业,拥有两个"省级院士工作站"、两个"国家地方联合工程研究中心"、一个"国家海马产业研发中心"、一个"国家级海洋牧场示范区"、一个"国家微藻产业化基地"。

大健康事业部集功能食品、特医食品、保健食品、药品、生物制品及其他生物制品的生产、加工、销售于一体,是完全按照国家标准建设的现代化生物医药科技重点企业,主要涉及"华夏蓝®"虾青素、叶黄素、牛樟芝、岩藻黄素、藻源蛋白、多糖、念珠藻、硒片、三萜化合物、海参宝、海马宝等海洋生物保健食品。

装备智造事业部其所属企业是专业从事高端仪器设备系统研发、制造及服务的高新技术企业,并跟中科院相关院所共同创建海洋光电子研究院,主要产品涉及"贝昂®"空气净化器、光纤测温系统、水下机器人、生物医学光学影像系统等相关器械。

青春美(美妆)事业部主营业务为美妆及其相关产品的研究开发、生产和销售,以及提供相关技术服务。凭借多项具有领先水平的自主知识产权,重塑美妆观念,旨在打造食品级的美妆,为推动美妆行业的进步与发展注入新的生机与活力。目前公司已研发上市"IMMORTAL LEGEND®"虾青素及念珠藻系列美妆产品。

为实现海洋产业纵深发展,充分利用自身优质资源,集团集科研开发、产品生产、市场销售于一体,始终瞄准"高精尖""蓝高新"及规模产业化,不断推进供给侧结构改革,不断引进人才,加大研发力度,秉承"全心全意为人民健康服务"的发展理念,打造卓越、务实、创新的"大健康"高新技术集团公司。

回看青岛英豪集团20年来的发展历程,这家蓝色企业不断发展壮大,在新时代浪潮下将焕发出更为蓬勃的生机。

1　创业维艰　技术先行

20年前,集团董事长辛茂盛从中国海洋大学毕业后,被分配至原胶南市海洋渔业局任职,心中却放不下最爱的水产专业。他不畏资金不足、技术短缺等困难,坚持"下海"创业。潜藏的各类风险使创业之路举步维艰,突如其来的"水产养殖违禁药风波"给养殖业带来沉重打击,促使公司将目光投注于包括海参在内的海珍品繁育养殖。经过长时间的实验,摸索出了独特的"大棚养参"技术——比海水养参的生长周期短,且更具价格优势。

源源不断的海参订单和闲置的虾池让公司看到了市场的趋向和潜力,随后与黄海水产研究所赵法箴院士团队合作成立了院士工作站,着力发展"中国对虾"苗种繁育、"虾参混养技术",并与东海水产研究所合作突破了"海马人工繁育及工厂化养殖技术"。

海马作为名贵中药材,用途极广,市场需求巨大;由于粗放式的捕捞,我国海域范围内的野生海马资源濒临枯竭,野生海马也被列入国际、国家(二级)重点保护动物行列。因此,开展海马的人工繁育及养殖势在必行。但因光照、水温等生存条件控制要求极高,国内人工养殖成功者寥寥无几。从引种、繁育到规模化培养,青岛英豪集团花费多年时间,不断完善养殖技术流程,终于突破了海马规模化培育的关键,最终实现年产500万尾海马种,建立起我国首个"海马养殖、加工和高值化利用"的技术平台。

2　步步为营　实干创新

科技创新,实干兴邦。青岛英豪集团一直以来十分重视产品和技术的研发创新工作。

虾青素是已发现的自然界中抗氧化能力最强的天然物质,被称为"红色奇迹",它最广泛和可靠的来源是雨生红球藻。为实现天然虾青素的产业化,青岛英豪集团在董事长辛茂盛的带领下,先后突破了雨生红球藻大规模人工培养、雨生红球藻破壁提取、虾青素微囊化处理等相关技术难题。目前,公司已成为全球范围虾青素原料和终端食品、化妆品的重要供应商。

在产品研发过程中,集团不断加强产学研合作,与中科院共同成立了"海洋微藻研究院""生物医药产业中心"等国内先进的科技创新和应用示范平台,培养了与国际接轨的创新团队,研究出高效培养葛仙米的方法,开发并推进了"深度固碳及高附加值的念珠藻产业化开发项目",不断转化海洋科技成果,实现了海洋医药、生物制品等的产业化。

3 综合发展 多点布局

从渔业养殖时期开始,集团一直很注重节能减排,相比大量耗能、易带来污染的传统养殖,英豪集团养殖基地引进封闭循环水系统,既无公害又可增加产量,高效节能;雨生红球藻的培育全面运用医药级玻璃管道,同样安全无污染。不局限于海洋渔业、海洋医药,集团瞄准高新领域,不断拓展产业布局,环保思维也延续至智能制造产业。

在空气净化领域,英豪集团倾力研发生产的高端新风及空气净化产品,具有无耗材、杀菌、省电、静音等特性,对密闭空间中空气质量保证有重要作用,尤其对有害气体、微小颗粒、流感病毒等具有显著效果。在该领域的知识产权方面,集团拥有无耗材纯效净化技术等 100 余项发明专利,掌握空气质量监测、净化等相关技术。

目前,英豪集团正在开展以国家级海洋牧场为依托的智慧海洋创新产业综合体项目。项目涵盖海洋板块、陆地板块以及纵深辐射统筹产业区,布局了"渔光互补"海上光伏发电项目、海水淡化项目、海洋观光项目等众多新兴产业项目。青岛英豪集团将继续植根海洋产业,以高新技术助力青岛新旧动能转换和经济高质量发展。

4 坚持公益 不忘初心

"往事如风,20 年前,我作为青年干部下海创业,在青岛偏远的大海边种下了一颗梦想的种子。在过往争分夺秒、披荆斩棘的岁月里,我一直都在寻找一个答案:究竟要做一家怎样的企业?"在英豪集团对外宣传册的首页,董事长辛茂盛亲笔写下了这样一段话。

做怎样的企业?英豪集团的答案是"做有社会价值的企业,做国家和人民需要的企业"。

"侠之大者,为国为民。"不仅董事长个人热心公益慈善事业,英豪集团各级员工也耳濡目染,积极参与到社会慈善活动中去,将"以正念的奋斗者为本"的"仁爱"企业宗旨贯穿至活动一线。

数年来,慈善公益已经嵌入集团发展的每一个脚印,成为企业运行的"必修课"。每一年的大小节日,敬老院里、福利院里、边防哨所……都曾留下英豪人的足迹;新冠疫情、河南暴雨灾害……每一次大灾大难来临,英豪人始终冲在第一线,捐款捐物,传递大爱;秉承"教育是国家发展的大事",青岛英豪集团每年在高考期间都会派出公司所有车辆参与公益、助力高考。20余年来,以董事长辛茂盛个人名义先后资助140余名贫困大学生顺利完成学业。

据不完全统计,截至目前,青岛英豪集团用于公益爱心的各项善款及物资累计已达上亿元,单以董事长辛茂盛个人名义的捐赠已达5 000多万元。

"你的财产加上你的社会地位等于你的价格,而你的精神加上你的社会贡献等于你的价值。"这两句话被辛茂盛作为座右铭悬挂在每一处研发生产基地的墙上。他用真诚的行动,带领着青岛英豪集团向社会不断传递善与美的感人故事。"时隔多年,蓦然回首,我们已经在'为人民健康服务'的道路上坚持了许久。在每一个如临深渊、如履薄冰的日子里,我们不断追求创新与卓越。在每一个拼搏奋斗、挥汗如雨的日子里,我们始终坚守匠心与品质。"关于做怎样的企业,英豪人的心中早已坚定地写下了答案。